饲料配方师培训教材

◎ 刁其玉　主编

中国农业科学技术出版社

图书在版编目（CIP）数据

饲料配方师培训教材 / 刁其玉主编 . —北京：中国农业科学技术出版社，2018. 1
（2024. 9重印）
ISBN 978-7-5116-3252-4

Ⅰ . ①饲⋯　　Ⅱ . ①刁⋯　　Ⅲ . ①饲料-配方-技术培训-教材　　Ⅳ . ①S816. 31

中国版本图书馆 CIP 数据核字（2017）第 225463 号

责任编辑	张国锋
责任校对	贾海霞

出 版 者	中国农业科学技术出版社
	北京市中关村南大街 12 号　邮编：100081
电　　话	（010）82106636（编辑室）　（010）82109702（发行部）
	（010）82109709（读者服务部）
传　　真	（010）82106631
网　　址	http://www.castp.cn
经 销 者	各地新华书店
印 刷 者	北京虎彩文化传播有限公司
开　　本	787 mm×1 092 mm　1/16
印　　张	17
字　　数	404 千字
版　　次	2018 年 1 月第 1 版　2024 年 9 月第 2 次印刷
定　　价	78.00 元

《饲料配方师培训教材》
编写人员名单

主　　编　　刁其玉
副 主 编　　王世琴
编写成员　　刁其玉　　马　涛　　王世琴　　张婷婷
　　　　　　张　蓉　　王　强　　任春燕　　张　帆
　　　　　　孔路欣　　万　凡　　丁静美　　李岚捷
　　　　　　冯文晓

前　　言

我国的饲料工业起步于 20 世纪 70 年代末期，改革开放推动了农业领域科技发展，我国相继成立了一些国营性质的饲料企业，标志着我国饲料工业的起步。到了 80 年代中期，随着经济的进一步发展和政策环境的改善，我国饲料企业也进入了一个迅速发展的阶段。饲料工业是联结种养的重要产业，一方面为现代养殖业提供物质支撑，另一方面为种植业及其生产加工副产物提供转化增值渠道，与动物产品安全稳定供应息息相关。我国饲料工业经过 30 多年的快速发展，形成了饲料加工、饲料原料、饲料添加剂、饲料机械等门类齐全的产业体系，为发展现代养殖业、繁荣农村经济、增加农民收入及居民生活改善做出了重大贡献。饲料工业发展至今，取得了非凡的成绩，其饲料总产量已跃居世界第一位。

饲料行业由规模增长进入价值增长的新常态，要获得价值增长，饲料企业必须重视产品品质、产品安全和用户的极致体验，聚焦技术创新和产品创新，打造企业核心竞争力。饲料配方师对饲料产品的形成，肩负着重大责任，是饲料配方的总设计师。为此，饲料配方师应具有丰富的畜牧学、动物营养学、饲料学、动物生理学等专业知识，并且需要对饲料及饲料原料的市场现状和变化有充分的了解和把握，其基本职责是从最经济节省的角度设计出符合动物生长需要的完美"食谱"。

本书从我国饲料行业的发展现状，饲料配方师的职业技能要求着手，系统而全面地介绍了饲料配方设计的原理、动物生理和营养需要特点，并重点介绍了饲料和饲料添加剂的相关基础知识，详细介绍了饲料配方设计以及配合饲料加工工艺和品质管理等内容，最后对饲料配方验证及饲料配方设计新理论与实践进行了简单的描述。通过本书内容的学习，可以全面了解和掌握饲料配方设计的相关专业知识，为从事饲料配方设计及相关工作人员提供参考。

本书是在中国农业科学院饲料研究所反刍动物饲料创新团队成员的共同努力下完成的；引用和参照了大量的文献资料，在此对这些文献资料的作者和书中疏漏的作者表示感谢。编写者为本书的出版穷尽全力，然而书中疏漏之处在所难免，敬请读者批评指正。

刁其玉

2017 年 7 月

目　　录

第一章 我国饲料行业整体概况

第一节 我国饲料行业基本状况

农业部发布的《全国饲料工业"十三五"发展规划》指出，饲料工业是联结种养的重要产业，为现代养殖业提供物质支撑，为农作物及其生产加工副产物提供转化增值渠道，与动物产品安全稳定供应息息相关。我国饲料工业经过30多年的快速发展，形成了饲料加工、饲料原料、饲料添加剂、饲料机械等门类齐全的产业体系，为发展现代养殖业、繁荣农村经济、增加农民收入做出了重大贡献。

"十二五"期间，饲料工业抓住规模养殖加快发展的战略机遇，坚持开源节流，优化原料供应，健全制度，规范生产经营秩序，强化科技、人才与资本支撑，提升企业素质。饲料产量实现稳定增长，产品质量和产业竞争力明显提高，为现代化建设迈出了坚实步伐。

一、产量保持稳定增长

2016年，全国商品饲料总产量为20 918万t，同比增长4.5%。其中，配合饲料产量为18 395万t，同比增长5.7%；浓缩饲料产量1 832万t，同比下降6.5%；添加剂预混合饲料产量691万t，同比增长5.8%。从不同品种看，2016年猪饲料产量为8 726万t，同比增长4.6%；蛋禽饲料产量为3 005万t，同比下降0.5%；肉禽饲料产量为6 011万t，同比增长9.0%；水产饲料产量为1 930万t，同比增长1.9%；反刍动物饲料产量为880万t，同比下降0.5%。

二、质量安全状况稳定向好

"十二五"期间，全国饲料产品抽检合格率稳定在95%以上，2015年96.2%，比2010年提高2.3个百分点。各级畜牧兽医部门连续5年组织开展专项整治，"瘦肉精"等违禁添加行为得到有效遏制，及时发现苯乙醇胺A等新型非法添加物，消除了问题隐患。铜、锌等微量元素类饲料添加剂超量使用情况受到严格管控，2015年配合饲料监测合格率分别达到99.2%和99%，分别比2010年提高2.8和5.9个百分点。

三、饲料添加剂生产和原料开发能力稳定提高

2016年，饲料添加剂产品总产量975.9万t，同比增长19.5%。其中，饲料添加剂922.3万t，同比增长20.7%；混合型饲料添加剂53.6万t，同比增长2.4%。2016年氨基酸总产量201.8万t，同比增长30.6%，其中，赖氨酸111.7万t，同比增长16.7%，蛋氨酸21.6万t，同比增长82.4%；2016年维生素总产量113.1万t，同比增长3.6%。2016年矿

物元素及其络合物的总产量为 500.5 万 t，同比增长 19.1%。

四、企业转型升级步伐加快

2015 年年末，全国共有配合饲料和浓缩饲料厂 6 772 个，比 2010 年减少 4 071 个。年产量 50 万 t 以上的饲料企业 48 家，饲料产量占全国总产量的 56.5%，分别比 2010 年增加 18 家和 14.5 个百分点，其中，年产量 100 万 t 以上的饲料企业达到 32 家，产量占全国总产量的 51%。饲料质量安全管理规范全面实施，全国共创建部级示范企业 83 家，省级示范企业 238 家。饲料企业"走出去"发展步伐明显加快，在境外投资建设饲料厂上百个，销售收入近百亿元。

五、饲料加工装备水平明显提升

2015 年，全国共生产成套饲料加工机组 1349 套，其中，时产 10t 以上的 968 套，占 72%。与 2010 年相比，饲料加工机组总套数减少 17%，时产 10t 以上机组数增加 61%，占比提高近 1 倍。饲料专业化和精细化加工快速发展，对饲料原料进行膨化、膨胀等预处理以及微粉碎、超微粉碎、高效调质、后熟化、液体后喷涂等先进工艺应用日趋广泛。码垛机器人在大中型饲料企业快速推广，散装饲料在现代化养殖企业普遍应用。

六、科技支撑能力不断增强

"十二五"期间，国家对动物营养和饲料科学研究的投入大幅增加，推动动物营养需要和饲料原料营养价值动态预测、饲用酶技术体系创新及重点产品创制、微生态制剂高密度发酵等领域取得大量科技成果，获得 7 项国家科学技术奖励。大型企业普遍增加科技投入，通过产学研联盟等方式创建了十多个国家级企业研发中心，新技术、新工艺和新产品集成应用能力明显提高。

七、法治建设取得重大突破

国务院公布修订后的《饲料和饲料添加剂管理条例》，农业部制定发布《饲料和饲料添加剂生产许可管理办法》等 5 个部门规章以及《饲料生产企业许可条件》等 9 个规范性文件。新的饲料法规体系遵循"提高门槛，减少数量；加强监管，保证安全；转变方式，增加效益"的基本原则，进一步界定了政府、管理部门和生产经营者的责任，完善了生产经营使用各环节的质量安全控制制度，明确了饲料生产中允许使用的原料范围，加大了对违法行为的处罚力度。贯彻落实中央行政审批改革精神，将设立饲料添加剂、添加剂预混合饲料生产企业的审批权限下放至省级饲料管理部门。

虽然过去 5 年我国饲料工业发展取得了突出成效，但总体仍处于从大国向强国迈进的爬坡过坎期，还存在一些突出的矛盾和问题，制约产业加快升级。从生产体系看，与现代化的要求相比，多数饲料生产企业在加工装备、管理体系和技术创新能力等方面还有差距，产品同质化问题突出，具有较强国际影响力的企业和品牌不多。从经营体系看，饲料生产企业与养殖场户对接不够紧密，产品销售环节多、费用高。从监管体系看，技术支撑机构人才装备建设滞后，基层监督执法体制机制不健全，风险管控和日常监管没有全面落实到位。从政策体系看，饲料工业是微利行业，但在应对大宗原料价格波动、采用新技术新装备等方面缺乏政策支持，在建厂用地等方面受到越来越多的限制，抗风险和持续发展能力不强。

第二节　我国饲料行业发展现状、存在的问题及未来趋势

"十三五"是养殖业转型升级的关键时期，饲料工业发展既迎来了新机遇，也面临着诸多挑战。"十三五"时期，随着我国经济发展进入新常态，养殖业进入生产减速、结构优化、质量升级、布局调整、产业整合的新阶段，饲料工业发展面临着市场空间拓展更难、质量安全要求更严、资源环境约束更紧等诸多挑战，迫切要求加快推进供给侧结构性改革，实现发展动能转换。

一、"十三五"发展面临的形势

（一）饲料需求进入低速增长期

从动物产品生产看，根据《全国农业现代化规划（2016—2020 年）》，2020 年全国肉类、奶类和养殖水产品预期产量分别为 9 000 万 t、4 100 万 t 和 5 240 万 t，分别比 2015 年增加 4.3%、5.9% 和 6%，禽蛋预期产量 3 000 万 t，与 2015 年基本持平。按照 2015 年的技术水平，实现 2020 年增产目标，需增加 1 600 万 t 配合饲料消费。从养殖业转型拉动看，肉鸡和蛋鸡工业饲料普及率已超过 90%，规模化发展拉动饲料增产的潜力很小；生猪年出栏 50 头以上的比重为 72%，工业饲料普及率约为 75%，随着规模化比重进一步提升，可增加配合饲料需求 1000 万 t 以上；牛羊养殖规模化也可释放部分需求。从生产效率看，我国平均每出栏一头肥猪的饲料消耗量比国际先进水平多出 10% 以上，肉鸡和蛋鸡多 5% 左右。随着养殖综合技术进步，未来 5 年（2016—2020 年）饲料利用效率可望提高 3% 以上，节省配合饲料 600 万 t 左右。综合上述因素，预计未来 5 年（2016—2020 年）饲料消费年均增长约 400 万 t，增速约为 1.9%。

（二）蛋白饲料原料主要依靠进口的格局不会改变

2015 年，全国蛋白饲料原料总消费量 6 750 万 t，进口依存度超过 80%，比 2010 年提高了 10 个百分点。其中，豆粕 5 050 万 t，基本依靠进口大豆生产；菜籽粕 1 060 万 t，30% 依靠进口菜籽生产；鱼粉 150 万 t，85% 靠进口。未来 5 年，我国蛋白饲料原料需求预计年均增长 100 万~125 万 t，约为"十二五"期间的一半；种植业结构调整加快推进，部分地区推广粮改豆和苜蓿等优质牧草种植，将适度提高自给能力；再加上进口品种和来源地增加，蛋白饲料原料供应的稳定性有望得到改善。但是，我国耕地资源优先用于保障口粮绝对安全和谷物基本自给，蛋白饲料原料依靠进口的格局不会改变。

（三）饲料质量安全要求更严格

新时期加强饲料质量安全监管，不仅要聚焦保障动物产品安全这个核心目标，还要兼顾消费升级、环境安全等新要求。当前，"瘦肉精"等老问题尚未彻底根治，新型非法添加物时有发现，饲料中霉菌毒素、重金属污染等问题也时有暴露，安全隐患不容忽视。随着城乡居民收入增长，以功能和特色为特征的动物产品生产进入快速发展期，饲料产品需要质量上配套提升。打好农业面源污染防治攻坚战，畜禽粪污治理任务艰巨，要求饲料产品绿色化发

展，统筹兼顾减量排放、达标排放等环保要求。特别是长期使用一些传统饲料添加剂带来的负面影响日益受到关注，需要采取更有效的措施促进规范使用和减量使用。

（四）产业整合融合需求更迫切

我国饲料行业已培育出一批具有较强竞争力的大企业，与中小企业的差距在不断拉大。"十三五"期间，随着市场竞争加剧，优势企业对中小企业的兼并重组和整合力度将进一步加大。饲料企业综合实力较强，在资本、管理、技术、人才等方面都有优势，为增强持续发展能力，融入养殖大产业、打造全产业链的步伐将进一步加快。东南亚、东北亚、非洲等新兴市场的饲料产业处于快速成长期，"走出去"对我国饲料企业拓展发展空间也日趋重要。总的来看，行业内部整合、全产业链和全球化发展将成为饲料企业做大变强、持续发展的决定性因素。

（五）技术竞争压力更大

互联网、生物技术、智能制造等新技术既是推动饲料工业升级的新动能，也是饲料企业创新发展中面临的主要压力和必须突破的瓶颈。饲料行业已有十多家企业公布了"互联网+"发展计划，在提高生产效率、降低经营成本、整合资源要素、提升服务能力等方面都可能带来革命性变化。生物饲料技术蓬勃发展，饲用微生物、酶制剂等产品种类不断增加、功能不断拓展，在促进饲用抗生素减量使用、饲料资源高效利用、粪污减量排放等方面展现出巨大潜力，已经成为饲料技术竞争的核心领域。加工装备自动化和智能化既可大幅减小劳动强度和人员需求，还能提高安全生产水平和产品质量，降低能耗和加工成本，是饲料加工升级的必然选择。

二、指导思想、基本原则和发展目标

（一）指导思想

以邓小平理论、"三个代表"重要思想和科学发展观为指导，深入贯彻党的"十八大"和十八届三中、四中、五中全会精神，牢固树立创新、协调、绿色、开放、共享的发展理念，把握全面建成小康社会和大力推进农业现代化的重大机遇，主动适应养殖业发展新趋势、新要求，以提高发展质量、效益和竞争力为中心，着力提升现代饲料生产体系和经营体系，提高饲料原料和饲料安全保障能力，推进技术、产品和经营模式创新，推动全产业链融合发展，力争"十三五"末基本建成饲料工业强国，为养殖业现代化提供有力支撑。

（二）基本原则

产管结合，保障安全。以全面贯彻实施新的饲料法规为主线，推动各级政府落实好属地管理职责，各级饲料管理部门履行好监督管理职责，饲料生产经营企业落实好主体责任，从产和管两方面入手，健全饲料质量安全保障制度。

创新驱动，提质增效。以提高饲料转化率、节约生产销售成本、提升服务质量为目标，加强技术创新和经营模式创新，促进传统技术与互联网、智能装备等新技术融合。以安全高效环保为目标，加强技术创新和集成应用，推动饲料产品升级。市场主导，激发活力。坚持充分发挥市场在资源配置中的主导作用，以公平公正公开为导向，依法规范行政管理，落实简政放权要求。以激发企业创新活力为导向，稳定现有扶持政策，研究创设新政策。

立足国内，开拓国际。充分挖掘国内外两个市场的资源潜力，优化调整供求关系，稳定大宗饲料原料供应。在稳定和扩大内需的基础上，积极推动饲料相关产品和企业"走出去"，培育具有国际影响力的知名品牌和企业。

（三）发展目标

饲料工业"十三五"发展的总体目标是：饲料产量稳中有增，质量稳定向好，利用效率稳步提高，安全高效环保产品快速推广，饲料企业综合素质明显提高，国际竞争力明显增强。通过 5 年努力，饲料工业基本实现由大到强的转变，为养殖业提质增效促环保提供坚实的物质基础。

1. 产量

工业饲料总产量预计达到 2.2 亿 t。其中，按产品类别分，配合饲料 2 亿 t，浓缩饲料 1 200 万 t，添加剂预混合饲料 800 万 t；按动物品种分，猪饲料 9 400 万 t，肉禽饲料 6 000 万 t，蛋禽饲料 3 100 万 t，水产饲料 2 000 万 t，反刍饲料 1 000 万 t，宠物饲料 120 万 t，毛皮动物等其他饲料 380 万 t。

国产蛋氨酸基本满足国内需求，维生素和其他氨基酸产能保持稳定；酶制剂和微生物制剂主要品种生产技术达到国际先进水平，产值比 2015 年增加 50% 以上。

2. 质量

《饲料质量安全管理规范》全面实施，全国饲料产品抽检合格率稳定在 96% 以上，非法添加风险得到有效控制，确保不发生区域性系统性重大质量安全事件。

3. 效率

猪生长育肥阶段饲料转化率平均达到 2.71，商品白羽肉鸡饲料转化率达到 1.61，蛋鸡产蛋阶段饲料转化率达到 2.01，淡水鱼饵料系数达到 1.51，海水及肉食性鱼饵料系数达到 1.21。年产 100 万 t 以上的饲料企业集团达到 40 个，其饲料产量占全国总产量的比例达到 60% 以上。饲料企业与养殖业融合发展程度明显提高，散装饲料使用比例达到 30%。

三、产业布局

"十三五"期间，综合考虑养殖业发展趋势、环境资源禀赋、区位优势和现有产业基础等因素，进一步优化饲料工业布局，顺应养殖业结构调整和粮改饲、草牧业战略发展新要求，促进不同区域饲料加工业与种养业协调发展。

（一）加快发展区

黑龙江、吉林、辽宁区域土地资源丰富，粮食产量大，养殖业发展相对滞后，是养殖业区域布局调整的主要转移承接区，饲料工业发展潜力大。"十三五"期间，该区域在继续强化饲料原料、发酵类饲料添加剂等产业优势的同时，重点发展猪、奶牛和肉牛饲料加工业，加快发展全株青贮玉米，推进秸秆饲料化利用，着力培育种植、饲料、养殖和加工一体化的大型农牧企业，促进饲料原料就地转化增值。

内蒙古、宁夏、甘肃、青海、新疆区域草原面积大，草食畜牧业发展基础好，农牧结合发展潜力大，饲料工业基础薄弱，饲料企业规模小，商品饲料入户率低。"十三五"期间，该区域重点依托资源优势，加快发展优质饲草生产加工业，以及与草食动物舍饲半舍饲养殖配套的浓缩饲料、精料补充料和全混合日粮产品，培育或引进大中型饲料企业。

西藏自治区（以下简称西藏）、四川、重庆、云南、贵州、广西壮族自治区（以下简称广西）区域地方特色畜禽品种多，因地制宜发展特色畜牧业的条件好；传统农户养殖比例较高，规模化发展潜力大；除四川和广西外，其他省份饲料产业规模在全国占比小。"十三五"期间，该区域在稳定微量元素类饲料添加剂生产、稳步发展猪饲料产业的同时，重点发展优质饲草生产加工业、牛羊精料补充料以及与家兔、地方特色畜禽养殖配套的饲料产品；利用区域优势，有序承接东部地区的产业转移，开拓与东南亚国家的饲料原料和饲料产品贸易。

（二）稳定发展区

山东、江苏、福建、广东、海南区域交通便利，饲料原料采购便捷，大型饲料企业多，饲料产品以配合饲料为主；养殖业以生猪、肉禽和水产为主，规模化程度高。"十三五"期间，该区域重点是大力培育具有国际竞争力的饲料企业和全产业链企业，加快发展安全高效环保配合饲料和特色海水养殖用水产饲料，提升饲料添加剂工业和饲料机械制造业综合实力。

河北、河南区域粮食产量大，饲料原料自给度高；河北紧临京津大市场，河南为中部交通枢纽，猪、禽、牛、羊养殖量都较大，规模化程度较高，饲料产量位居全国前列，企业数量多。"十三五"期间，该区域的重点是引导饲料企业整合融合，培育大型饲料企业集团；加快推进种养结合，鼓励饲料企业向农牧一体化方向发展。

陕西、山西区域是传统的小麦、玉米和杂粮种植区，能量饲料原料基本自给，农副资源丰富；猪、禽、牛和羊养殖都有一定基础，但规模化程度低，提升空间大；气候条件好，土地资源承载力较大，承接养殖转移有潜力；饲料产业集中度低，小企业多，缺少龙头企业。"十三五"期间，该区域重点是稳定发展猪禽饲料，大力发展与草食动物舍饲半舍饲养殖配套的浓缩饲料、精料补充料和草料结合的全价饲料产品，吸引大型饲料企业集团进驻设厂，带动提升区域内饲料生产企业的整体水平。

（三）适度发展区

湖北、湖南、江西、安徽区域人口稠密，水网密布，养殖业以猪、禽、水产为主，近年来蛋鸡养殖发展快，规模化程度高；区域内有影响力的饲料品牌企业数量较多，饲料产品以配合饲料为主。该区域水体污染问题突出，生猪养殖量接近土地承载能力，未来以控制总量和内部区域调整为主。"十三五"期间，该区域重点是稳定猪饲料产量，发展蛋禽、水产饲料，加快推动各类饲料产品向安全高效环保方向升级。

北京、天津、上海、浙江区域技术和人才密度高，国际化、信息化程度高，但是受区域整体功能定位约束，养殖业和饲料工业发展空间受到限制。"十三五"期间，该区域重点发展技术研发、投融资平台、企业总部等支撑体系，以及宠物饲料、新型饲料添加剂等产业。

四、主要任务

（一）提高饲料原料保障能力

稳定蛋白饲料原料供应。促进蛋白饲料原料进口品种和来源地多元化，适度增加油菜籽等其他品种进口，积极开拓加拿大、南亚、东欧、俄罗斯等地的供应潜力。加强蛋白饲料原料供需形势监测分析，建立权威专业的信息发布机制，增加对蛋白饲料原料国际贸易价格的影响力。加强合成氨基酸新品种推广应用，推动饲料配方中减少蛋白原料添加比例。稳定能量饲料原料成本。坚持以国内为主保障能量饲料原料供应，引导饲料生产企业增加玉米饲用消费。加强玉米替代技术储备，适时适度使用小麦、早籼稻、大麦、高粱等其他谷物。建设现代饲草料生产体系。在"镰刀弯"地区和黄淮海玉米主产区推广粮改饲，按照以养带种、因地制宜的原则，引导发展全株青贮玉米、燕麦、甜高粱、苜蓿等优质饲草料生产。加强北方牧区饲草料储备，提高防灾减灾能力。加大南方草山草坡开发利用力度，推行节水高效人工种草，推广冬闲田种草和草田轮作。加强优质饲草料加工调制技术装备研发和营养价值评价，推广草料结合的全混合日粮和商品饲料产品。

持续推进秸秆饲料化利用。按照《农业部关于打好农业面源污染防治攻坚战的实施意见》，推动建立健全秸秆收储用体系，支持牛羊养殖场户改善贮存利用设施，购置处理机械，增加秸秆饲料化利用量。大力推广秸秆青贮、微贮、气爆、压块等处理技术，发展以秸秆为基础原料的全混合日粮。支持专业化的秸秆饲料化利用企业发展。

促进农副资源饲料化利用。按照能用尽用、高效利用的原则，充分挖掘农副资源饲料化利用潜力。支持对马铃薯、甘薯、木薯、甜菜、苎麻、桑叶等作物以及果蔬、糟渣、基料等农产品加工副产物进行脱水干燥等加工，转化为便于工业化生产使用的饲料原料；对油籽加工副产物进行生物发酵、物理脱毒等加工，降低抗营养物质含量，提升蛋白品质。

（二）提高饲料安全保障水平

健全规范标准。制定《自行配制饲料使用规范》，指导养殖者严格遵守限制性或禁止性规定。针对主要饲料添加剂和单一饲料品种，制定生产企业设立条件，指导各地规范生产许可审批。制定《宠物饲料管理办法》，完善配套标准规范，引导宠物饲料产业快速发展。修订《药物饲料添加剂使用规范》，制定《药物饲料添加剂品种目录》。修订完善《饲料原料目录》《饲料添加剂品种目录》《饲料添加剂安全使用规范》和《饲料添加剂产品标准》。针对隐患排查和风险预警中发现的问题，及时组织制定检测标准。健全监管体系。将饲料质量安全监管能力提升纳入农业执法能力建设规划和农产品质量安全县创建范围，推动地方政府进一步落实属地责任，改善执法条件，加强对饲料生产经营企业的日常监管。针对新型非法添加物、霉菌毒素、病原微生物、重金属等突出问题，加强安全预警和风险评估。整合饲料行政许可、质量安全监测、生产统计等信息系统，构建饲料行业管理大数据平台。健全监管制度。加强省级行政许可专家审核队伍建设，严格执行饲料和饲料添加剂生产许可条件；加强新饲料和饲料添加剂审定、进口饲料和饲料添加剂登记工作，着力提高审批效率；落实简政放权、清理中介要求，规范行政许可审批程序。全面实施《饲料质量安全管理规范》，组织开展部级和省级示范创建，实现生产许可换证与规范验收同步审核；鼓励饲料生产企业建立产品信息化追溯体系，实现饲料生产经营使用全程追溯管理。健全饲料质量安全监测制度，完善年度监测计划，加强隐患排查和风险预警能力建设，强化检打联动和检防联动。健全监管机制。全面推行"双随机、一公开"制度，完善监管档案记录。以"瘦肉精"等突出问题治理为重点，健全跨省案件通报协查、涉嫌犯罪案件移送、重大案件督办等工作机制，加大对违法行为的惩处力度。以饲料原料和饲料添加剂为重点，探索建立安全风险快速预警机制。加强饲料质量安全信用体系建设，全面推进行政许可、行政处罚、监督抽查等信用信息公开，与相关部门密切协作，健全守信激励和失信惩戒机制。支持行业协会等第三方机构开展信用评价工作。

（三）发展安全高效环保饲料产品

加快发展新型饲料添加剂。稳定提高营养改良型酶制剂生产水平，加快研发具有抗氧化、抗应激、分解霉菌毒素等特殊功能的新型酶制剂。开发具有耐酸、耐热等不同特点的微生物制剂，以及满足不同动物种类、不同生长阶段差异化需求的微生物制剂。加强药食同源类植物功能挖掘，鼓励提取工艺稳定、功能成分清楚、应用效果明确的产品申报新饲料添加剂。开发饲用多糖和寡糖产品。制定完善质量安全标准和评价技术规范，引导新型饲料添加剂产业规范有序发展。

研发推广安全环保饲料产品。集成氨基酸平衡配方、酶制剂、微生物制剂、植物提取物等技术，发展改善动物整体健康水平的新型饲料产品，促进药物饲料添加剂减量使用。推广低氮、低磷和低矿物质饲料产品，促进畜禽粪污减量排放。按照修订后的《饲料卫生标准》严格控制饲料中的总砷含量，禁止添加有机砷制剂。按照《饲料添加剂安全使用规范》要求严格控制饲料中的铜、锌用量，防止超量添加。推动微生物发酵技术在饲料产品中的应用，开发全发酵配合饲料产品。开发与地方特色动物产品、功能性动物产品生产配套的饲料产品。加快发展宠物饲料产品，构建精准配方技术体系。以主要畜禽品种为对象，完善动物营养需要、饲料原料营养物质消化利用率动态预测模型。以近红外光谱等技术为基础，完善饲料原料营养物质快速定量检测方法。充分利用互联网技术，针对饲料企业日常积累的实测数据建立收集、汇总和挖掘机制。按照政府引导支持、技术机构协调组织、饲料企业自愿参与的原则，组织开展精准配方技术示范。

（四）提升饲料加工水平

提升饲料加工装备水平。以专业化、大型化、自动化、智能化、高效低耗、绿色环保、安全卫生为导向，推动饲料加工装备升级。提高原料接收、粉碎、调质、膨化、膨胀、冷却、干燥、筛分、包装、码垛等关键设备的可靠性、使用寿命、智能化和自清洁水平。

在饲料企业推广码垛装备等智能机械装备，提高饲料加工装备及其控制系统的通用化、系列化、模块化水平，降低使用和维修费用。推广精细加工工艺，将饲料加工工艺学与动物营养学有机结合，按照细分品种、细分阶段、精细饲养的要求，构建适宜加工工艺及质量安全指标体系，推动饲料产品细分加工。适应饲料生产节能降耗的需要，改进粉碎、热加工等关键工艺。完善液态饲料、软颗粒、膏状等新形态饲料加工工艺。针对水分、粉碎粒度、混合均匀度等关键指标，发展饲料加工质量在线监测与控制技术。提高安全生产保障能力，督促饲料企业落实安全生产主体责任，健全安全生产责任制，完善安全生产管理体系，加强员工安全生产技能培训。鼓励饲料企业采用先进除尘工艺与设备，配备饲料生产安全动态监控系统。在生产许可现场审核、《饲料质量安全管理规范》现场验收过程中，加强安全生产条件、制度建设和执行情况检查。

（五）转变生产经营方式

推动信息化发展。鼓励饲料企业在原料采购、生产加工、质量控制、产品销售、服务客户等方面与互联网深度融合，挖掘利用物联网、大数据、云计算等技术潜力，促进资源节约、需求聚集、效率提升、渠道拓展、服务转型。支持饲料企业积极参与"互联网+现代农业"行动，发挥资本、人才和管理优势，打造养殖业服务平台，推动产品个性化定制，服务一站式到位。推动全产业链发展，鼓励饲料企业积极参与构建现代农业产业体系，向饲料原料生产、畜牧水产养殖、畜禽屠宰、食品加工等领域延伸发展，通过股份合作等方式与养殖场户结成利益共同体，在促进养殖产业链整合、推动种养加一体、一二三产业融合发展等方面发挥引领作用。支持饲料企业为养殖场户提供专业化服务和融资担保支持，在养殖业生产性服务体系建设方面发挥重要作用。推动创新驱动发展，支持饲料企业建立技术研发机构和试验基地，参与国家重大科技项目实施，与科研机构建立战略合作关系。鼓励饲料企业申报新饲料和饲料添加剂产品。支持在国内外资本市场直接融资，通过并购、股权置换等方式整合融合，通过租赁、委托加工等方式充分利用现有产能。大力发展"厂场对接"的直接销售模式，加快推广散装运输、料仓储存、自动饲喂的饲料投送方式。

推动全球化发展。支持饲料企业成为农业对外合作的重要力量，加大在新型市场的投资力度，积极参与全球范围内的产业并购重组和战略合作。在法规制度、质量标准、贸易规则等方面与主要国家和地区加强合作交流，为饲料、饲料添加剂和饲料机械产品拓展国际市场创造良好环境。

五、保障措施

（一）加强组织领导

各级饲料管理部门要从农业现代化建设全局出发，充分认识到"十三五"是加快建设饲料工业强国的关键时期，把发展好饲料工业作为现代养殖业建设的重要支撑，摆在重要位置。要立足当地实际，结合规划目标，加强组织领导，明确职责分工，完善工作机制，强化沟通协调，努力确保主要任务顺利实施。要深入调查研究，及时总结经验，切实解决规划实施过程中遇到的问题。

（二）加强政策支持

稳定饲料产品免征增值税政策，推动出台鼓励新型饲料添加剂发展应用的财税政策。充分发挥公共财政资金的引导作用，积极推进粮改饲和农副资源饲料化利用。完善玉米收储政策，支持饲料企业入市收购。加大饲料饲草加工机械设备、养殖场散装料自动饲喂设备的农机购置补贴力度。

（三）强化法治意识

各级饲料管理部门要牢固树立依法行政理念，切实履行好法定监管职责，杜绝没有法律授权的管理行为。在行政许可下放过程中，要严格落实简政放权、放管结合、优化服务同时推的工作要求，防止无序下放、违法下放、放了接不住、放了不管，导致行业准入制度实施效果打折扣，事中事后监管跟不上，配套服务不到位。要逐级建立绩效考核和工作评估机制，确保饲料法规制度贯彻实施到位。

（四）强化科技支撑

通过农业科技创新能力建设规划等项目实施，推动改善饲料科技创新条件，形成一批基础性、工程性研究平台和试验基地。通过国家自然科学基金、国家科技重大专项、重点研发计划、技术创新引导专项、基地和人才专项等科技计划以及现代农业产业技术体系，加大对饲料科技创新的支持力度，推动在饲料基础数据完善、新型饲料添加剂研发、饲料资源开发利用、饲料加工装备智能化等重点领域取得重大突破。大力培育行业科技成果转化中介组织和产学研协同创新团队，推动饲料科技成果快速转化。

（五）充分发挥行业协会作用

贯彻中央关于行业协会商会改革精神，创新各级饲料行业协会运行机制，激发内生活力和发展动力，充分发挥桥梁作用，提升咨询、信息、指导等服务能力。以各级饲料行业协会为主体，推进行业自律和诚信体系建设，强化饲料企业社会责任意识，塑造饲料行业良好社会形象。鼓励各地按照依法依规、自愿互利的原则，组建各种形式的饲料行业商会，在促进资源共享、促进整合融合、促进统一技术标准等方面发挥重要作用。

第三节　饲料行业相关法律法规

从事饲料生产、经营和使用者，必须熟悉我国饲料行业相关的法律法规。1999年，我国饲料行业首部法规《饲料和饲料添加剂管理条例》（以下简称《条例》）正式发布，标志着我国饲料行业法治建设取得重大进展，正式进入依法治饲的时代；2001年我国加入WTO，针对入世的一些要求，对《条例》进行了第一次修订；2008年三聚氰胺事件发生后，针对当时的安全形势启动了《条例》的第二次修订工作，经过多方努力，2011年11月3日，新修订的《条例》发布，并于2012年5月1日正式实施。

新《条例》发布后，农业部组织有关单位对相关配套规章进行了及时修订，并以农业部令的形式发布实施，包括《饲料和饲料添加剂生产许可管理办法》（农业部令2012年第3号）、《新饲料和饲料添加剂管理办法》（农业部令2012年第4号）等5个规章。同时，为进一步规范进口饲料和饲料添加剂登记、新饲料和新饲料添加剂审定工作，指导行政许可申请人正确理解审批要求，根据《饲料和饲料添加剂管理条例》（国务院令第609号）及其配套规章，农业部制定了《进口饲料和饲料添加剂登记申请材料要求》《进口饲料和饲料添加剂续展登记申请材料要求》《进口饲料和饲料添加剂变更登记申请材料要求》《新饲料添加剂申报材料要求》，自2014年7月1日起施行。

根据《条例》和配套规章的要求，又先后制修订了一系列规范性文件，并以农业部公告的形式发布。这些规范性文件主要包括三个方面：一是允许性规范文件，如《饲料原料目录》（农业部公告第1773号）、《饲料添加剂品种目录》（农业部公告第1126号、2045号）、《饲料和饲料添加剂安全使用规范》（农业部公告第168号、220号）等；二是禁止性规范文件，如《禁止在饲料和动物饮水中使用的药物品种目录》（农业部公告第176号、1519号）、《关于发布〈食品动物禁用的兽药及其化合物清单〉的通知》（农业部公告第193号）等；三是程序性规范文件，如《饲料生产企业许可条件》（农业部公告第1849号）、《混合型饲料添加剂许可条件》（农业部公告第1849号）、《饲料和饲料添加剂生产许可申报材料要求》（农业部公告第1867号），《饲料质量安全管理规范》（2014年农业部令第1号）等。

农业部办公厅《关于贯彻落实〈国务院关于取消和下放一批行政审批项目的决定〉的通知》（农办办〔2013〕50号）要求，"设立饲料添加剂、添加剂预混合饲料生产企业审批"项目自 2013 年 11 月 8 日起下放至省级人民政府饲料管理部门。饲料添加剂和添加剂预混合饲料生产企业审批权的下放，是权利更是责任。农业部令 2013 年第 5 号修订《饲料和饲料添加剂生产许可管理办法》，修订后的《办法》规定：饲料和饲料添加剂生产许可证由省级人民政府饲料管理部门（以下简称省级饲料管理部门）核发。省级饲料管理部门可以委托下级饲料管理部门承担单一饲料、浓缩饲料、配合饲料和精料补充料生产许可申请的受理工作。省级饲料管理部门设立饲料和饲料添加剂生产许可证专家审核委员会，负责本行政区域内饲料和饲料添加剂生产许可的技术评审工作。

《饲料标签》与《饲料卫生标准》两个强制性国家标准是饲料行业两个重要的基础性标准，作为行业管理部门的重要抓手，在规范饲料行业生产经营秩序、提高产品质量和安全水平方面发挥着至关重要的作用。修订后的标准在技术内容方面进一步完善了标准的适用范围，增加了饲料、饲料原料、饲料添加剂等术语的定义和标签中"不得标示具有预防或者治疗动物疾病作用的内容"的规定；增加了饲料添加剂、微量元素预混合饲料和维生素预混合饲料应标明推荐用量及注意事项的规定等。贯彻实施好《饲料标签》强制性国家标准，是促进饲料标签规范化、标准化的有效措施，也是规范饲料生产经营行为、维护市场秩序、保护生产经营使用者合法权益的重要手段，更是贯彻实施饲料条例和相关规定的重要举措，对保障饲料和养殖产品安全、促进饲料工业健康发展意义重大。

中华人民共和国农业部公告第 1773 号文件《饲料原料目录》2013 年 1 月 1 日起开始实施。今后包括单一饲料、添加剂预混合饲料、浓缩饲料等在内的商品饲料将全部实行生产许可管理制度。商品饲料行政审批工作得到进一步规范，实现了饲料生产三证合一，饲料生产企业行政审批统一为《饲料生产许可证》；进一步提高了饲料生产企业准入门槛，对各类饲料生产企业应具备的条件作出了明确规定；更加严格了饲料生产企业原料、添加剂的使用管理。

中华人民共和国农业部第 2045 号公告发布《饲料添加剂品种目录（2013）》，自 2014 年 2 月 1 日起正式实施。凡生产、经营和使用的营养性饲料添加剂和一般饲料添加剂，均应属于《目录（2013）》中规定的品种。凡《目录（2013）》外的物质拟作为饲料添加剂使用，应按照《新饲料和新饲料添加剂管理办法》的有关规定，申请并获得新产品证书。饲料添加剂的生产企业需办理生产许可证和产品批准文号。生产源于转基因动植物、微生物的饲料添加剂，以及含有转基因产品成分的饲料添加剂，应按照《农业转基因生物安全管理条例》的有关规定进行安全评价，获得农业转基因生物安全证书后，再按照《新饲料和新饲料添加剂管理办法》的有关规定进行评审。作为新《饲料和饲料添加剂管理条例》配套的重要法规，新《进口饲料和饲料添加剂登记管理办法》的出台将进一步加强进口饲料和饲料添加剂的管理。新的政策法规的实施，不仅规范了我国饲料原料产品，也同时提高了进口饲料产品的门槛。

2014 年 9 月 3 日，《全价宠物食品　犬粮》（GB/T 31216—2014）、《全价宠物食品　猫粮》（GB/T 31217—2014）两项国家全价宠物食品标准，由中华人民共和国国家质量监督检验检疫总局和中国国家标准化管理委员会发布，自 2015 年 3 月 8 日正式开始实施。此次我国发布实施的国标标准指标与美国饲料管理协会（AAFCO）犬猫饲粮标准处于同一水平，达到国际标准。国标将宠物食品进行了更为严格细致的科学区分，对宠物食品生产商提出了原料要求、感官指标、理化指标、卫生指标、检验规则、标签要求等。从原料、配方、生产、检测、出厂、上市各个环节进行规范，极力营造一个健康的国内宠物食品行业发展环境，让消费者更加信赖国产宠物食品。2014 年，是我国饲料相关法规实施最集中的一年，或将成为我国饲料工业发展以来，整合最为严酷的一年。

2015 年 7 月 1 日起正式实施《饲料质量安全管理规范》（以下简称《规范》）。《规范》是依据《饲料和饲料添加剂管理条例》制定的，是对《条例》第 17、18、19、20 条进行了细化，从原料采购到产品销售的全程质量安全控制，具有强制性，是国家对饲料行业管理的重点工作。《规范》按照企业生产流程将其中与产品质量安全相关的内容，专章对"原料采购与管理""生产过程控制""产品质量控制""产品贮存与运输""产品投诉与召回"和"培训、卫生和记录管理"等进行规定。通过《规范》的实施，能够提高饲料生产企业负责人的现代化管理思想认识，促进企业提高管理水平，使企业日常管理标准化、程序化，更具有可操作性，提高一线职工的基本素质和生产技能，全面保障饲料产品的质量安全，从而保证动物和动物产品的安全。《规范》实施的意义是程序化操作，记录化生产，规范化管理，全过程追溯，是企业生产的基本守则，也是监管部门监管的重要依据。

为贯彻落实《饲料和饲料添加剂管理条例》，依法推进《饲料质量安全管理规范》，树立饲料企业质量安全管理标杆，农业部组织开展了饲料质量安全管理规范示范企业创建活动。通过开展示范创建活动，逐步完善饲料企业从原料采购、化验检测、生产加工、出厂销售全过程的饲料产品质量安全控制和可追溯制度，提高饲料质量安全水平，进一步促进了饲料企业质量安全控制体系能力建设。

除了上述法律法规外，在饲料日常生产、经营、管理中，《中华人民共和国畜牧法》《中华人民共和国产品质量法》等通用性法律及《兽药管理条例》等与饲料行业有衔接的法规也需要遵照执行。

这些法律法规的内容都是公开的，在农业部网站（www.moa.gov.cn）和中国饲料工业信息网（www.chinafeed.com）上都能查到。

从 1999 年开始，经过 10 余年的努力，我国饲料行业已经基本形成了较为完善的法律法规体系，饲料企业生产经营行为日益规范，种类日益丰富，产量迅速增加，质量稳步提高，为保障饲料工业持续健康发展做出了重要贡献。随着新《饲料和饲料添加剂管理条例》《饲料质量安全管理规范》等一系列规范性文件的出台、完善和实施，行业监管、企业发展都面临着新的目标与挑战，这一系列法律法规的出台，充分体现出国家规范饲料行业的决心。

第四节　配合饲料的意义

饲料工业的发展离不开配合饲料技术的发展。配合饲料是根据科学试验并经过实践验证而设计和生产的，集中了动物营养和饲料科学的研究成果，并能把各种不同的组分（原料）均匀混合在一起，从而保证有效成分的稳定一致，提高饲料的营养价值和经济效益。使用配合饲料的意义主要有以下几项。

① 配合饲料生产需要参照有关标准、饲料法规和饲料管理条例，有利于保证质量，并有利于人类和动物的健康，有利于环境保护和维护生态平衡。

② 配合饲料可直接饲喂或经简单处理后饲喂，方便用户使用，方便运输和保存，减轻了用户劳力。饲料占养殖成本的 70% 左右，饲料原料的质量、价格直接影响到配合饲料的品质和成本。

③ 在饲料加工生产过程中，能否配制出既满足动物的营养需要及生理特点，又能获得

最低的配方成本和最佳的饲养效果，直接关系到企业的经济效益和信誉。

④ 日粮配合有利于经济合理地利用当地的各种饲料资源，取得最大的社会效益。

⑤ 有助于充分发挥动物的遗传潜力，提高动物的生产效率和企业的经济效益。

第五节　饲料配方师的发展及人才需求现状

饲料行业是一个与其他行业关系较密切的工业门类，特别是与农业关系最为紧密。饲料行业的最上游是种植业，它是饲料原料的主要来源；下游是养殖业，养殖业的需求与变化影响着饲料行业的发展。在西方发达国家，饲料行业对经济发展的促进和影响作用更明显，在有些国家中，饲料行业甚至成为该国工业前十强产业。从 20 世纪 70 年代末起步发展至今，我国饲料行业基本上形成了具有中国特色的行业体系，进入 21 世纪以来，我国饲料行业的发展更是呈现出发展速度快、产品品种样数多、科技含量高等特点。饲料行业已成为我国国民经济的重要产业，排在世界前列。随着饲料行业的不断发展，其对整个中国经济发展的促进和推动作用将越来越明显。

相比较经济发达国家，我国饲料企业虽然起步较晚，但是发展速度快，后发优势明显。由于发展时间相对较短，我国大多数饲料企业在技术水平、科研投入、发展规模等方面与发达国家比较还存在不小的差距。但是行业改革在不断深入，以及饲料市场本身的不断成熟，一些小型、落后的饲料企业将最终淘汰出局，而那些在规模、品牌、技术研发、管理等方面不断投入并具有优势的饲料企业将不断得到壮大和发展，最终推动中国饲料行业朝着健康，稳定的方向发展，将来定会有越来越多的优秀饲料企业走出国门参与到全球化的竞争中。

饲料配方师，是饲料配方的设计师。简单来说，饲料配方师应该具有丰富的畜牧学、动物营养学和饲料原料相关知识，并且需要对饲料及原料的市场现状和变化有充分的了解和把握，其基本职责是从最经济节省的角度设计出符合动物生长需要的完美"食谱"。

一、发展阶段

配方师的出现和成长到目前经历了三个阶段。

第一阶段在 1979—1990 年。

20 世纪 70 年代末 80 年代初，饲料作为一个工业行业正处于萌芽时期。1979 年，四川广汉诞生了第一家机械加工的饲料生产小型企业——高坪饲料厂，四川饲料工业由此开始起步；1984 年 12 月随着在深圳签订的四川省第一家外资企业合同，正大入住四川。之后出现了希望饲料的前身育新饲料厂。这个阶段的饲料厂很少，作为饲料主要原料的玉米、小麦和大豆等农产品也正从计划经济时代的统购统销向双轨制转向。同时为适应饲料发展需要，为饲料发展培养更多的专业人才，在国家的倡导下，一些高等院校也相继成立了与饲料相关的学院和学科。当时，饲料行业的竞争很小，原料使用很随意，原料用量更随意，饲料中的营养物质变动较大。这一时期基本没有配方师，当然外资公司例外。

第二个阶段是 1990—2005 年。

1979 年，随着中国的改革开放，正大集团和康地集团共同投资成立了中国第一家外商投资农牧企业，也是编号为"深圳 0001"的中国第一家外资企业——康地正大国际集团有限公司。十年之后，中国的饲料企业经历了十年的追赶也逐渐明白为什么外资公司的饲料市场认可度大，也开始明白要在价格最低的情况下保证饲养效果，也就是要保证饲料中表面营养物质含量满足标准。同时，国家还在运用双轨制粮食政策过程中总结经验，并在河南、广西、贵州等省（自治区）的一些城市积极开展"利用双轨，走出双轨"的改革试点，探索了一些粮食市场化改革的新途径。2004 年 3 月，国家决定彻底放开粮食购销市场，粮价随行就市，对农民种粮按计税面积实行直接补贴，标志着无论是从粮食生产支持、价格补贴、流通体系构建、购销市场化来看，宏观调控的粮食市场经济体系都已趋于成熟和完善。饲料企业在原料选择上进入了自由时代。应时代要求，饲料配方正式进入计算时代。饲料配方进入计算时代，大家使用的配方软件大同小异，参照的标准基本一致，无非 NRC、ARC 或中国的标准，同时配方师作为企业运营人的计算工具，目光聚焦于企业短期效益，没有对准企业产品的终端用户。这时的企业命运可想而知，配方师的命运也可见一斑。

第三个阶段是从 2005 年到以后的 10 年间。

2003 年下半年开始，猪肉价格持续上涨至 2004 年全年禽流感开始出现，7 月农业部兽医局成立，《中华人民共和国畜牧法》实施，标准化畜禽养殖小区建设全面拉开，这一系列大事决定了畜牧业进入了一个新的时代。配方师不再是一个价格控制者或者听从者，配方师是一个饲料企业产品价值观的塑造者。换而言之，配方师要知道一个饲料企业在生产、销售、技术服务等方面有什么样的资源，在这样的资源背景下，企业应该生产什么样价值的产品。饲料作为一个产品，基本的属性是生产资料，这就决定了其不同于生活资料的特性。它不只是简单满足客户的需要，它要能为客户创造价值。

二、人才需求现状

饲料配方师是指从事饲料配方设计及效果评价等工作的人员。饲料配方是一个饲料企业的核心技术，没有好的、合理的饲料配方就不可能生产出好的饲料产品。但是单有配方，也行不通。对于一个正规的饲料企业，产品质量并非配方一个因素所决定，它是多种因素集合而成，包括饲料原料质量、生产工艺、品管系统、售后服务及配方水平的综合水平的提高，才能打造出优秀的产品质量。

据反映，国内一些大型饲料企业非常重视配方师的职位，他们对于配方师（技术经理、技术总监）的重视程度远远超过销售经理。配方师是饲料企业核心人才，他不仅为企业提供饲料配方，关键是饲料企业利用配方师的经验，是配方软件永远做不到的！配方不是一成不变的，它是配方师根据养殖品种、养殖季节、养殖规格、原料变化、养殖地域、养殖品种长势的变化而变化，它是一个复杂而细致的工作。

农业部于 2014 年颁布了《饲料配方师》行业标准（NY/T 2605—2014），该标准中对"饲料配方师"的职业概况和基本要求进行了规范。饲料配方师设 3 个等级，分别为三级、二级和一级饲料配方师，对职业能力的定位是具有正常的色、嗅、味觉感知能力，学习、推理和判断能力，并能应用一般软件进行配方计算。

我国饲料行业发展到今天，已经进入一个稳定发展期，总产量突破 2 亿 t，行业盈利模式走向依赖总量大幅增长的微盈利阶段。竞争模式从单一的产量、价格竞争发展到以大幅提高产量为出发点和落脚点的产品结构调整、科技含量加大的竞争阶段，其显著特点就是以技术与服务拉动产销量，快速抢占市场，在大调整中抢占先机。市场对技术与服务水平要求越来越高，企业必须引进高端人才加以研发与技术提升。饲料配方师作为饲料企业的核心技术人才之一，所面临的压力与挑战越来越大，对专业技术要求越来越高，对配方师的要求呈现出专业化、职业化、年轻化、本土化的特点。

　　我国养殖业正朝着专业化、标准化、集约化、产业化"四化"大踏步推进，饲料配方师肩负着重要的责任和使命。因此，饲料配方师应具备超前的理念和思维，具备扎实的知识和技能，去适应行业和市场变化的需要，企业才能不断创新和创造产品，引领行业先锋。随着行业日新月异的变化以及养殖者需求的不断提升，要求饲料配方师的思维与技术必须超前，同时需要不断汲取动物营养与饲料的新技术，才能在行业内立于不败之地，成为企业不可多得的优秀人才。

　　明白了配方师的发展历程，理解了配方师肩负的责任，看清了配方师奔赴的方向，想成为一名合格的配方师，必须具备一定的专业知识和技能，将在接下来的章节详细介绍。

参考文献

[1]　饲料配方师—百度百科 http：//baike. sogou. com/v55439730. htm.
[2]　中华人民共和国农业部，农牧发〔2016〕13 号文件《全国饲料工业"十三五"发展规划》.

第二章 饲料配方师的职业技能要求

第一节 职业道德规范和职业守则

爱岗敬业，忠于职守
认真负责，实事求是
勤奋好学，精益求精
热情服务，遵纪守法
诚实守信，团结协作

第二节 职业技能标准

饲料配方师分3个等级，分别是：三级饲料配方师（高级）、二级饲料配方师（技师）、一级饲料配方师（高级技师）。具体技能标准，可参考行业标准——饲料配方师（NY/T 2056—2014）。

第三节 专业技能要求

饲料配方师的职业是一个逻辑性强、知识面广的工作，还包含了许多辩证法的东西。一个配方并不是简单地把几种原料混在一起，而是需要对动物生理、生物化学、有机化学要有深入的了解，还要对饲养标准、饲料原料的种类和使用特性、营养成分熟记于胸，同时能根据实际情况灵活地应用饲养标准。

一、基本的技能

1. 理解透彻的动物营养与饲料学功底

没有这个基础，不可能知道每一种物质或产品所有方面的功效和限制，就不可能合理地使用资源；也不可能知道畜禽需要什么样的营养、NRC列出来的粗蛋白是否是养殖者真正需要的。要建立效能营养学的观念，明白物质的主要作用是什么、主要作用如何发挥出来、程度有多大、影响它发挥的相关因素是什么。比如有人说香味剂能增加采食量，你要明白采食量主要有什么影响因素，配方中玉米占了60%，玉米差了影响采食，香味剂能否解决。

2. 广博的畜牧学背景知识

需要对动物生理生化等畜牧学基础知识有一个大致的了解。比如光照制度会影响产蛋，要保证蛋鸡料发挥作用，就要建立合理的光照机制。不了解这个别人说料产蛋不高，还在分析饲料原料质量有无问题或者蛋氨酸是不是低了，那就是南辕北辙。

3. 丰富的生产实践经验

熟悉动物生产技术。要知道饲料生产机组是如何运行的，不同的料需要什么样的粉碎粒度、制粒温度，什么原料会影响粉碎、制粒，你的配方在生产操作中是否影响生产效率。

4. 足够的养殖户服务经验

通过养殖户的实际使用，才能明白你的配方产生的产品有否被正确使用，实际使用方法能否让你改进配方的营养模式、加工方法等。

5. 强有力的沟通交流能力

不要求精通于饲料销售、财务运行乃至企业管理，但是要理解一个企业的运行离不开各个不同的部门，设计的配方要充分得到各部门的支持才能变成一个实实在在能被用户使用的产品。

二、饲料配方师的角度定位

1. 从饲料企业的角度定位

是经济利益最大化，更多考虑的是配方成本与经济性，达到生产成本最佳化、生产效率最大化、生产过程安全化、产品质量优质化和生产效益最大化。

2. 从养殖者的角度定目标

最大限度地发挥畜禽的生产性能；确保畜禽的健康；改善畜禽产品品质以具竞争力。

3. 从营养师的角度定位

保证营养素的全面、平衡以最大限度地挖掘畜禽的生产潜能；改善饲料的适口性和最大采食量以确保营养素的摄取；营养物质的消化、吸收与利用的最大化和高效性与平衡性。

4. 从畜牧兽医师工作者的角度定位

选择优良的品种及最佳品种的生产组合；提供畜禽最适宜的生活、生长、生产环境；完善的饲养管理技术和高效安全的保健防疫技术；供给畜禽生活、生长、生产所需的最佳日粮。

如何平衡和兼顾企业、养殖者与营养师三者之间的关系，同时考虑畜牧兽医师的要求与愿望？总之，饲料配方的设计是一种技术性和艺术性很强的工作，它需要高深的理论水平为指导，需要日积月累的经验总结，平时只有我们多学习和多实践，才能做出一个性价比很高的配方来。

参考文献

［1］　章世元. 动物饲料配方设计［M］. 南京：江苏科学技术出版社，2008.
［2］　中华人民共和国农业行业标准，NY/T2605—2014《饲料配方师》.

第三章 饲料配方设计原理

第一节 配合饲料的概念及种类

一、什么是配合饲料

配合饲料是指在动物不同生长阶段、不同生理要求、不同生产用途的营养需要，以及以饲料营养价值评定的实验和研究为基础，按科学配方把多种不同来源的饲料，以一定比例均匀混合，并按规定的工艺流程生产的饲料。配合饲料成分复杂，它既考虑动物对能量、蛋白质、脂肪、碳水化合物等常规养分的需求，也考虑到维生素、氨基酸、矿物质等微量元素的需求，而且可以将多种饲料原料合理组合起来，实现不同原料之间的组合效应。配合饲料还充分考虑了养分之间的适宜比例，如能量和蛋白质、消化能和可消化氨基酸之间的比例等，从而更好地满足动物对养分的需求，最大限度地发挥动物的生长潜力，提高饲料利用效率，节约宝贵的饲料资源。配合饲料系统全面地考虑了动物对各种养分的需求。

配合饲料生产始于 20 世纪初。50 年代以后，由于对家畜的氨基酸、维生素和微量元素需要量的了解日益确切，饲料添加剂的快速发展，配合饲料的生产突飞猛进，先在欧美普及，并很快推广到亚洲和其他地方。

二、配合饲料的种类

按营养成分和用途分类：全价配合饲料、浓缩饲料、精料补充料、添加剂预混料、代乳料；按饲料形状分类：粉料、颗粒料、破碎料、膨化饲料、扁状饲料、液体饲料、漂浮饲料、块状饲料。

全价配合饲料是指营养完全的配合饲料，也叫全价饲料。该饲料内含有能量、蛋白质和矿物质饲料以及各种饲料添加剂等。各种营养物质种类齐全、数量充足、比例恰当，能满足动物生理和生产需要。它能直接用于饲喂饲养对象，能全面满足饲喂对象除水分外的营养需要。可直接用于生产，不必再补充任何饲料。全价配合饲料可呈粉状，也可压成颗粒，以防止饲料组分的分层，保持均匀度和便于饲喂。颗粒饲料较适于肉用家畜与鱼类，但成本较高。

全混合日粮（Total Mixed Ration，TMR），是根据反刍动物在不同生长发育及生产的营养需要，按照营养专家设计的日粮配方配制的全价饲料，用特制的搅拌机对日粮各成分进行搅拌、切割、混合和饲喂的一种先进的饲养工艺。全混合日粮保证了牛羊所采食的每一口饲料都具有均衡的营养。精粗饲料混合均匀，避免了反刍动物挑食，维持瘤胃 pH 稳定，防止瘤胃酸中毒，有利于瘤胃健康。

精料补充料。饲喂反刍家畜的一种饲料。由浓缩饲料加上能量饲料配成，也可由添加剂预混料直接配制全价配合饲料或精料混合料，但饲用时要另外添加青、粗饲料。

浓缩饲料。又称平衡配合料或维生素-蛋白质补充料。由添加剂、预混料、蛋白质饲料和钙、磷以及食盐等按配方制成，是全价配合饲料的组分之一。因须加上能量饲料组成全价配合饲料后才能饲喂，配制时必须知道拟搭配的能量饲料成分，方能保证营养平衡。反刍家畜的浓缩饲料可添加尿素类饲料，如尿素、双缩尿等，以节省蛋白质饲料。

代乳料是指以乳制品、植物性原料为主，添加维生素、氨基酸、矿物元素，经现代加工工艺制成稳定的，能够满足动物生长发育所需的能量、蛋白质、维生素、氨基酸、常量和微量元素等营养物质需要的产品，用作幼畜的母乳替代品和或补充品。

添加剂预混合饲料。由多种饲料添加剂加上载体或稀释剂按配方制成的均匀混合物。它的专业化生产可以简化配制工艺，提高生产效率。其基本原料添加剂大体可分为营养性和非营养性两类。前者包括维生素类、微量元素类、必需氨基酸类等；后者包括促生长添加物如抗生素等，保护性添加物如抗氧化剂、防霉剂、抗虫剂等，抗病药品如抗球虫药等以及酶制剂、着色剂等。添加剂中除含上述活性成分外，也包含一定量的载体或稀释物。由一类饲料添加剂配制而成的称单项添加剂预混料，如维生素预混料、微量元素预混料；由几类饲料添加剂配制而成的称综合添加剂预混料或简称添加剂预混料。

饲料添加剂或添加剂预混料中的载体，是一种能接受和承载粉状活性成分的可食性物料，表面粗糙或具有小孔洞。常用的载体为粗小麦粉、麸皮、稻壳粉、玉米芯粉、石灰石粉等。稀释剂也是可食性物料，但不要求表面粗糙或有小孔洞。二者的作用都在于扩大体积和有利于混合均匀。

第二节　配合饲料配方设计的原则

饲料配方是根据动物的营养需要、饲料的营养价值、饲料原料的现状及价格等因素，合理地确定各种饲料的配合比例。这种饲料的配比，即称为饲料配方。加工饲料时，必须有饲料配方。合理地设计饲料配方，是生产高质量饲料和保障养殖动物健康生长、提高养殖效益的关键环节。设计饲料配方时，既要考虑动物的营养需要和消化生理特点，又要合理利用各种饲料资源，做到低成本、高效益。

饲养标准中规定了动物在一定条件（生长阶段、生理状况、生产水平等）下对营养素的需要量。其表达方式是以每日每头动物所需供给的营养素的数量表示，或以营养素在单位重量（常为 kg）中的浓度表示，是配合畜禽平衡日粮和科学饲养畜禽的重要技术参数。饲料成分表中列出了饲料原料中营养素的含量。为了保证动物所采食的饲料含有饲养标准中所规定的营养物质量，就必须对饲料原料进行相应的选择和搭配，即配合日粮或饲粮。

饲料配方的设计涉及许多制约因素，为了对各种资源进行最佳分配，配方设计应基本遵循以下原则。

一、营养性原则

饲料配方的营养性，表现在平衡各种营养物质之间错综复杂的关系，调整各种饲料之间的配比关系，配合饲料的实际利用效率及发挥动物最大生产潜力诸方面。配方的营养受制作目的（种类和用途）、成本和销售等条件制约。

需按动物的营养需要进行配方设计，首先保证能量、蛋白质及限制氨基酸、钙、有效磷、地区性缺乏的微量元素与重要维生素的供给量，根据当地饲养水平、动物品种和季节等条件，调整选用的饲养标准，确定实用的营养需要。

在设计配合饲料时，一般把营养成分作为优先条件考虑，还须考虑适口性和消化性等方面。例如，观赏动物首先考虑的是适口性；鳗鱼饲料和幼龄鱼饲料，则以食性优先考虑；幼畜人工乳的适口性和消化性都应优先考虑。

（一）设计饲料配方的营养水平，必须以饲养标准为基础

世界各国有很多饲养标准，我国也有自己的饲养标准。由于畜禽生产性能、饲养环境条件、畜禽产品市场变换，在应用饲养标准时，应对饲养标准进行研究，如把它作为一成不变的绝对标准是错误的，要根据畜禽生产性能、饲养技术水平与设备、饲养环境条件、产品效益等及时调整。

1. 能量优先满足原则

在营养需要中最重要的指标是能量需要量，只有在优先满足能量需要的基础上，才能考虑蛋白质、氨基酸、矿物质和维生素等养分的需要。

2. 多养分平衡原则

能量与其他养分之间和各种养分之间的比例应符合营养需要，如果饲料中营养物质之间的比例失调，营养不平衡，必然导致不良后果。饲料中蛋白与能量的比例关系用蛋白能量比表示，即每千克饲料中蛋白质克数与能量之比。日粮中能量低时，蛋白质的含量需相应降低。日粮能量高时，蛋白质的含量也相应提高。此外，还应考虑氨基酸、矿物质和维生素等养分之间的比例平衡。

3. 控制粗纤维的含量

不同畜禽种类具有不同的消化生理特点。单胃动物与反刍动物相比，对粗纤维的消化能力较差，饲料配方中不宜采用含粗纤维较高的饲料，而且饲料中的粗纤维含量过高直接影响配合饲料的能量浓度。因此，设计家禽和猪等单胃动物的饲料配方时应注意控制粗纤维的含量。

（二）饲料配方分型

一是地区的典型饲料配方，以利用当地饲料资源为主，发挥其饲养效率，不盲目追求高营养指标；二是优质高效专用饲料配方，主要是面对国外同类产品的竞争以及适应饲养水平不断提高的市场要求。在实际工作中，经常以特定的重量单位，如100kg、1 000kg或1t为基础来设计饲料配方，也可用百分比来表示饲料的用量配比和养分含量。

设计饲料配方时，对饲料原料营养成分含量及营养价值必须做出正确评估和决定。饲料配方营养平衡与否，在很大程度上取决于设计时所采用的饲料原料营养成分值。原料成分值尽量选用代表性的，避免极端数字。原料成分并非衡定，因收获年度、季节、成熟期、加工、产地、品种等不同而异。要注意原料的规格、等级和品质特性。在设计饲料配方时，最好对重要原料的重要指标进行实际测定，以便提供准确参考依据。

（三）所配的饲料必须保证畜禽实际能采食进去

所配的饲料必须保证畜禽实际能采食进去，因此要注意饲料的适口性、容积和畜禽的随

意采食量。

二、科学性原则

饲养标准是对动物实行科学饲养的依据，因此，经济合理的饲料配方必须根据饲养标准所规定的营养物质需要量设计。在选用的饲养标准基础上，可根据饲养实践中动物的生长或生产性能等情况做适当的调整。一般按动物的膘情或季节等条件的变化，对饲养标准可作适当的调整。

设计饲料配方应熟悉所在地区的饲料资源现状，根据当地饲料资源的品种、数量以及各种饲料的理化特性和饲用价值，尽量做到全年比较均衡地使用各种饲料原料。在这方面应注意的问题如下。

1. 饲料品质

应选用新鲜无毒、无霉变、质地良好的饲料。黄曲霉和重金属（砷、汞等）有毒有害物质不能超过规定含量。含毒素的饲料应在脱毒后使用，或控制一定的喂量。

2. 饲料体积

应注意饲料的体积尽量和动物的消化生理特点相适应。通常情况下，若饲料的体积过大，则能量浓度降低，不仅会导致消化道负担过重，进而影响动物对饲料的消化，而且会稀释养分，使养分浓度不足。反之，饲料的体积过小，即使能满足养分的需要，但动物达不到饱感而处于不安状态，影响动物的生产性能或饲料利用效率。

3. 饲料的适口性

饲料的适口性直接影响采食量。通常影响配合饲料适口性的因素有：味道（例如甜味、某些芳香物质、谷氨酸钠等可提高饲料的适口性），粒度（过细不好），矿物质或粗纤维的多少。应选择适口性好、无异味的饲料。若采用营养价值虽高，但适口性却差的饲料须限制其用量。如血粉、菜粕（饼）、棉粕（饼）、芝麻饼、葵花粕（饼）等，特别是为幼龄动物和妊娠动物设计饲料配方时更应注意。对适口性差的饲料也可采用适当搭配适口性好的饲料或加入调味剂以提高其适口性，促使动物增加采食量。

4. 原料组成多样化

配料时选用种类多样的饲料原料，使不同饲料间养分的有无和多少互相搭配补充，提高配合饲料的营养价值。例如，在氨基酸互补上，玉米、高粱、棉仁饼、花生饼和芝麻饼不管怎么搭配，饲养效果都不理想。因为它们都缺少赖氨酸，不能很好地起到互补作用。用雏鸡试验证明，玉米配芝麻饼的日粮和高粱配花生饼的日粮，其饲养效果都远远不如玉米配豆饼（粕）的日粮，即使蛋白质水平比配豆饼的日粮高一倍，效果也不如配豆饼的日粮好。这是因为，由于日粮中蛋白质增加，赖氨酸含量虽然足够，但其他氨基酸都相对过剩，以至整个日粮中氨基酸发生了不平衡，从而降低利用效率。

三、经济性和市场性原则

经济性即考虑合理的经济效益。饲料原料的成本在饲料企业中及畜牧业生产中均占很大比重（约70%），在追求高质量的同时，往往会付出成本上的代价。配制饲料时，需要考虑畜禽的生产成本是否为最低或收益是否为最大。

1. 适宜的能量水平，是获得单位畜产品最低饲料成本的关键

例如，制作肉仔鸡配合饲料，加油脂能提高饲料转化率。但是，是否加油脂视油脂价格

而定，提高饲料转化效率所增加的产值能否补偿添加油脂提高的成本。

2. 不用伪品、劣品，不以次充好

盲目追求饲料生产的高效益，往往饲料厂的高效益会导致养殖业的低效益，因此饲料厂应有合理的经济效益。

3. 原料应因地因时制宜，充分利用当地的饲料资源，降低成本

4. 设计饲料配方时应尽量选用营养价值较高而价格低廉的饲料

可利用几种价格便宜的原料进行合理搭配，以代替价格高的原料。生产实践中常用禾本科籽实与饼粕类饲料搭配，以及饼类饲料与动物性蛋白质饲料搭配等均能收到较好的效果。

5. 饲料配方是饲料厂的技术核心

饲料配方应由通晓有关专业的技术人员制作并对其负责。饲料配方正式确定后，执行配方的人员不得随意更改和调换饲料原料。

6. 饲料加工工艺程序和节省动力的消耗等，均可降低生产成本

除此之外，还必须考虑畜禽产品的市场状况和一般经济环境。过去曾认为，使用的原料种类越多，就越能补充饲料的营养缺陷，或者在配方设计时，用电子计算机就可以方便地计算出应用多种原料、价格适宜的饲料配方，但实际上，饲料原料（非添加剂部分）种类过多，将造成加工成本提高。此外，虽是可能使用的原料，但因库存、购入、价格关系等常限制了使用的可能性，所以，在配方设计时，掌握使用适度的原料种类和数量，非常重要。不断提高产品设计质量、降低成本是配方设计人员的责任，长期的目标自然是为企业追求最大收益。产品的目标是市场，设计配方时必须明确产品的定位。例如，应明确产品的档次、客户范围、现在与未来市场对本产品可能的认可与接受前景等。另外，还应特别注意同类竞争产品的特点。农区与牧区、发达地区与不发达地区和欠发达地区、南方与北方、动物的集中饲养区与农家散养区，产品的特性应有所差别。

四、生产可行性原则

配方在原材料选用的种类、质量稳定程度、价格及数量上都应与市场情况及企业条件相配套。产品的种类与阶段划分应符合养殖业的生产要求，还应考虑加工工艺的可行性。

五、安全性与合法性原则

按配方设计出的产品应严格符合国家法律法规及条例，如营养指标、感观指标、卫生指标、包装等。尤其违禁药物及对动物和人体有害物质的使用或含量应强制性遵照国家规定。

市场出售的配合饲料，必须符合有关饲料的安全法规。选用饲料时，必须安全当先，慎重从事。这种安全有两层基本含义：一是这种配合饲料对动物本身是安全的；二是这种配合饲料产品对人体必须是安全的。因发霉、污染和含毒素等而失去饲喂品质的大宗饲料及其他不符合规定的原料不能使用。设计饲料配方时，某些添加剂（如抗生素）的用量和使用期限（停药期）要符合安全法规。实际上，安全性是第一位的，没有安全性为前提，就谈不上营养性。值得注意的是，随着我国饲料安全法规的完善，避免了法律上的纠纷。这里的安全性还有另外一层意思，即如何处理饲养标准与配合饲料标准之间的关系问题。如，为使商品配合饲料营养成分（指标）不低于商标上的成分保证值，在制作时，应考虑原料成分变动，加工制造中的偏差和损失，以及分析上的误差等因素，必须比规定的营养指标稍有剩余。

随着社会的进步，饲料生物安全标准和法规将陆续出台，配方设计要综合考虑产品对环境生态和其他生物的影响，尽量提高营养物质的利用效率，减少动物废弃物中氮、磷、药物及其他物质对人类、生态系统的不利影响。

六、逐级预混原则

为了提高微量养分在全价饲料中的均匀度，原则上，凡是在成品中的用量少于1%的原料，均应首先进行预混合处理。如预混料中的硒，就必须先预混。否则混合不均匀就可能造成动物生产性能不良，整齐度差，饲料转化率低，甚至造成动物死亡。

第三节 如何设计饲料配方

生产中，饲料配方设计的方法较多，常用的有试差法、线性规划求解法，配方软件等，较多的配方者采用配方软件和人工调整的方式进行。那如何来设计饲料配方呢？

一、明确设计目标

设计饲料配方，首先应明确饲料产品饲喂的对象，即配方用于什么种类、什么生产阶段、什么生产性能的动物。其次，明确饲料配方的预期目标值，如$60 \sim 90kg$体重的瘦肉型生长肥育猪日增重应达800g(《猪饲养标准》NY/T 65—2004)。再次，考虑饲料产品定位问题，明确产品档次与市场竞争力，是引领产品还是大众化产品，是适用于家庭养殖还是针对集约化饲养。如果是商业饲料，除要求符合一定的饲养标准外，还应符合相应的行业产品质量标准；若是养殖自配料，应考虑尽量使用本地饲料原料。

二、合理选择饲养标准

（一）选择饲养标准

配方设计目标明确以后，就要选择相应的饲养标准或产品标准。饲养标准是根据大量重复的科学试验与生产验证的结果，对不同种类、性别、年龄、体重、生产用途和生产水平的动物。科学地规定出每头每日养分需要量或每千克饲粮养分含量。目前，可供选择的饲养标准主要包括国家标准、国外标准、地方标准、专业育种公司针对自己培育品种制定的饲养标准等，产品标准主要包括国家标准、地方标准、企业标准等。重点指标：饲养标准中规定的指标数量很多，在设计配方时不可能满足全部指标，根据营养作用的重要性，重点选择能量、蛋白质、可消化氨基酸、钙、磷、钠等指标。对于禽类，要注意能量与蛋白质比，考虑氨基酸平衡。饲养方式：在自然放养或粗放饲养管理条件下，由于生产水平较低，可以适当放宽饲养标准中规定的某些指标；而在高度集约化饲养方式下，因动物所需的营养完全依赖于日粮供给，必须严格执行标准。

环境温度：高温和寒冷对动物的采食量都有影响，应适当调整标准。以高温季节鸡饲料配方设计为例，通过降低代谢能，利用鸡为能而食的特点提高采食量。同时，按照理想蛋白质模式，以可消化氨基酸为基础配制日粮，降低配方的粗蛋白质水平，减少体增热。添加物质：按照理想蛋白质模式，以可消化氨基酸为基础设计低蛋白日粮配方时，应尽量考虑赖、蛋、苏、色等氨基酸指标，因这4种氨基酸都有工业级产品，可降低配方成本。维生素和微量矿物元素有相应的添加剂预混料产品，通常按量添加，而不作指标计算。使用药物性饲料添加剂时，严格控制使用剂量和添加范围。

（二）选择产品标准

饲养标准对配方运算具有指导性作用，可分为国外标准和国内标准，国外标准以美国NRC、英国ARC等较为权威，而国内标准亦有国家标准、地方标准及企业标准之分，作为技术人员应注意积累有关标准的发布，并对各种饲养标准的特点有一定的了解，建立好饲养标准库，以便随时调用。在设计商业饲料产品配方时，要凸显产品特色，除满足该产品标准（国家标准，或地方标准，或企业标准）中主要营养成分含量表列出的所有指标外，还必须严格遵守国家有关法律法规。

三、选择的饲料原料

（一）尽量利用地方饲料资源

尽量选择本地资源充足、价格低廉而且营养丰富的原料，以达到降低配方成本的目的。通常能量和蛋白饲料原料在配合饲料中占 70%～90%。本地的小麦、玉米、稻谷、加工副产物等具有价格优势。非常规饲料原料（如菜籽粕、棉籽粕、酒糟等）的科学合理使用，也可带来明显的经济效益。

（二）注意各种原料间的合理搭配

如设计一个配合饲料配方，应选用 5~7 种能量和蛋白质原料，一般不低于 3 种。同时，基于对动物的适口性、可消化性和经济性等考虑，关注饲料原料间的合理搭配，充分发挥各原料营养物质的互补作用，有效提高饲料的生物学价值和饲料利用效率。然而，原料种类过多，也会给实际生产中的采购、品控、库管、加工等环节带来麻烦。

（三）原料的适宜用量

每种饲料原料自身都有优缺点，用量都有一个适宜范围，并非无限制添加。设计配方时，必须考虑饲料营养组成、抗营养因子和有毒有害物质含量对动物身体健康和生产性能的影响，以确定其最高用量。而且，商品饲料还应考虑原料用量比例对饲料加工和商品料外观物理性状的影响。

四、原料营养价值取值

《中国饲料成分及营养价值表》最新版本为 2016 年第 27 版，该版本是在前期版本的基础上，结合近年的研究工作基础上修订的，同时参考美国 Feedstuffs 2011 版饲料成分表、法国饲料数据库、德国德固赛饲料氨基酸数据库、日本饲料成分表（2009）等数据形成。该版本继续完善了饲料中的饲料成分与营养价值数据，对部分发布过的生物学效价数据再次进行了调整。

通过查阅饲料原料营养价值表，确定所选原料各养分含量，在此基础上，配方设计人员还应考虑如何对饲料营养成分取值。同一原料品种，由于产地、品质、等级不同，其营养成分也往往不同。如《中国饲料成分及营养价值表》列出 4 种典型玉米（高蛋白质、高赖氨酸、国标 1 级和国标 2 级）的营养成分差异较大。设计配方时尽量选择条件相近的作参考。在没有把握选用已有数据时，可实测。对于饲料生产企业，最好自检或委托送检每批原料的关键指标，建立数据库（包括原料描述、价格、营养素含量、消化率等），作为配方设计的依据。

另外，平日应经常查看化验室的分析记录，留意当地或购入原料及成品的成分变化，对所用原料的成分波动范围做到心中有数，这样在给定的饲料原料的成分指标时才不会盲从于饲料成分表。

五、配方计算

选择合适的方法计算配方。常用的饲料配方设计计算方法包括手工法和电子计算机法。其中手工法又分为代数法、方框法等。电子计算机设计法的原理是采用线性规划、目标规划和模糊线性规划，将动物对营养物质的最适需要量和饲料原料的营养成分及价格作为已知条件，把满足动物营养需要量作为约束条件，再把最小饲料成本作为配方设计的目标函数。电子计算机设计法是目前最先进也是使用最广泛的饲料配方设计方法。

六、配方检验

目的是以利再次调整配方。一个配方设计计算完成，能否用于实际生产，还必须从以下几方面检查或验证配方：该配方产品能否完全预防动物营养缺乏症发生；配方设计的营养需要是否适宜，有无过量；配方组成是否经济有效；配方组成对饲料产品的加工特性（如颗粒平滑整齐度、粉化率、产量）有无影响；配方产品是否影响动物产品的风味和外观（如异味、异色、软脂）等。配方的好坏需由实践检验，应主动追踪饲养效果的反馈信息，及时对配方做出评价，重新修订并完善配方，再投入批量生产。

第四章 动物的生理特点及营养需要

第一节 饲养标准基础知识

一、饲养标准介绍

饲养标准是根据畜禽生理规律，科学调控畜禽对饲料营养物质最佳供给量与提高饲料转化效率的科学技术依据。鉴于世界各地畜禽品种、饲养环境、饲料资源组成及相关科学技术条件等存在较大差异，到 20 世纪中叶，在世界上已经出现并制定出了在标准指标采用、参数标准化、科学性、时效性、实用性、可操作性等方面各具特色的畜禽"饲养标准"或"营养需要量"。目前国际上最具有代表性的有美国的国家科学研究委员会、英国的农业科学研究委员会、法国和澳大利亚所制定的动物饲养标准体系。美国饲养标准重点体现科研为生产服务的时效性，版本更新及时，模型参数详尽，虽指标繁多，但可以最大限度满足不同层次用户的使用需求；英国、澳大利亚、法国饲养标准体系中给出的指标体系框架简明，技术参数与数学模型来源及试验条件清楚，具有一定的客观公正性。我国在 20 世纪初制订了《鸡饲养标准》，内容包括适用于轻型和中型蛋用鸡营养需要参数和专门化培育品系肉鸡及黄羽肉鸡的营养需要参数；制订了适用于以产肉为主，产毛、绒为辅而饲养的绵羊和山羊品种的《肉羊饲养标准》；制订了适用于生长肥育牛、生长母牛、妊娠母牛、泌乳母牛的《肉牛饲养标准》；制订了奶牛各饲养阶段和产奶的营养需要的《奶牛饲养标准》。这些标准主要以指标简练、参数简明、可操作性强、实用性强为主要特色，但在时效性、科学性等方面与发达国家仍存在着一定的差距，如美国 NRC 的肉羊饲养标准已更新至第五版，其奶牛饲养标准及肉牛饲养标准将在近年内推出新版。我国的畜禽饲养标准制订时间是 2004 年，目前尚无新修订版颁布。

二、能值体系

能量定义为做功的能力。动物的维持、生长、繁殖和生产等所有生命活动都需要能量的驱动，因此能量对于动物而言是最重要的营养因素，各种动物的营养需要标准均以能量为基础，再考虑蛋白质或氨基酸、必需脂肪酸、维生素和矿物质的需要量。动物可利用储存于饲料有机营养物质（葡萄糖、脂肪或氨基酸）化学键中的化学能，化学键断裂时所释放的能量在动物体内转化为热能或机械能（肌肉活动），也可以蛋白质和脂肪的形式沉积在体内或产品中。饲料中的能量不能完全被动物利用，在动物体内的代谢过程中总有不可避免的能量损失，其中可被动物利用的能量称为有效能。动物生产的最终目的是使家畜以最高效率将摄取的能量贮存于机体有机营养物质（蛋白质、脂肪和碳水化合物）中。饲料能量在动物体内的代谢遵循能量守恒定律（热力学第一定律），即能量在转化的过程中总量保持不变，只是从一种形式转化为其他形式。能量守恒定律是评定饲料有效能，以及研究动物对饲料能量的利用和动物对有效能需要量的基本理论依据。

（一）饲料能量的转化

饲料能量是根据养分在氧化过程中所释放的热量而测定，并以能量单位表示。能量的国际单位为"焦耳"（joule，简写为 J），常用千焦耳（kJ）或兆焦耳（MJ）；能量的传统热量单位为"卡路里"（calorie，简写为 cal），常用千卡（kcal）或兆卡（Mcal）。两者的换算关系为：1cal = 4.184J、1kcal = 4.184kJ 和 1Mcal = 4.184MJ。根据饲料能量的代谢过程，可将其划分为总能（gross energy，GE）、消化能（digestible energy，DE）、代谢能（metabolizable energy，ME）和净能（net energy，NE）。

1. 总能（GE）

饲料中有机物完全氧化燃烧所释放的能量为 GE，饲料的 GE 含量取决于其氧化的程度，即碳加氢与氧的比率。所有的碳水化合物都有相似的比率，因此具有相似的 GE 值（约 17.5MJ/kg DM）；而甘油三酯含有较少的氧，因此 GE 值（约为 39MJ/kg DM）远高于碳水化合物；各种脂肪酸因碳链的长度不同而在 GE 含量上有所差异，因此短链脂肪酸的能值含量较低。蛋白质含有额外的可氧化的元素——氮（有的蛋白质中还含有硫），因此蛋白质的能值高于碳水化合物。GE 仅反映饲料中贮存的化学能总量，而与动物无关，不能反映动物对能量的利用情况。例如，燕麦秸秆和玉米具有相同的 GE 值，但二者对动物的营养价值却相差较大。因此，GE 不能准确反映动物对饲料能量的利用情况，但却是评定饲料有效能的基础。

2. 消化能（DE）

动物摄入饲料 GE 后，一部分被吸收，其余由粪排出体外。DE 是饲料可消化养分所含的能量，即动物摄入饲料 GE 与粪能（fecal energy，FE）之差。按上式计算的消化能称为表观消化能。实际上，粪中的消化道微生物及其代谢产物、消化道分泌物和经消化道排泄的代谢产物以及消化道黏膜脱落细胞均为含能物质，这三者所含的能量称为代谢粪能（metabolic fecal energy，MFE），从 FE 中减去 MFE 后为饲料的真消化能。真消化能所反映的饲料能值比表观消化能更为准确，但难以测定，故营养学研究中多用表观消化能。通常 FE 是饲料 GE 最大的损失途径，损失比例因动物种类和饲料类型不同而异。

3. 代谢能（ME）

是指饲料 DE 减扣尿能（urinary energy，UE）及甲烷能（CH_4-E）后剩余的能量，即 ME = DE - （UE+CH_4-E）= GE-FE-UE-CH_4-E。UE 和 CH_4-E 可准确预测，因此通常可以由饲料 DE 预测 ME，即 ME = a×DE，a 介于 0.81~0.86 间，即 14%~19% 的 DE 经尿和甲烷而损失。除高精料饲粮外，其他饲粮均可用 a 为 0.81 或 0.82，例如英国农业和食品研究委员会（AFRC，1993）用 DE×0.81 预测 ME，而美国国家科学研究委员会（NRC，2007）则用 DE×0.82。

4. 净能（NE）

是饲料中用于动物维持生命和生产产品的能量，即饲料 ME 减扣饲料在体内的热增耗（heat increment，HI）后剩余的能量：NE = ME-HI = GE-DE-UE-CH_4-E-HI。HI 又称为特殊动力作用或食后增热，是指动物在采食、消化、吸收和代谢营养物质的过程中消耗能量后的

27

产热量。根据体内的作用，NE 可分为维持 NE（net energy for maintenance，NEm）和生产 NE（net energy for production，NEp）。NEm 指用于维持生命活动、随意运动和维持体温恒定的能量；NEm 最终以热的形式散失，因此动物的产热量（heat production，HP）即为 HI 和 NEm 之和。饲料提供的 NE 超出维持需要的部分将用于不同形式的生产，如增重、产蛋、产奶和产毛等。

（二）不同动物采用的能值体系

1. 单胃动物

能量类饲料在家禽饲粮中占有较大比例，准确评定家禽饲料原料有效能值对于节约饲料资源、降低饲养成本至关重要。家禽饲料原料有效能值的评定一直使用 ME 体系。但是，ME 体系没有考虑动物对饲料摄食和消化过程产生的热增耗（HI）。不同营养物质引起的 HI 不同，蛋白质的 HI 最大，脂肪的 HI 最低，碳水化合物居中（杨凤，2000）。ME 体系高估了粗蛋白质（CP）和粗纤维（CF）的能量利用率，低估了粗脂肪（EE）和淀粉的能量利用率。与 ME 体系相比，净能（NE）体系考虑了不同营养物质消化代谢利用的差异，能够最真实地反映家禽或猪维持能量需要量和生产能量需要量。

国内在评定猪、鸡等单胃动物对饲料能量的利用效率时通常以测定饲料的消化能和代谢能为主，且很多研究人员采用饲喂试验进行实测，进展较快。

2. 反刍动物

但国内近年来关于反刍动物饲料能量实测的研究并不多，相关报道多为计算值。各国现行反刍动物饲料能量价值评定和动物能量需要量体系主要分为两大类，即净能体系和代谢能体系。自 1987 年冯仰廉等（2000）研究人员在饲养试验实测和整理相关试验材料的基础上提出以消化能预测产奶净能值的模型后，我国奶牛和肉牛营养需要都相继采用了净能体系，一些反刍动物饲料的有效能评定也开始采用净能指标。但是将所有反刍动物饲料的净能值全部实测也不太现实，因为反刍动物饲料净能值的测定需要大量的试验动物和呼吸测热室等大型专业设备，我国目前能够完成反刍动物饲料净能值实测的科研机构非常少。世界各国均通过一定数量有代表性的饲料实测净能数据来推导净能与消化能或代谢能之间的回归模型，从而计算出饲料的净能值。

三、氨基酸平衡原理

饲粮氨基酸平衡的重要性在很早就受到人们的注意。自 20 世纪 50 年代开始，人们对氨基酸营养作用的研究由单纯研究各种必需氨基酸需要量深入到综合考虑各种氨基酸的平衡模式上来，氨基酸平衡理论也逐渐形成。近年来，在猪禽饲粮配方中利用理想氨基酸平衡模式降低了饲粮中蛋白质用量，并提高了饲料利用率。瘘管术和灌注营养技术又为研究反刍动物氨基酸平衡模式提供了重要工作（刁其玉，2007）。目前，理想氨基酸平衡模式的研究是动物营养研究的热点之一。

（一）蛋鸡氨基酸平衡营养研究

理想蛋白质模式的实践应用在家禽上出现相对较晚。但在近 20 年间，蛋鸡理想蛋白质模式研究已经非常多，提出了多种氨基酸在产蛋鸡上的最佳比例，尽管研究方法不同，但所得结论比较一致。Jais 等（1995）基于氮平衡提出产蛋鸡赖氨酸（Lys）、蛋氨酸（Met）、色氨酸（Trp）及苏氨酸（Thr）的理想比例为100∶44∶16∶76；Bregendahl等（2008）基于标准回肠可消化氨基酸模式（SIDAA）指出，对于高峰产蛋鸡，异亮氨酸（Ile）、Met、蛋氨酸+胱氨酸（Met+Cys）、Thr、Trp、缬氨酸（Val）和Lys比例为79∶47∶94∶77∶22∶93∶100时，可以达到最佳产蛋量。刘庚等（2012）基于SIDAA推荐的氨基酸比例为Lys∶Met∶Trp∶Thr=100∶46∶24∶73。从这些结果可以看出，对于产蛋高峰期蛋鸡EAA理想比例已经基本确定，但同时，关于蛋雏鸡的研究较少。由于蛋鸡生产的特殊性，鸡只开产之前的营养需要以及氨基酸比例等参数是否理想由开产后的生产表现来决定，故此类研究难度相对较高，耗时较长，因此，数据量较少，亟须补充。

（二）肉鸡氨基酸平衡营养研究

蛋白质和氨基酸是保障肉鸡健康生长、发育的基本物质，也是饲料中紧随能量之后第二昂贵的营养素。在快大型黄羽肉鸡上，适宜水平的蛋氨酸可改善黄羽肉鸡的饲料利用率和胴体品质，增加母鸡胴体和羽毛蛋白质含量或沉积量，促进羽毛生长。1~21和22~42日龄阶段的日增重和料重比、43~63日龄阶段的全净膛率和胸肌率均随饲粮蛋氨酸水平呈二次曲线变化，因此，可以通过二次曲线回归方程获得最佳饲粮蛋氨酸水平。吴仙等（2014）报道，适当的必需氨基酸水平可提高黔东南小香鸡生长性能与饲料利用率，显著降低鸡肉的脂肪含量，并提出24周龄黔东南小香鸡肉鸡日粮蛋白质氨基酸模型：粗蛋白16.65%、赖氨酸1.29%、蛋氨酸1.04%、精氨酸1.75%、苏氨酸0.80%、异亮氨酸1.74%、亮氨酸2.89%、缬氨酸0.89%、色氨酸0.24%。林厦菁等（2014）在1~21日龄快大型黄羽肉鸡上研究得出，低蛋白质饲粮（粗蛋白质含量为17.51%）下，赖氨酸∶蛋氨酸∶苏氨酸∶色氨酸∶异亮氨酸的适宜比例为100∶（44~55）∶72∶（18~23）∶（54~72）。总体上，必需氨基酸营养不仅对黄羽肉鸡的生长发育、养分沉积起着关键作用，还影响机体免疫、抗氧化功能及肉品质与风味。

（三）猪氨基酸平衡营养研究

赖氨酸作为猪的第一限制性氨基酸，其在日粮中的含量已成为影响猪生产性能的重要因素。研究表明，当动物饲喂高氨基酸日粮时，动物血清中该氨基酸含量会迅速升高，在某些情况下会导致其他氨基酸含量的下降。对生长猪的研究发现，采食后2h门静脉血液中各种氨基酸的含量达到峰值，且受日粮赖氨酸水平的影响；当日粮氨基酸水平为0.95%时可获得较高的氨基酸表观消化率，提示日粮赖氨酸水平可调节氨基酸的吸收模式和利用效率。研究发现，日粮添加1.35%赖氨酸可增加断奶仔猪空肠的绒毛高度和隐窝深度，提高空肠碱性氨基酸转运载体$b^{0,+}AT$、y^+LAT1和CAT1的基因表达，提示日粮赖氨酸水平可通过影响碱性氨基酸转运载体基因表达来调节碱性氨基酸的吸收。在仔猪上的研究证明，日粮亮氨酸/赖氨酸比值为120%时，空肠中$b^{0,+}AT$的基因表达水平和背最长肌中myosin的蛋白表达水平显著高于两氨基酸比率为88%和160%时基因或蛋白的表达水平；过量亮氨酸也可通过影响转运载体水平调节氨基酸的吸收和代谢，降低血清中其他氨基酸的浓度。

（四）反刍动物氨基酸平衡营养研究

对于反刍动物而言，饲粮氨基酸营养平衡的重点就是饲粮中蛋白质组分之间的平衡。首先要根据动物生产水平和目的，确定饲粮蛋白质总水平，其次要充分考虑饲粮蛋白质中可溶性蛋白质、降解蛋白质与非降解蛋白质之间的平衡。甄玉国（2002）通过研究绒山羊小肠内理想氨基酸模式得出，可以选择肌肉氨基酸（90%）+绒毛氨基酸（10%）和肌肉氨基酸（80%）+绒毛氨基酸（20%）之间的模式作为目标模式。该研究还首次应用由卢德勋（2004）提出的氨基酸平衡指数（AABI）这一新概念，用以评价小肠可吸收氨基酸的平衡性。研究结果表明：AABI 超过 0.95（含 0.95）的为理想模式；在 0.90 和 0.95 之间（含 0.90）的为平衡模式；在 0.85 和 0.90（包括 0.85）之间的为亚平衡模式；在 0.80 和 0.85 之间（包括 0.80）的为次亚平衡模式；而低于 0.80 的为不平衡模式。

四、如何选择和使用饲养标准

饲养标准通常以表格形式表示，表中列明一头家畜每日所需各种养分的量，或其在配料中的百分比。饲养工作者以此为据，参照饲料的来源、价格、养分含量和适口性等，选择搭配，组成全价饲料。配方的计算方法很多，简单的饲料种类与营养指标的配方可用试差法、四方形法等。多种类、多指标的饲料配方，则须采用线性规划法，以求得配量精确的最佳配方，借助电子计算，可使运算更加精确迅速。

以肉牛饲养标准的应用为例。肉牛饲养标准中的营养需要量是设计肉牛日粮配方，日粮营养物质供给量的依据。由于饲养标准有充分的科学性和高度的代表性，因此，按照饲养标准配制肉牛日粮，一般都能取得较好的饲养效果和经济效益，但在生产中具体应用饲养标准时，不可生搬硬套，必须谨慎地且针对性地选择符合实际饲养肉牛生产条件的参数。通常肉牛饲养标准所规定的基础营养定额，系肉牛最低营养需要量附加安全系数后的计算值，即所谓营养供给量。营养供给量要高于营养需要量，以充分满足肉牛的营养需要，更好地发挥其潜在的生产性能和进一步提高饲料的利用率。

第二节　单胃动物营养生理特点及营养需要

一、猪营养生理特点及营养需要

（一）断奶仔猪营养生理特点及营养需要

1. 断奶仔猪营养生理特点

断奶仔猪是指从断奶至 70 日龄的仔猪，也称保育仔猪。此阶段的仔猪具有如下营养生理特点。

（1）消化器官不发达，形态和功能受损，消化吸收能力弱　正常情况下，初生仔猪消化器官虽已形成，但其体积和重量较小。仔猪整个消化道发育最快的阶段是 20~70 日龄期间，这表明断奶仔猪保育期间，是猪消化器官和功能快速发育和完善的重要时期。仔猪断奶后，由于摄入的食物由营养丰富易消化的母乳转化为饲料日粮，从而影响肠道的生长发育，主要表现为肠绒毛脱落，长度变短，黏膜水肿和炎症反应，隐窝加深，引起采食量下降，营养物质消化吸收减少。仔猪断奶 7d 内空肠绒毛长度逐渐显著降低，且显著低于同日龄未断奶仔猪。这种绒毛萎缩将使肠黏膜功能性表面积减少，吸收能力下降。

（2）消化腺分泌减少，消化酶活性下降　仔猪出生时消化酶主要含凝乳酶、脂肪酶、乳糖酶和蛋白酶。胃蛋白酶很少，甚至在胃液盐酸缺乏的时候没有活性，不能很好地消化蛋白质，特别是植物性蛋白质。食物的消化主要依靠胰腺、肠腺和胆囊所分泌的各种消化酶和胆汁，胆汁虽无消化酶，但可以促进胰液和肠液中消化酶的活性和促使脂肪乳化、分解和吸收。乳仔猪胃肠消化酶活性随日龄增长而增加，0~56日龄，乳糖酶的活性逐渐减弱，脂肪酶、蛋白酶和淀粉酶的活性逐渐加强，56日龄后消化道酶系统趋于正常。断奶会引起仔猪消化腺分泌下降，消化酶活性降低。断奶后仔猪胰腺和空肠内容物中胰蛋白酶、淀粉酶及脂肪酶的活性会不同程度地降低，断奶后3周仍不能恢复至哺乳期水平，随着采食量的增加，这些酶的活性逐渐恢复。日龄和断奶对十二指肠和回肠胰蛋白酶的活性无明显影响。

（3）胃酸分泌不足，pH值升高　胃酸由胃底腺区的壁细胞分泌，主要为游离的盐酸，它在整个消化过程中起着重要作用，不仅可以激活消化酶性，而且让消化道维持酸性环境以杀灭或抑制有害微生物。仔猪胃酸随着日龄的增长分泌不断增多，酸度不断升高，到3月龄左右才达到成年猪的水平（pH值2.0~3.5）。仔猪断奶后由于失去母乳乳糖的发酵，产酸减少，加上断奶应激的影响，胃肠道内pH值升高明显，从而影响消化酶的活性。张振斌等报道，断奶应激使断奶仔猪胃及空肠内容物pH值升高，且在断奶后第2d尤为显著。Makkink等（1994）也指出，断奶也会影响十二指肠、空肠和回肠的pH值，而摄入的饲料具有较强的酸结合能力，可能是造成断奶后胃pH值升高的主要原因。

（4）肠道微生物菌群变化大　受母源和环境微生物的感染，初生仔猪肠道微生物菌群从无到有，数量不断增加，菌群不断变化。首先以需氧菌或兼性厌氧菌为主在肠道内定植，随着肠道内氧气的消耗，形成一个厌氧环境，从而降低了胃肠道pH值和氧化还原电位，为专性厌氧菌的定植和生存提供了条件，此时以专性厌氧菌和兼性厌氧菌定植为主，最后稳定在一个动态平衡状态。厌氧菌虽然最后定植，在数量上却占很大优势，约为99%，兼性厌氧菌和需氧菌约为1%。其中以大肠杆菌、链球菌、乳酸杆菌等组成仔猪胃肠道的主要菌群。有研究表明，受断奶仔猪消化道pH值升高的影响，使断奶仔猪胃肠道中乳酸杆菌数量呈线性下降，较哺乳仔猪降低了14.3%，大肠杆菌大量增殖，较哺乳仔猪增加了5.4%。仔猪断奶后以双歧杆菌（$4.53×10^9$）、乳酸杆菌（$1.6×10^8$）、小梭菌（$1.76×10^8$）的菌群数量最多，为断奶仔猪消化道内的优势菌群。而仔猪不同消化道部位胃总菌数差异并不显著，但菌群种类略有差异。胃中双歧杆菌最多，其次是乳酸杆菌；十二指肠中双歧杆菌最多，其次是肠杆菌、乳酸杆菌；回肠中双歧杆菌最多，其次是肠球菌、小梭菌和肠杆菌；盲肠中双歧杆菌最多，其次是小梭菌；直肠中双歧杆菌最多，其次是小梭菌、乳酸杆菌。

（5）免疫系统不成熟，免疫力低下　由于母猪胎盘构造特殊，母体的免疫球蛋白不能进入胎儿体内，因而初生仔猪无法获得先天性免疫保护，只能从母猪的初乳和常乳中吸收免疫球蛋白获得被动免疫。随着仔猪日龄的增长，母乳中免疫球蛋白含量急剧下降，而仔猪自身的主动免疫系统在3周龄时才能缓慢发育，4~5周龄时所产生的主动免疫抗体还较少，断奶后1~2周正好处于仔猪免疫水平的最低阶段，此时仔猪对病原的抵抗力极差。肠道是仔猪最大的消化器官，也是最大的免疫器官。仔猪肠道免疫系统要到4~7周龄时才基本发育成熟，消化系统也对乳仔猪免疫系统的发育和成熟具有较大的影响，对增强机体特异性细胞免疫和体液免疫等方面有重要的作用。断奶引起消化系统的生理变化不仅会抑制免疫器官的生长发育，而且会抑制体液免疫及细胞免疫，降低循环抗体水平。

（6）脂肪含量少，体温调节能力差，对低温敏感　初生仔猪体脂肪只有1%~2%，可动员脂肪低于10g/kg，糖元是最主要的能量贮存物质，占可利用能的60%。因此，刚出生的仔猪能量贮存有限，对低温敏感，在冷应激条件下糖元消耗快，一般在18~21℃下，约12h

即可耗尽贮存的营养物质。据测定，按干物质计算，初生仔猪粗蛋白质占 69.8%，粗脂肪占 12.2%，灰分占 17.9%；而 45kg 体重生长猪粗蛋白质占 43.7%，粗脂肪占 47.2%，灰分占 9.1%。猪体内水分、蛋白质和矿物质的含量随年龄的增长而降低，而沉积脂肪的能力则随年龄的增长而提高。

（7）新陈代谢旺盛，生长发育快，营养沉积转化能力强　仔猪钙、磷和蛋白质代谢比成年猪高。20 日龄时，每千克体重沉积的蛋白质，相当于成年猪的 30~35 倍，每千克体重所需代谢净能为成年猪的 3 倍。因此，仔猪对营养物质需要数量多，维持消耗少，生产蛋白多，沉积脂肪少。所以仔猪对营养物质的需要，无论在数量和质量上都较高，对营养不全的饲料反应特别敏感，对仔猪必须保证各种营养物质的供应。

2. 断奶仔猪营养需要

根据哺乳期仔猪营养消化生理特点，断奶仔猪饲粮必需营养全面、平衡，营养浓度高、适口性好、消化率高和抗病性强。

（1）能量需要　在我国猪饲养标准（NY/T 65—2004）中，断奶仔猪分 3~8kg 和 8~20kg 两个阶段，消化能需要分别为 14.02MJ/kg 和 13.6MJ/kg。为克服断奶仔猪体内贮能少、消化系统发育不全、断奶应激反应导致采食量下降使能量缺乏，必须配以高能日粮。为满足能量的需求，选择合适的能量原料非常重要，目前常用的断奶仔猪能量原料有脂肪和碳水化合物。添加脂肪不仅能提高日粮的能量水平，还是体内必需脂肪酸的来源和脂溶性维生素吸收利用的载体。相同重量的脂肪和碳水化合物，在体内氧化产生的热能前者是后者的 2.25 倍。尽管在断奶几周后用高脂日粮可以普遍提高生产性能，但研究认为在断奶早期加入脂肪会降低猪生长性能。脂肪添加以含短链或长链不饱和脂肪酸为主的脂肪，其消化率较含长链或饱和脂肪酸为主的脂肪要高。主要以植物油为主，如椰子油、玉米油和豆油，其添加量以 5%~6% 为宜。碳水化合物添加以乳糖、蔗糖、木聚糖、果聚糖、葡聚糖和 NSP（非淀粉多糖）为主。断奶仔猪乳糖酶活性高，充分利用乳糖使其转化成乳酸后，可降低胃肠道的 pH 值，维持肠道健康。除直接使用纯乳糖外，常使用乳清粉（含乳糖 65%~70%，粗蛋白质 12%）和脂肪奶粉（含乳糖 50%）。乳清粉不仅提供高能量，还提供高品质乳蛋白，17% 蛋白含量的乳清粉添加量一般为 15%~30%。蔗糖、木聚糖、果聚糖、葡聚糖等除作为能量添加外，其在促生长和提高免疫力方面的作用引起了广泛的研究兴趣。适量的高抗性的 NSP（非淀粉多糖）不仅有益于提高胃肠道的消化功能，还为大肠菌群发酵提供底物，减少腹泻。

（2）蛋白质与氨基酸需要　蛋白质的消化率、适口性、氨基酸平衡和是否有免疫保护是断奶仔猪蛋白质营养主要考虑因素。适宜的蛋白含量对断奶仔猪至关重要，NY/T 65—2004 推荐 3~8kg 阶段断奶仔猪粗蛋白含量为 21%，8~20kg 阶段为 19%。研究表明，断奶仔猪日粮蛋白水平从 16% 升高到 20%，日增重和消化率显著提高；蛋白水平从 20% 上升至 24%，日增重和消化率趋于降低。日粮过高的蛋白含量不仅造成营养浪费和环境污染，同时也是仔猪腹泻的原因之一。在满足赖氨酸、蛋+胱氨酸、苏氨酸、色氨酸等需要的条件下，可降低日粮的蛋白质含量至 18%~20%，从而降低仔猪肠内腐败产物产量与腹泻率。

断奶仔猪的蛋白质饲料来源主要有动物蛋白和植物蛋白。动物蛋白如脱脂奶粉、乳清粉、喷雾干燥猪血浆粉、喷雾干燥血粉、鱼粉等。喷雾干燥血浆蛋白（SDPP）是断奶仔猪日粮中新的蛋白质源，在国外已被普遍采用，是早期断奶仔猪日粮中所必需的蛋白质源。SDPP 含有 78% 的粗蛋白，其中免疫球蛋白大于 22%。因而认为 SDPP 通过提供免疫球蛋白而提高断奶仔猪的生产性能。国外报道指出，SDPP 可以提高断奶仔猪采食量、日增重和饲料利用率，能显著提高仔猪生产性能。通常认为日龄小于 28d 的仔猪 SDPP 的最适添加水平为 7.5% ~ 10%。脱脂奶粉和乳清粉常用于断奶后第一阶段日粮中，而乳清粉的使用更加广泛。乳清粉含有乳糖是良好的能源，并且乳糖发酵后产生的乳酸可降低胃肠道 pH 值，提高消化酶活性，并通过抑制大肠杆菌等有害菌的增殖而防止腹泻，其中所含的乳清蛋白和乳球蛋白具有极佳的氨基酸组成模式。植物蛋白如豆粕、大豆浓缩蛋白、膨化大豆等。植物蛋白质饲料常含有多种抗营养因子，因而使仔猪对植物蛋白的消化、吸收和利用受到限制。以豆粕为主的大豆蛋白长期以来是猪饲料中的主要蛋白质来源，其蛋白含量丰富、价格低廉、氨基酸组成适宜，赖氨酸、色氨酸、苏氨酸和异亮氨酸含量较高。许多报道认为，大豆蛋白中含有的胰蛋白酶抑制因子、大豆球蛋白和 β-聚球蛋白具有免疫活性，可引起断奶仔猪肠道过敏反应。深加工的大豆蛋白可减少过敏反应，增加肠绒毛长度，膨化大豆饼粕也能降低仔猪过敏反应程度。一般在第一阶段断奶料中应含有一定量的豆粕，以使仔猪产生适应性，但不能超过总蛋白的 60%。

氨基酸蛋白营养的核心是必需氨基酸配比的平衡。氨基酸配比以赖氨酸为 100、精氨酸 44、异亮氨酸 50、亮氨酸 107、蛋氨酸+胱氨酸 54、苯丙氨酸+酪氨酸 106、苏氨酸 59、色氨酸 15、缬氨酸 70 为较合适。其中最主要的是赖氨酸，3~8kg 仔猪赖氨酸在饲料中含量为 1.42%，8~20kg 仔猪应不低于 1.16%。研究显示，脯氨酸和谷氨酰胺均能促进肠黏膜增殖，提高仔猪肠道紧密连接度，减少肠道损伤。

（3）矿物元素需要　矿物元素是一类无机营养物质，虽不产生能量，但却是维持正常生理活动的重要物质，按在体内含量分为常量元素和微量元素。钙和磷是动物体内需要最多的 2 种矿物元素，由于钙有极高的酸结合力，高水平钙会显著降低断奶仔猪的生产性能，其添加量必须适中。实验表明，钙水平达 0.8% 时骨骼矿化相对达到高峰，把仔猪日粮中钙水平控制在 0.58% ~ 0.80% 以内会获得较高的生产性能。一般玉米-豆粕型日粮的钙磷比应在（1~1.5）:1，许振英提出 20kg 以下仔猪钙磷建议量，钙 0.72%，总磷 0.60%，非植酸磷 0.36%，钙总磷比 1.2:1，钙非植酸磷比 2:1。铜、铁、锌、硒等微量元素不但可以提高饲料利用率，还具有促生长、控制腹泻和提高免疫力的作用。在断奶矿物元素需要的研究中，铜和锌是重点。日粮中添加 250mg/kg 铜可明显提高日增重，但高铜对环境污染较大，目前不提倡提高添加量；添加高水平的锌（3 000mg/kg 的 ZnO）可提高断奶仔猪的生长性能，有机锌如氨基酸螯合锌和短肽锌，它们的效价均高于无机锌，添加 250mg/kg 蛋氨酸锌，其促生长功效相当于 2 000mg/kg 氧化锌。

（4）维生素需要　在断奶仔猪日粮维生素研究中，重要的关注点是如何增强仔猪的免疫力，其中最主要的是 VE 和 VC。VE 是细胞内的抗氧化剂，能促进免疫球蛋白的合成，可通过调节前列腺素的生物合成，增强细胞的吞噬作用，提高机体免疫力，VE 添加水平建议为 150~250mg/kg；VC 被认为是抗应激因子，在体内可直接杀死病毒或细菌，增强中性白细胞，有效减缓断奶应激，此外 VC 还可提高饲料中有机物的消化率，在应激状态下，添加量为 75mg/kg。依阿华州立大学的研究表明：将 B 族维生素的水平提高至 NRC 推荐水平（1981）的 6 倍，断奶仔猪的生产性能相应提高。

3. 断奶仔猪饲料配制注意事项

一是选用优质的高能量、高蛋白和低纤维饲料原料，如脱脂奶粉、乳清粉、喷雾干燥血浆蛋白、鱼粉、膨化大豆、不饱和脂肪和膨化玉米等；二是添加酶制剂，补充仔猪消化道内消化酶的不足，刺激仔猪消化系统的发育，促进消化酶的分泌，如淀粉酶、蛋白酶等；三是添加酸化剂，弥补消化道内胃酸的不足，降低胃肠道 pH 值，增强消化酶的活性，促进营养的消化吸收，如柠檬酸、延胡索酸等有机酸；四是添加益生菌制剂，维持胃肠道微生态平衡，提高对致病菌的定植抗力，促进免疫器官的发育，增强机体免疫功能，如乳酸杆菌、芽孢杆菌、双歧杆菌等；五是适宜的蛋白水平，蛋白质应小于 20%，豆饼（粕）蛋白不宜超过 60%。

（二）生长肥育猪营养生理特点及营养需要

1. 生长肥育猪营养生理特点

生长肥育猪的经济效益主要是通过生长速度、饲料利用率和瘦肉率来体现。因此，要根据生长肥育猪的营养需要配制合理的日粮，最大限度地提高生长速度、瘦肉率和肉料比。生长肥育猪在生长的过程中骨骼、皮肤、肌肉、脂肪四种体组织同时都在增长，但其生长强度随着体重和年龄的增长而变化，其生长顺序有先后，生长速度有快慢，呈现先慢后快又慢的规律，由快到慢的转折点大致在 6 月龄、体重 90kg 左右时。转折点出现的早晚，受品种、饲料营养等条件的影响，此时结束肥育有利于获得理想胴体；生长肥育猪生长过程中增重部分的化学成分也在变化，幼猪增重中水分所占比例高达 50%，90kg 以上的猪增重以脂肪为主，占 65% 以上，蛋白质的增长幼猪所占比例稍高，体重达 90kg 以后低至 10% 以下。根据生长肥育猪的生理特点和发育规律，将猪的生长肥育过程划分为两个阶段，即生长期和肥育期。

体重 20~60kg 为生长期。该阶段猪以骨骼和肌肉的生长为主，脂肪的增长比较缓慢，机体的各组织、器官的生长发育功能不很完善，尤其是刚 20kg 体重的猪，其消化系统的功能较弱，消化液中消化腺的活性还不强，影响了营养物质的消化和吸收，并且此时猪只消化系统容积小，神经系统和机体对外界环境的抵抗力也较弱。该阶段主要是蛋白质、Ca、P 的沉积，因此，供应丰富的饲料蛋白质，提高采食量，满足骨骼、肌肉快速增长的营养物质供应是饲料供给和配方设计的特点。

体重 60~90kg（或出栏）为肥育期。该阶段猪的脂肪组织生长旺盛，肌肉和骨骼的生长较为缓慢，各器官、系统的功能都逐渐完善达到成年的水平。骨骼组织已经基本长成，对钙磷等矿物质的需求已不重要；肌肉组织快速增长结束，对蛋白质的需求量逐渐降低；脂肪的沉积能力和体内储存量逐渐增加，日粮中碳水化合物供应显得尤为重要；消化系统比较完善，对各种饲料的消化吸收能力都有很大改善；神经系统和机体对外界的抵抗力也逐步提高，逐渐能快速适应周围温度、湿度等环境因素的变化。因此，在继续肌肉增长的同时，使体内快速沉积足够的脂肪是该阶段饲料供给和配方设计的特点。

2. 生长肥育猪营养需要

营养是发挥生长肥育猪生产性能的重要保证，营养水平过低或不平衡就保证不了猪的正常生长发育，降低生产性能；营养水平过高，也不能获得最佳经济效益。因此，通过控制适宜的营养水平，在尽可能短的时间内，获得量多质优的猪肉是育肥猪生产的关键。

（1）能量需要　生长肥育猪的能量需要根据维持和生长需要来计算，只有维持需要满足以后，多余的能量才用于生长。NRC（1998）指出，沉积 1kg 蛋白质需代谢能为 28.45~58.58MJ，平均 44.35MJ；沉积 1kg 体脂肪需代谢能 39.75~68.20MJ，平均 52.3MJ。尽管每沉积 1kg 体脂肪和体蛋白消耗的能量大致相等，然而 1kg 瘦肉仅含 20%~23% 的脂肪，而

1kg 脂肪组织含 80%~95%的脂肪。因此，增长瘦肉组织消耗的能量比增长脂肪组织消耗的能量少得多。随着日粮能量水平的提高，虽然日采食量下降，但日摄取能量越多，日增重越快，饲料利用率越高，胴体脂肪越多，瘦肉率降低，胴体品质变差（表 4-1）。与能量浓度密切相关的是粗纤维的含量问题，对胴体瘦肉率亦有相当大的影响。粗纤维水平越高，能量浓度相应越低，增重慢，饲料利用率低。对胴体品质来说，瘦肉率虽有所提高，但利用增加粗纤维的比例来提高瘦肉率，其经济效果也不好，一般肥育猪日粮粗纤维含量以 5%~8%为宜。猪是单胃杂食动物，饲料中的不饱和脂肪酸直接沉积于体脂，使体脂变软，不利于长期保存，因此，在肉猪出栏上市前 2 个月应该用含不饱和脂肪酸少的饲料，防止软脂。生长肥育猪一般自由采食，因而适宜的能量水平显得更加重要，NRC（1998）规定生长猪能量水平为 14.2MJ/kg，我国规定消化能为 13.39MJ/kg。

表 4-1　日粮能量水平对猪生产性能及胴体品质的影响

消化能水平 （MJ/kg）	日采食量 （kg）	日采食消化能 （MJ）	日增重 （g）	背膘厚 （cm）
11.0	2.50	27.50	860	2.48
12.3	2.40	29.52	900	2.65
13.7	2.35	32.20	949	2.98
15.0	2.24	33.60	944	3.02

引自李同洲，张英杰主编．猪饲料手册．中国农业大学出版社，2008：329.

（2）蛋白质与氨基酸需要　日粮蛋白质水平对生长肥育猪的平均日增重、饲料利用率和胴体品质的影响，受品种、日粮能量和蛋白质配比的制约。随着猪年龄的增加所需蛋白质相对减少，留种的后备猪较肥育猪所需蛋白多，瘦肉型猪比肉脂型猪所需蛋白质多。虽然在一定程度上提高日粮蛋白水平，可以提高日增重、降低背膘厚、提高眼肌面积和瘦肉率，但对于肥育猪来说，饲喂过量的蛋白质来提高上述指标不经济。有研究表明，在能量和赖氨酸满足需要的前提下，随着蛋白质水平的提高，则日增重提高，饲料消耗降低；超过 17.5%，日增重不再提高，有的甚至出现下降趋势，但瘦肉率提高（表 4-2）。一般生长期蛋白质水平以 16%~18%为宜，肥育期的蛋白质水平以 13%~14%为宜。为了获得最佳的肥育效果，不仅要满足蛋白质量的需求，还要考虑必需氨基酸之间的平衡和利用率。生长猪需要的氨基酸主要用于体组织蛋白质合成，受性别、品种、营养水平和环境等影响不大，不同生长阶段的猪对氨基酸的需求比例模式基本相似（表 4-3）。表 4-3 中，前 5 个模型是以饲粮总氨基酸为基础，依据是生长猪在整个生长期内所需的理想蛋白质相对恒定。一般来说，一种蛋白质模式可能适用于不同品种、性别、体重及生长率的猪。但这 5 个模型没有考虑氨基酸的利用率问题。因此，Wang 等和 Chung 等以可消化氨基酸代替总氨基酸，所得结果中 Thr、Ile、Met+Lys 的值接近，而 Leu、Phe+Tyr 和 Val、Trp 值均较前者高。目前可用消化氨基酸配合日粮已成研究的热点，因为它可以降低日粮蛋白水平，节约蛋白质资源，减少猪粪中氮的排出量，改善环境条件。

表4-2　粗蛋白质水平与生产表现

粗蛋白质（%）	15.0	17.5	20.0	22.5	25.0	27.5
日增重（g）	676	749	745	749	717	676
瘦肉率（%）	44.7	46.6	46.8	47.6	49.0	50.0

引自陈润生主编. 猪生产学. 中国农业出版社，102.

表4-3　生长猪的理想氨基酸模式

氨基酸 名称	ARC （1981）	NRC （1988）	AEC （1993）	PSCI （1995）	YEN （1986）	W （1990）	C （1992）
Lys	100	100	100	100	100	100	100
Trp	15	16	19	18~20	20	20	18
Thr	60	66	64	60~70	57	64	65
Ile	55	61	54	60	55	61	60
Leu	100	80	100	100	100	110	100
Met+Cys	50	55	60	56~64	50	61	60
The+Tyr	96	87	95	100	100	122	95
His		29	36	30	35		32
Arg	33	34		45	30		42
Val	70	64	70	70	70	75	68

引自李同洲，张英杰主编. 猪饲料手册. 中国农业大学出版社，2008：338.

（3）矿物元素需要　现代养猪生产多采用封闭管理，使猪远离自然环境，不能从土壤中获得矿物质补充，特别是生长较快的瘦肉型肥育猪，更需要注意矿物质营养。矿物元素缺乏时，会导致机体物质代谢紊乱，轻者使猪增重慢，饲料利用率降低，重者可引起疾病或死亡。生长肥育猪至少需要13种矿物质元素，包括钙、磷、钠、钾、镁、硫7种常量元素和铁、铜、锰、碘、硒6种微量元素，还需要钴合成维生素 B_{12}。生长肥育猪，日粮钙0.6%~0.65%、磷0.5%~0.55%可获得最大增重速度和饲料转化率，但若想获得生长猪骨骼最大矿化和最大机械强度，需相应提高钙、磷水平。生长猪对钠的需要量0.08%~0.1%，对氯的需要量不高于0.08%；对钾的需要量低于0.15%，其他矿物元素推荐量详见饲养标准（NY/T 65—2004）。

（4）维生素需要　维生素是维持猪正常生理功能所必需的一类有机化合物。瘦肉型生长肥育猪对维生素的绝对需要量随体重的增长而增加，尤其在集约化养殖条件下，由于生长迅速，加上各种应激因素增加，猪对维生素的需要量也相应增加。因此补充维生素添加剂成为一种满足其生长需要的快捷方式，一般日粮本身所含的维生素可以作为保险系数不加考虑。对生长肥育猪日粮中维生素的推荐量详见饲养标准（NY/T 65—2004）。

3. 生长肥育猪饲料配制注意事项

生长期为满足肌肉和骨骼的快速增长，要求能量、蛋白质、钙和磷的水平较高，生长肥育猪20~35kg，日粮以能量浓度12.97MJ/kg、粗蛋白15.5%、赖氨酸0.77%为宜；35~60kg，以能量浓度13.6MJ/kg、粗蛋白14.7%、赖氨酸0.71%为宜；60~90kg阶段，以能量浓度 13.6MJ/kg、粗蛋白 13.3%、赖氨酸 0.61% 为宜。

（三）后备猪营养生理特点及营养需要

1. 后备猪营养生理特点

后备猪是指断奶至初配前选留作为种用的猪。培育后备猪的目的是为了获得身体健壮、发育良好、具有品种典型特征和高度种用价值的种猪。后备猪是成年猪的基础，与生长肥育猪不同。生长肥育猪生长周期短（5~6 月龄），追求的是最快的生长速度和最快的肌肉沉积，尽快达到上市体重，形成商品。而后备猪则要培育成优良种猪，追求的是最佳的繁殖性能。不仅生存期长（3~5 岁），而且要求体型外貌、身体各部位的发育具有种用特点。因此，饲养后备猪与肥育猪不同点在于，既要防止生长过快、过肥，又要防止生长过慢、发育不良。要根据其生长发育规律，通过控制生长发育的不同阶段营养水平，改变生长曲线，加速或抑制猪体某些部位和器官组织的生长发育；其次，后备母猪对维生素和矿物质的需要量显著提高，为进入繁殖期正常发育、受孕做必要的准备。后备母猪配种前首先必须达成两个成熟。一是体成熟：① 适宜的蛋白质和脂肪沉积，并确保母猪体型适度；② 矿物质沉积充分确保母猪盆腔发育正常、防止裂蹄和腿软。二是性成熟：① 尽快启动初情；② 配种前卵细胞正常发育与排放；③ 确保配种前获得足够的免疫力。

2. 后备猪营养需要

（1）能量需要 后备母猪能量需要研究主要集中在能量水平及来源对初情启动、营养性乏情、生殖器官发育、卵泡发育及其机理等方面。研究发现，后备母猪的背膘厚、体脂含量与发情率密切相关。前期供给高能量（45.82MJ/d）的日粮可增加后备母猪背膘厚度和体脂含量，有利于促进后备母猪初情期启动及发情表现，提高其发情率和静立率。但当达到150 日龄左右（约 90kg）进入育成期，应开始限制其能量摄入，控制其生长，可提供中等能量水平（13.0~13.5MJ/kg）的高蛋白（16%）日粮并限制饲喂量（2.3~2.9kg/d）。限制育成期能量摄入（推荐 12.1MJ/kg），目的是为减少其体内的脂肪沉积而促使其继续生长瘦肉组织，限制成熟体重，减少母猪因过肥或体重过大而发生繁殖障碍和肢蹄问题。后备猪能量摄入过多会导致乳腺发育不良，导致过多的脂肪渗入乳腺细胞，从而限制了乳腺细胞的血液循环并使乳房肿胀，进而影响泌乳量。同样，过度限饲会引起后备母猪发情停止，子宫、输卵管等繁殖器官受损。研究表明，不同能量来源对后备母猪产生不同的影响，后备母猪料添加脂肪能促进母猪初情启动，添加淀粉能促进卵泡发育并提高排卵率、在添加豆油的基础上添加可溶性纤维（亚麻籽饼），使得后备母猪发情时间较为集中，并降低一胎母猪的弱仔数。配种前 11~14d 增加饲喂量进行短期优饲非常必要。这期间增加能量水平可以看成是猪只因加大了淀粉的吸收而提高了体内胰岛素水平，并促进排卵，从而达到提高产仔数的目的。配完种后应立即降低采食量和日粮营养水平，否则会影响胚胎的成活率，从而影响产仔数。

（2）蛋白质与氨基酸需要 后备母猪的氨基酸需要受母猪品种、体重阶段、饲喂模式、饲喂目标影响。体重 60kg 以前，其营养需要完全等同生长肥育猪。60kg 到初情阶段，有 2 种不同的观点。一种观点认为，初情之前应该充分饲喂，比如美国三州养猪营养手册推荐 6 月龄前保持母猪最大的生长潜力；一种观点则是国内很多中小型猪场奉行的模式，即适度限饲。其实，对于高瘦肉率母猪来说，美国推荐模式更可取，对于中国本土土杂母猪来说，因为其本身体脂含量高，适度限饲可取。从第 1 次发情到正式配种（第 2、3 个情期），高瘦肉率母猪因为背膘薄，可以通过饲喂低蛋白日粮来促进脂肪沉积，普通母猪（含中国土杂母猪）则可以限制饲养降低背膘厚度，正式配种前 10~14d 再强制补饲促进排卵。后备母猪的氨基酸营养可以以生长肥育猪为参考，适度下调。体重 68~130kg 时，PIC 公司推荐给商品猪场的后备母猪赖氨酸/可消化能比值为 2.2g/Mcal。NRC（2012）推荐后备母猪 50~75kg、75~100kg、100~135kg 体重，赖氨酸/可消化能比值分别为 2.56、2.26、1.88g/Mcal。目前，国内饲料厂推荐饲料中后备母猪料未划分阶段，建议按照母猪体重 60~90kg、90kg 至正式配种 2 个阶段配制日粮。其赖氨酸/可消化能比值分别取 2.4 和 1.9 g/kcal。如果后备母猪料可消化能水平为 3 200kcal/kg，那么前后期 2 个阶段的真可消化赖氨酸水平分别为 0.77% 和 0.61%。

（3）矿物元素需要　后备母猪对钙、磷、硒、铜、锌的需要量高于生长肥育猪，以备将来繁殖和增强免疫力的需要。母猪分娩前盆腔发育不充分，会导致难产；肢蹄不健壮，会导致母猪提前被淘汰。母猪整个繁殖周期中，其矿物质代谢一直处于负平衡。老母猪出现的肢蹄疾病与后备母猪体况培育不到位有关。因此，后备母猪必须尽可能沉积更多的钙和磷。NRC（2012）认为，为达到最大生长速度所需要的钙、磷含量不能满足骨骼强度和灰分含量最高所需，后者应该在前者的基础上提高 10%。关于磷的需要量，中国饲料成分及营养价值表 2012 年第 23 版用有效磷表示，是相对生物学效价。该表示方法 NRC（2012）已经舍弃不用。在 NRC（2012）中，磷的需要量参照欧洲采用 STTD（标准全肠可消化磷）表示，其原料数据库中则给出 ATTD（表观全肠可消化磷）和 2 套 STTD 数据。NSNG 猪营养推荐为了照顾用户习惯，同时给出了有效磷和可消化磷 2 套数据。硒与维生素 E 对母猪免疫力有帮助，研究表明，硒和维生素 E 缺乏会引起母猪内分泌系统生殖激素分泌异常，从而导致母猪乳房炎、子宫炎、无乳综合征的发病概率升高。锰是胆固醇和胆固醇前体活化的重要物质，锰缺乏会引起性激素分泌异常，导致母猪发情周期不正常，胎儿被吸收或者早产（Herley，1989）。锌影响垂体促性腺激素、促卵泡激素和促黄体激素的合成（Root，1979）。缺锌还会降低 IGF-1 水平（MacDonald，2000），而高水平的 IGF-1 有利于细胞增殖、受精卵着床（Zapf，1986）。

（4）维生素需要　后备母猪维生素需要高于生长肥育猪，特别是与繁殖相关的维生素 A、β-胡萝卜素、维生素 E、维生素 D、维生素 K、叶酸、生物素、胆碱等。维生素 A 是一切上皮组织健全所需的营养物质。缺乏维生素 A 时，生殖系统等组织发生鳞片状角质变化，引起炎症，降低动物免疫力。Whaley 等研究表明，给母猪补充维生素 A 或者 β-胡萝卜素能促进排卵前卵泡发育，改善早期胚胎发育的一致性，提高胚胎的成活率。不同补充方式对效果影响有差异，注射效果优于口服。维生素 E 因其强抗氧化作用而在母猪体内发挥重要功能。研究表明，饲喂高水平维生素 E 的母猪窝产仔数、产活仔数都较高，乳房炎、子宫炎、无乳综合征（MMA）发病率较低。当母猪缺乏维生素 E 时卵巢机能下降，性周期异常，不能受精，胚胎发育异常或出现死胎。Grandha 等建议，要改善发情率和排卵率，后备母猪需要添加较高水平的维生素 E（50~100mg/kg）。维生素 D 能促进钙的吸收，对后备母猪的骨骼形成和肢蹄健康非常重要。母猪妊娠早期需要大量的叶酸，补充叶酸能降低胚胎早期的死亡率，提高产仔数。Barkow 等研究表明，饲粮添加 8~10mg/kg 叶酸，能提高窝产仔数 19.46%。生物素是母猪最重要的维生素之一，其不仅与母猪肢蹄健康密切相关，而且还能影响母猪的窝产仔数、受胎率及发情间隔等繁殖性能（钟道强，1999）等。胆碱属于 B 族维生素，能促进胎儿生长发育，减少妊娠中期胎儿死亡数量。

3. 后备猪饲料配制注意事项

一是以满足其种用原则为核心。能量蛋白供给既要满足其生长发育的需要，又不能生长过快过肥，要为其高强度、长期的生产打下坚实的物质基础。二是除了加强必需氨基酸的平衡和补充外，也应注意对非必需氨基酸的补充。三是后备猪在矿物质和维生素需要上较肥育猪要大，要特别加强对影响猪繁殖力和免疫力较大的矿物质和维生素的补充。

（四）妊娠母猪营养生理特点及营养需要

1. 妊娠母猪营养生理特点

妊娠母猪指从配种妊娠开始至分娩这一生理阶段的母猪。母猪的妊娠期为 114d，根据妊娠母猪生理特点，将妊娠期分为 3 个阶段：第一阶段为妊娠前期，妊娠 1~21d，是胚胎着床及存活阶段；第二阶段为妊娠中期，妊娠 22~80d，为母体发育及体储恢复阶段，也是胎儿肌纤维形成时期；第三阶段为妊娠后期（重胎期），妊娠 81d 至分娩，是胎儿及母体呈曲线生长阶段。从发情、配种到妊娠、分娩，母猪从心理、生理（体重、内分泌）等发生了一系列较大的变化，主要表现在代谢加强和体重增加，以及内分泌的变化，而这些变化是确定妊娠母猪营养需要的依据。

（1）妊娠母猪增重　妊娠增重主要由母体本身增重、胚胎生长发育、子宫内容物（胎衣、胎水）和乳房组织增长组成。① 妊娠可刺激动物增重，是生物的一种适应性，在同等营养水平下，妊娠母猪除满足子宫、胎儿和乳腺组织的增长需求外，母体本身增重比空怀母猪更多（表4-4），这种现象称为"孕期合成代谢"。该现象的机理目前较普遍的解释，是由于甲状腺和脑下垂体等内分泌腺机能的加强，提高了合成新组织的能力。"孕期合成代谢"使母猪具有较强的沉积营养物质的能力，其贮存部分一般为胎儿的 1.5~2 倍，高的可达 4 倍。这种贮存对分娩后母猪的营养有重要意义。母体本身增重以妊娠前期为主，至妊娠中后期，由于胎儿发育超过母体增重，此时母体能量和营养物质的沉积量显著下降。在繁殖周期中母猪体重变化的基本规律是妊娠期增重和哺乳期失重，但从各胎次看，母猪体重呈净增加（图4-1）。② 胚胎的生长发育。胚胎的生长发育在妊娠的各个阶段不一致。胎重的增长是前期慢，后期快，最后更快，胎重的 2/3 是在妊娠最后 1/4 时期内增长的；而胎高、胎长，则是妊娠前期、中期较快。胎体化学成分在不同妊期亦不断变化，随着胎龄的增加，水分含量逐渐减少，蛋白质、能量和矿物质逐渐增加。在胎体成分中，约一半的蛋白质和一半以上的能量、钙、磷是在妊娠的最后 1/4 时期内增长的。③ 子宫内容物的增重。妊娠致使子宫的黏膜和浆液膜均发生变化，肌纤维加大，肌肉层急剧增长，结缔组织和血管扩大，结果使胎衣和胎水迅速增长。妊娠前期，子宫、胎衣、胎水增长迅速，而妊娠最后 1/3 时期，虽然它们继续增长，但增长减缓，据试验，母猪怀孕末期子宫重量较未怀孕前增加 10~17 倍。④ 乳房组织的增长。妊娠 50d 前乳腺发育较少，妊娠 70~105d 乳腺发育最快。通过测定总的乳腺 DNA，发现这段时期乳腺组织有 3 倍的增加。研究表明，在乳腺发育的这段关键时期，高能日粮将会减少总的乳腺实质 DNA，而 DNA 的减少将减少乳腺细胞的数目，从而减少母猪泌乳量。因此，这段时期高能日粮会损害乳腺发育。

表4-4 妊娠与空怀母猪的体重变化

项目	采食量（kg）	配种体重（kg）	临产体重（kg）	产后体重（kg）	净重（kg）	相差（kg）
妊娠	418	230	308	284	54	15
空怀	419	231	270	270	39	—
妊娠	225	230	274	250	20	16
空怀	224	231	235	235	4	—

引自李同洲，张英杰主编．猪饲料手册．中国农业大学出版社，2008：199.

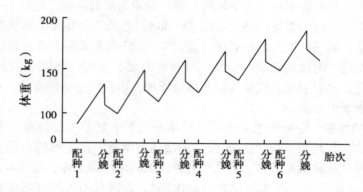

图4-1 在繁殖周期中母猪体重变化

引自张乃锋主编．猪饲料调制加工与配方集萃．中国农业
科学技术出版社，2012：118.

（2）内分泌变化 母猪性器官、性细胞、性行为的发生和发育以及发情、排卵、妊娠、分娩和泌乳等繁殖周期生殖活动，受内分泌腺激素的控制，这类与生殖相关的激素称为生殖激素，如GnRH、FSH、LH、雄激素、雌激素、孕激素等。某些激素虽与生殖活动无直接关系，但它通过影响动物机体的生长、发育及代谢机能而间接影响生殖机能，称为次要生殖激素，如生长激素、甲状腺素、胰岛素等。在GnRH、FSH、LH等激素的作用下卵泡发育成熟、排卵，卵巢形成黄体产生黄体酮，保证子宫的内环境适宜胚胎生长。黄体酮对垂体负反馈抑制FSH和LH的分泌，使卵巢不产生新的卵泡，也不能释放卵细胞。如卵泡未受精，12d左右子宫没有胚胎附植或没有足够的胚胎附植，子宫就分泌前列腺素，促使黄体消失，无法再分泌黄体酮保证妊娠的继续。如卵泡受精，受精卵从输卵管移到子宫角，在那里它们自由活动直到第12d，从第12~18d合子自动分开，定植于各自在子宫中的最后位置上。需要引起注意的是，在胚胎附植期，如果少于4个胚胎存活，则黄体退化，黄体酮分泌不足以维持妊娠，母猪将再发情。猪胚胎死亡率相当高，损失的大部分发生在附植前这一阶段。如果整窝猪大约在18d后死亡，这时母猪的生殖系统对这种损失似乎没有察觉，表现好像在继续妊娠，这类母猪的再发情会延迟几个星期。在妊娠3~5周龄，身体各器官初步形成，此时，外胎膜形成，用来保护和滋养胚胎。膜与子宫壁紧密相连，养分和氧气通过膜运送到胚胎，也通过膜排出。胎期从第36d开始至分娩，这时可以识别每个胎儿的性别，构架的骨骼开始形成。60d时，胎儿形成自己的免疫能力以抵抗轻度感染。与死胚不同，死亡的胎儿很少被重新吸收，最终形成木乃伊娩出。

2. 妊娠母猪营养需要

（1）能量需要　妊娠母猪能量需要包括维持和妊娠需要（子宫生长、胎儿生长发育、母体增重）两部分。妊娠母猪的能量需要量因妊娠所处时期、自身体重、妊娠期目标增重、管理和环境因素而异。就妊娠全期而言，应限制能量摄入，但不同妊娠阶段的营养策略也各异，总体饲养目标是使母猪分娩时达到期望体况，胎儿及乳腺发育良好。能量过高会增加母猪体脂肪含量，降低母猪泌乳期的采食量，推迟断奶到发情的间隔时间并产生其他繁殖问题；但能量摄入量过低时，则会影响初生重和泌乳性能，并降低母猪使用年限。近几十年来，妊娠母猪的能量需要不断下调，NRC "猪的营养需要" 消化能从 1950 年的 37.66～46.88MJ/d，下降到 1979 年的 25.6MJ/d 和 1988 年的 26.40MJ/d。研究表明，妊娠母猪能量（消化能）宜保持在 25.1MJ/d 上下。

妊娠前期（0～30d）是胚胎细胞减数分裂、分化以及胚胎附植的关键时期。所需要营养主要用来维持母猪基础代谢、胚胎早期生长需要。配种后 3 周正是胚胎附植于子宫角的关键时期，内分泌处于调整阶段，采食高能量饲料将导致肾上腺激素分泌增加而孕酮分泌减少；孕酮控制子宫特殊蛋白（USP）的分泌，孕酮减少对子宫特殊蛋白的分泌产生副作用，从而影响胚胎的成活率（表 4-5）。汪宏云（2000）报道，配种后 3 周内，受精卵形成胚胎几乎不需要额外营养，给母猪饲喂低能量低蛋白质的妊娠日粮（DE≤12.54MJ/kg，粗蛋白质≤13%），日饲喂 1.5～2kg 即可维持正常繁殖需要。

表 4-5　怀孕早期的饲喂水平对血清孕酮和胚胎成活率的影响

饲喂水平（kg/d）	血清中孕酮水平（ng/mL）	胚胎成活率（%）
1.5	16.7	82.8
2.25	13.8	78.6
3.00	11.8	71.9

引自林长光. 母猪能量需要和营养策略. 福建畜牧兽医, 2003, 5：56-57.

妊娠中期（31～85d）是胎儿肌纤维形成、母体适度生长及乳腺发育的关键时期。所需营养用来维持母猪适度增重及营养物质的储备。肌肉纤维数量与仔猪生长呈正相关，是决定仔猪出生后生长速度和饲料转化率的重要因子，此时的营养水平对初生仔猪肌肉纤维的生长及出生后的生长发育很重要。母猪泌乳力取决于乳腺分泌细胞的数量，此细胞增殖的关键时期是妊娠 75～95d，此期母猪能量过剩及体脂过高对乳腺分泌细胞的数量及泌乳量有不良影响，因此控制体况是此期的营养关键。因此，此阶段的营养策略应该是让母猪获得适度的生长和恢复机体营养储备，饲喂能量水平为 12.6MJ DE/kg 的饲料 2～2.5kg/d。

妊娠后期（86d 至分娩）是胎儿和乳腺呈指数生长的关键时期，此期母猪营养需要量呈指数增加，采食量适度渐进增加可提高仔猪初生重。如果妊娠后期能量摄入量不足，母猪就会丧失大量脂肪贮备，会影响下一周期的繁殖性能。研究表明，若母猪在分娩和哺乳时的背膘厚度分别低于 12mm 和 10mm 时，则断奶至发情间隔延长，以后各胎次的窝产仔数减少。如果能量过高，不仅降低乳腺细胞数量，减少产奶量，而且过多脂肪沉积会导致母猪难产，降低繁殖寿命。通常理想的分娩背膘厚为 16～18mm。妊娠后期的母猪宜饲喂含 12.55MJ DE/kg 能量水平的饲料 2.5～3.08kg/d。

（2）蛋白质与氨基酸需要　蛋白质需要由维持和妊娠需要两部分组成。由于妊娠期蛋白质轻微不足带来的负面影响可在哺乳期以超过推荐量的蛋白质水平加以补偿，或通过母体较强的缓冲作用降低短期日粮蛋白不足对胎儿发育的影响。因此在日常生产管理中很少发生因蛋白质不足而降低母猪生产性能的情况。而蛋白质水平过高，既浪费资源，又对母猪无益。随着理想氨基酸模式研究的不断深入，对母猪妊娠期粗蛋白质需要的估计值不断下调。美国 NRC "猪的营养需要" 从 1959 年的 445g/d，下调到 1979 年的 216g/d 和 1998 年的 218~253g/d；英国 ARC 从 1967 年的 250~400g/d，下调到 1981 年的 140g/d。ARC（1981）指出，母猪采食粗蛋白质超过 140g/d 时，繁殖成绩和仔猪表现都不能进一步改善，当日采食 300g 粗蛋白质时，妊娠增重加大，泌乳失重也加大。现代的饲料配制技术中已经将蛋白质的需求逐渐弱化。试验证明，在饲喂低蛋白质的情况下，只要满足氨基酸的需要，母猪也能正常生产出健康的小猪；而蛋白质摄入量对母猪繁殖性能改善的研究，则被认为主要是满足氨基酸模式的作用，而非蛋白质摄入量本身的作用。尽管很多资料中已经提到设计妊娠母猪饲料时不考虑粗蛋白质，但由于目前很多不确定因素的存在，多数妊娠母猪饲料将粗蛋白值设定为 12%~14%。我国 2004 年标准规定，120~150kg、150~180kg、180kg 以上的妊娠母猪粗蛋白需要量分别为：273、275、和 240g/d；妊娠后期分别为：364、364 和 360g/d。在妊娠的最后 45 天里，母猪对蛋白质的需求增加，胎儿的体重、胎儿蛋白含量和乳腺蛋白含量分别增加了 5 倍、18 倍、27 倍。

对于妊娠母猪，除了满足蛋白质对量的需求外，还要考虑蛋白质的质量以保证母猪对各种氨基酸的需要。妊娠母猪氨基酸需要量由维持需要、母体和胎儿蛋白沉积需要 3 部分组成。赖氨酸通常是母猪日粮的第一限制性氨基酸，增加妊娠期间的摄入量可以提高仔猪初生重和断奶重。妊娠期间母猪摄入足够的氨基酸能刺激乳房产生较多的泌乳细胞，摄入不足则会限制乳腺的发育。氨基酸需要量不仅随着母猪妊娠阶段而改变，还跟母猪的胎次有关。随着母猪年龄和胎次的改变，所需氨基酸之间的比例也随着改变。第二胎母猪妊娠早期和后期的赖氨酸需求量分别为 13.1g/d 和 18.7g/d，而第三胎母猪，妊娠初期和后期赖氨酸含量分别要达到 8.2g/d 和 13.0g/d。苏氨酸和异亮氨酸需要量的增加都与赖氨酸有关，在妊娠全期，色氨酸跟赖氨酸的比例几乎没有变化，第二胎与第三胎母猪相比，赖氨酸和苏氨酸的比例有较大的变化。有研究表明，赖氨酸有可能不是成年母猪的第一限制性氨基酸，对于妊娠后期的经产母猪，苏氨酸更应该是第一限制性氨基酸，色氨酸是第二限制性氨基酸，赖氨酸和支链氨基酸才是第三限制性氨基酸。Kim（2009）等通过研究得出母猪妊娠期 0~60d 和 61~114d 赖氨酸、苏氨酸、缬氨酸与亮氨酸的理想比例分别为 100:79:65:88 和 100:71:66:95。

（3）矿物元素需要　妊娠期间矿物质主要用于维持孕体和乳腺器官的形成，在妊娠期间的母猪对矿物质的需求很高。随着妊娠日龄的增加，母猪对钙、磷的需要量逐渐增加，尤其是妊娠后 1/4 期胎儿生长发育非常迅速，对钙、磷的需要也达到高峰。钙、磷是胎儿骨骼细胞的发育形成的重要元素，在此期一旦缺乏则会导致初生仔猪骨骼畸形，而母猪会动用体内的钙和磷，严重者导致产后瘫痪，损害母猪的繁殖寿命。微量元素铜、铁、锰、锌、硒、碘的需要量虽然甚微，但均可影响正常繁殖，同时影响胎儿的生长发育。铜缺乏可引起母猪贫血，同时引起初生仔猪的先天性贫血、骨骼致畸形等；缺锰会导致胎儿骨骼发育减慢，严重者会使胎儿吸收或生后不久死亡；缺碘会使母猪预产期推迟、产下的仔猪全身少毛或无毛、生后不久死亡；缺锌会降低产仔数、出生重（Hill，1983）；缺硒会使妊娠母猪早产、流产、死胎、产后易发生乳房炎。随着现代对于妊娠母猪矿物质需要量的深入研究，有些特殊矿物质对于繁殖阶段有特殊要求。各种商业饲料中对于某些矿物质会有特殊添加，如在治疗母猪便秘时使用大量的镁和硫，防止热应激使用的钠、钾和硫，减少蹄病时应用的锌制剂等。妊娠母猪对矿物质的确切需要量难以确定，大多数估计值都是以预防缺乏症所需的最低水平为依据。表4-6列出了妊娠母猪典型的矿物质推荐量及建议供给量。

表4-6　妊娠母猪矿物质推荐量及建议供给量

矿物质	美国 （NRC 1998）	中国 （NY/T 65—2004）	文献总结[1]
钙（%）	0.75	0.68	0.85
总磷（%）	0.6	0.54	0.7
可利用磷（%）	0.35	0.32	—
钠（%）	0.15	0.14	—
氯（%）	0.12	0.11	—
钾（%）	0.2	0.18	—
镁（%）	0.04	0.04	—
铜（mg/kg）	5	5	10
铁（mg/kg）	80	75	105
锌（mg/kg）	50	45	105
锰（mg/kg）	20	18	20
碘（mg/kg）	0.14	0.13	0.35
硒（mg/kg）	0.15	0.14	0.15

① 文献总结引自张振斌，林映才，蒋宗勇．母猪营养研究进展［J］．饲料工业，2002（9）．

（4）维生素需要　维生素系维持动物正常新陈代谢、生长和健康所必需，已被确认的维生素有13种，此外，至少有6种化合物对动物有类似维生素的活性。多数维生素起着辅酶和激素原的功能，有的作为特殊组织的特定成分或者必需生化反应的前体；有些具有重要功能，如抗氧化剂等。从代谢角度讲，所有维生素对猪都是必要的。影响母猪繁殖的维生素包括VA、生物素、叶酸、VE、VC等。VA参与母猪卵巢发育、卵泡成熟、黄体形成和胚胎发育过程。并能提高胚胎的成活率。生物素可缩短断奶至发情天数，增加子宫空间，增强蹄部健康，改善皮肤和被毛状况，从而提高母猪生产效率和使用年限。叶酸对促进胎儿早期生长发育有重要作用，可显著提高胚胎的成活率及窝产仔数。VE对母猪繁殖有重要作用，添加VE可提高产仔数，增加母猪血浆、组织、初乳及乳中的VE含量，同时增强机体的细胞及体液免疫，降低出生仔猪死亡率（Mahan，1994）。陈璎等（1994）、刘明汉（1997）报道了核黄素、VB$_6$、泛酸、VB$_{12}$等能提高产仔数和仔猪出生重。表4-7列出了妊娠母猪维生素推荐量及建议供给量。

表 4-7　妊娠母猪维生素推荐量及建议供给量

矿物质	美国（NRC 1998）	中国（NY/T 65—2004）	文献总结[1]
维生素 A（IU）	4 000	3 620	6 000
维生素 D（IU）	200	180	600
维生素 E（IU）	44	40	40
维生素 K（mg）	0.50	0.50	2.5
维生素 B_2（mg）	3.75	3.40	5
维生素 B_{12}（μg）	15	14	25
泛酸（mg）	12	11	15
尼克酸（mg）	10	9.05	30
生物素（mg）	0.20	0.19	0.20
叶酸（mg）	1.30	1.20	2
维生素 B_6（mg）	1.00	0.90	2
维生素 B_1（mg）	1.00	0.90	1.5

[1] 文献总结引自张振斌，林映才，蒋宗勇．母猪营养研究进展［J］．饲料工业，2002（9）．

3. 妊娠母猪饲料配制注意事项

母猪妊娠后期由于妊娠代谢加强，对营养利用率高，加之胎儿前期发育慢，所以，营养物质需要在数量上相对减少，但要注意饲料营养的平衡性。粗纤维具有容积大，吸湿性强，使母猪有饱感，另外还有刺激消化道黏膜和促进胃肠蠕动的作用，所以为了保持妊娠母猪正常的消化功能，日粮中含有少量（10%~20%）的粗纤维亦是必要的。

（五）哺乳母猪营养生理特点及营养需要

1. 哺乳母猪营养生理特点

哺乳母猪是指从分娩至仔猪断奶的母猪。哺乳阶段是进入下一个繁殖周期的过渡或交替环节。获得理想的断奶仔猪数、仔猪增重和确保母猪启动下一个繁殖周期是哺乳阶段的重要目标。因此，哺乳期母猪生产价值主要体现在分泌充足的母乳、使仔猪吃得好，获得良好的成活率和较大的断奶重，在维持适宜的体况下尽快进入下一个繁殖生理期。而要实现上述生产价值，提供充足的营养是前提。哺乳期母猪的营养需要根据本身维持需要、哺乳仔猪数、泌乳量、猪乳化学成分和营养物质形成乳成分的效率来确定。现代高产母猪表现为瘦肉率高、体脂水平低、窝产仔数多、泌乳量高、采食量低等特点。① 哺乳期营养通过影响母猪的体况来影响仔猪成活率、生长发育以及断奶至配种的时间间隔。如营养水平过低，一是可能增加食欲强的母猪的不安，仔猪出现被踩死、压死的风险增大；二是哺乳母猪通过动用体储来获取维持和泌乳的营养需要，体储损失过多，影响下一个繁殖周期，使断奶至再发情间隔延长，排卵数减少，受胎率下降，胚胎存活率降低，窝产仔数减少，母猪不发情，甚至有可能缩短母猪的种用期。研究表明，日粮蛋白质和赖氨酸摄入量低时会延长断奶至发情间隔时间，且对初产母猪影响最大，其原因是初产母猪本身的生长尚未结束，低劣日粮下母猪体况更差，哺乳期失重更大，断奶后需要恢复的时间就长。高能量水平和补饲可促使母猪血浆中胰岛素和胰岛素样生长因子（IGF-1）处于高水平，而生长激素处于低水平，从而促进卵泡的发育，使母猪发情。② 哺乳期营养通过影响泌乳力来影响仔猪的成活率和生长发育。泌乳在母猪整个繁殖周期中尤为重要。猪乳是仔猪早期的主要食料，母猪泌乳性能高低直接影响仔猪的成活率和生长发育。哺乳期甚至妊娠期营养均会影响泌乳量和乳成分。妊娠期营养水平过高会降低哺乳期食欲，从而降低哺乳期泌乳量，过肥的母猪易出现产后无乳，King（1995）试验表明，分娩后母猪的体况对泌乳母猪的采食量有很大影响，体况较肥的母猪采食量低于 3.83kg，而体况较瘦的母猪采食量高于 5kg，随着采食量的增加，母猪泌乳量上升。哺乳期日粮蛋白质和能量水平提高可影响母猪泌乳量，将日粮蛋白质水平从 63g/kg 增至 238g/kg 可使哺乳母猪早期泌乳量从 7.79kg/d 上升至 9.91kg/d；晚期泌乳量从 7.02kg/d 增加到 8.9kg/d，并且乳中脂肪、干物质、蛋白质含量也明显上升，但对乳中氨基酸组成没有影响。能量供应不足会限制母猪利用高水平蛋白质促进泌乳的能力。

2. 哺乳母猪营养需要

能量需要：哺乳期母猪饲养目标是使母猪多采食、多产奶，断奶后尽快转入下一繁殖周期。提高哺乳母猪能量采食量是哺乳期的主要营养策略，其影响因素有以下三个方面。一是圈舍环境温度。舍温与哺乳母猪采食量呈显著的负相关，哺乳母猪的最适温度约16℃，当环境温度从18℃上升到30℃时，哺乳母猪采食量降低40%，随着环境温度升高，哺乳母猪采食量下降，泌乳期母猪失重增加。二是妊娠期采食量。妊娠期的采食量与泌乳期采食量呈负相关。妊娠期内能量采食量每增加 4.18MJ ME/d，哺乳期能量采食量则减少 2.1MJ ME/d。妊娠期的采食量对泌乳期采食量的影响属于采食量的长期调节机制，即脂肪稳衡调节机制。血中脂类（如游离脂肪酸，NEFA）含量的升高，通过作用于脑部食欲调控中枢而降低泌乳期的采食量。三是泌乳期母猪营养代谢的改变。在外界摄入能量不足的情况下，为保证产奶营养需要，通常分解体组织，在损失的体组织中，脂肪占60%。由于体脂肪的大量分解动用，导致血脂（如 NEFA）含量升高，而血浆中 NEFA 含量与采食量呈显著的负相关。另外，血浆色氨酸与支链氨基酸（BCAA）的比值升高也会作用于脑部食欲控制中枢而降低泌乳期的采食量。

在日粮中添加脂肪不仅可以大幅提高能量水平，而且也是提高仔猪成活率的重要营养措施。研究表明，哺乳母猪日粮添加脂肪可提高母猪产奶量、乳中脂肪、维生素 A 及生长因子含量、仔猪胴体脂肪含量、仔猪生长速度及成活率。但是脂肪添加量高于 5%会降低母猪以后的繁殖性能，并且饲料含脂肪太多致成本高，不易贮存。一般脂肪添加量以 2%~3%为宜。

（1）蛋白质与氨基酸需要　来自饲料蛋白质中的氨基酸为母猪维持、泌乳和自身增重提供了必要的氨基酸来源，哺乳母猪的蛋白质、氨基酸主要用于维持需要和泌乳需要。哺乳母猪对蛋白质的需求较高，粗蛋白含量可达 18%，蛋白质营养本质上就是氨基酸营养。在所有氨基酸中，赖氨酸是哺乳母猪的第一限制性氨基酸。对于高产母猪，随着赖氨酸摄入量的增加，母猪产奶量增加，子猪增重提高，母猪自身体重损失减少。现在的高产体系母猪，产奶量增加，所需的赖氨酸含量也增加，NRC（1998）推荐的赖氨酸水平 0.6%是远不能满足需求的。试验表明，当赖氨酸水平从 0.75%提高至 0.9%时，随着赖氨酸摄入量的增加，每窝仔猪增重提高，母猪体重损失减少。所以新版 NRC 推荐的赖氨酸需要量为 0.97%。但是赖氨酸含量过高会导致另一种氨基酸——缬氨酸（Val）的不足。在赖氨酸含量分别为 0.8%和 1.2%时，增加母猪饲粮中缬氨酸含量（缬氨酸：赖氨酸分别为 80%、100%与

120%）。使高产母猪所产仔猪的窝增重达到最大的饲粮赖氨酸水平为1.2%，缬氨酸：赖氨酸为120%；而使普通母猪所产仔猪窝增重达到最大的饲粮赖氨酸水平为1.0%，缬氨酸：赖氨酸为100%。较高水平的缬氨酸和异亮氨酸在整个泌乳期都提高了乳脂率，乳脂含量的增加为仔猪的生长提供了更多的能量。对异亮氨酸的研究表明，使仔猪达到最快增重所需的量远远高于NRC的推荐量，在高水平缬氨酸（1.07%）情况下，异亮氨酸的最适宜添加量是0.85%。色氨酸与采食量有关，随着日粮中支链氨基酸水平提高，血浆中色氨酸与支链氨基酸的比例下降，母猪采食量显著降低。因此，在支链氨基酸（BCAA）水平提高的前提下，提高色氨酸用量可以提高采食量，减少体重损失。

（2）矿物元素需要　矿物质的缺乏可引起内分泌系统激素分泌失调、酶活性降低以及生殖器官的组织结构变化，从而导致母猪的繁殖力下降。矿物质中Ca和P对哺乳母猪特别重要。母乳中约含有Ca 0.21%、P 0.15%，Ca：P为1.4：1。Ca、P不足时或比例不当，影响产奶量，为维持足够的乳量保证仔猪发育，母猪动用骨中的Ca、P，出现Ca、P的负平衡，长此下去，母猪则发生瘫痪。粮中钙和磷比例小于1.5：1时，可使母猪受胎率下降，并诱发流产、胎衣不下、子宫和输卵管发炎症等。而日粮中钙、磷比例大于4：1时，同样影响母猪的生殖机能。一般认为，日粮中钙、磷比例保持在（1.5~2）：1时，对母猪最有利。锌与酶的活性有关，锌通过调节酶的活性影响蛋白质和核酸的代谢与合成、糖类的吸收、VA的代谢、生殖机能和内分泌机能等生命活动。锌是肾上腺皮质的固有成分，并富集于垂体、性腺和生殖器官，参与调节垂体、肾上腺和垂体-甲状腺以及垂体-性腺系统的功能，所以锌对动物繁殖性能影响很大。铁可以提高母猪的繁殖性能，母猪在哺乳期间会丢失大量的铁，常常表现临界缺铁性贫血状态，仔猪缺铁性贫血也是生产中常见问题，普通铁制剂不能通过胎盘和乳汁转移给胎猪和仔猪。而苏氨酸铁可通过初乳转移给仔猪，一般给妊娠和哺乳母猪添加0.15%苏氨酸铁，可提高母猪的繁殖率、仔猪成活率及初生重。哺乳日粮中锰缺乏会出现骨骼异常、发情不规律或不发情、泌乳量减少等现象，研究表明，泌乳母猪日粮中添加20~25mg/kg的锰比较适宜。硒的抗氧化特性对改善母猪的繁殖性能具有重要作用，同时，硒可提高母猪对各种营养物质的消化和吸收。母猪缺硒可导致发情紊乱、受胎率低、胎儿不能正常发育；而硒过多，可造成硒中毒，母猪受胎率和产仔率均下降，仔猪发育迟缓。所以，只有保持正常的硒水平，母猪的生殖机能才能正常。表4-8总结了主要矿物元素的推荐用量。

表4-8　哺乳母猪矿物质推荐量及建议供给量

矿物质	美国（NRC 1998）	中国（NY/T 65—2004）	文献总结[1]
钙（%）	0.75	0.77	0.95
总磷（%）	0.60	0.62	0.75
可利用磷（%）		0.36	—
钠（%）		0.21	—
氯（%）		0.16	—
钾（%）		0.21	—
镁（%）		0.04	—

（续表）

矿物质	美国 （NRC 1998）	中国 （NY/T 65—2004）	文献总结[1]
铜（mg/kg）	5.0	5.0	10.0
铁（mg/kg）	80.0	80.0	110.0
锌（mg/kg）	50.0	51.0	110.0
锰（mg/kg）	20.0	20.5	25.0
碘（mg/kg）	0.14	0.14	0.50
硒（mg/kg）	0.15	0.15	0.20

① 文献总结引自张振斌，林映才，蒋宗勇．母猪营养研究进展［J］．饲料工业，2002（9）．

（3）维生素需要　维生素需要量很难确定，且差异很大，标准中的数值为最低需要量，实践中影响因素较多，添加量往往高于推荐量。维生素不仅是泌乳母猪本身的需要，也是乳汁的重要成分，仔猪所需要的维生素几乎全部从母乳中获得。维生素 A 可改善胚胎大小的整齐度，提高胚胎的同步性，提高血清中孕酮水平，从而提高胚胎成活率。在实际生产中，维生素 A 可以注射方式应用，注射比日粮补充更为有效，如断奶时肌注维生素 A、D、E 注射液，对促进断奶发情效果较好。维生素 D（150～200IU/kg）可调节体内钙、磷代谢。维生素 E（45IU/kg）可增强机体免疫力（改善体液免疫和细胞免疫）和抗氧化功能，减少母猪乳房炎、子宫炎的发生，改善母猪繁殖性能，缺乏时可使子猪断奶数减少和仔猪下痢。夏季母猪日粮中添加一定量的维生素 C（150～300mg/kg）可减缓高热应激症。生物素（0.2mg/kg）广泛参与碳水化合物、脂肪和蛋白质的代谢，一方面，增加母猪蹄部的强度，使蹄部的硬度和致密度及承压强度得到改善，蹄裂与脚垫损伤减少，另一方面，可提高窝产仔数、断奶仔猪数、断奶窝重，缩短断奶至发情的间隔天数。生物素缺乏可导致动物皮炎、蹄裂以及繁殖性能下降。其作用机制是在妊娠中期到后期，增大子宫空间，促进胎盘的发育，最终促进胎儿的存活。叶酸可提高窝产仔数和产活仔数，其机制是通过主动转运机制，转运至胚胎，从而提高了胚胎的成活率，其他一些必需维生素如泛酸、胆碱等也应适量添加，不可忽视（表4-9）。

表4-9　哺乳母猪维生素推荐量及建议供给量（每千克饲粮）

矿物质	美国 （NRC 1998）	中国 （NY/T 65—2004）	文献总结[1]
维生素 A（IU）	2 000	2 050	6 000
维生素 D（IU）	200	205	800
维生素 E（IU）	44	45	40
维生素 K（mg）	0.50	0.50	2.5
维生素 B_2（mg）	3.75	3.85	5
维生素 B_{12}（μg）	15	15	25
泛酸（mg）	12	12	20
尼克酸（mg）	10	10.25	30

（续表）

矿物质	美国 （NRC 1998）	中国 （NY/T 65—2004）	文献总结[1]
生物素（mg）	0.20	0.21	0.20
叶酸（mg）	1.30	1.35	1
维生素 B_6（mg）	1.00	1.00	1.5
维生素 B_1（mg）	1.00	1.00	1

① 文献总结引自张振斌，林映才，蒋宗勇．母猪营养研究进展［J］．饲料工业，2002（9）．

3. 哺乳母猪饲料配制注意事项

① 日粮适当的细度对哺乳母猪很重要，母猪分娩后，消化机能下降，适当粉碎对减少消化道负担很有好处。玉米粉碎细度从 1 200μm 减少至 400μm，母猪采食量和消化能摄入量提高14%，窝增重提高了11%。

② 日粮中添加高纤维物质可提高肠道蠕动速度约40%，从而影响食糜通过胃肠道的速度，使回肠末端食糜的流通速度提高 5~6 倍，因此，可显著降低胃溃疡和便秘的发生率，增加母猪的舒适感。

③ 重视原料品质，控制杂粕用量。杂粕通常含有较高的抗营养因子和毒素，会损害母猪的健康。如棉籽饼粕是我国的一种重要的蛋白质饲料资源，但棉籽饼粕中所含的有毒成分——游离棉酚进入动物体内会与许多功能蛋白质结合使它们失活，并可与铁离子螯合导致动物发生缺铁性贫血，造成呼吸困难、生产力下降、繁殖性能减弱甚至不孕，因此棉籽饼粕不宜用于饲喂后备母猪、妊娠和哺乳母猪。

（六）种公猪营养生理特点及营养需要

1. 种公猪营养生理特点

种公猪的营养目标是保持种公猪旺盛的性欲和良好的精液品质，配种体况良好，延长使用年限，提高母猪受胎率和产仔数。其中，公猪的性欲、精子的产量和精液的质量、精子的活力、公猪使用年限是重点关注的对象。公猪的性成熟是一个逐渐的过程。4 月龄就开始具有性活动和产生精子的能力。血浆中睾丸酮浓度从 5~7 月龄时开始增加，而"性成熟"在 6~8 月龄。虽然在 5 月龄就可收集到精液，但精液量低，且含有高比例的不成熟和非正常精子，因此公猪开始配种的时间不宜太早。性成熟前对公猪限饲会延迟其生长和性成熟时间，虽然不会造成睾丸永久性损伤，但睾丸中的精曲小管（精子细胞的产生地）的直径会变小，因此，在性成熟前不宜采用限饲来控制体重的增长。种公猪的交配时间长，平均 10min 左右。射精量大，每次配种射精量在 200mL 左右，变动范围依品种年龄可在 50~500mL，精子数多，每毫升精液有 0.25 亿~3.00 亿个精子，总精子数 250 亿个。因此，要消耗较多的营养物质。精液中水分占 97.0%，粗蛋白质占 1.2%~2.0%，粗脂肪占 0.2%，其他还有糖类和矿物质等。因为要求种公猪有一个良好的体况，健康、不肥胖。配种对它来说是一种生产，但对于它个体来说又是一种生理机能，所以它不需要过高的营养水平。营养过剩必然引起体重过重，其结果是公猪容易发生脚、蹄病以及性欲降低，精液品质差，造成母猪受胎率低，使用寿命缩短。定期检查精液品质，适时调整饲料营养水平和配种频率，延长其利用年限和充分发挥繁殖力。公猪饲料配方的原则是浓度高、体积小、营养全、酸碱平。我国

2004 年猪饲养标准推荐公猪饲粮的粗蛋白 13.5%，消化能 12.95MJ/kg，对于生产实际中的使役种公猪可相应提高到粗蛋白到 16%，消化能 13.39MJ/kg。确定影响种公猪精子产生的特定日粮因素，比强化公猪对特定的日粮养分更为重要。

2. 种公猪营养需要

（1）能量需要 种公猪的能量需要可分为：维持+增重+交配活动+精子生产需要。由于交配行为和产生精子所需的能量仅占能量总需要量的 3%，在计算种公猪能量时常被忽略。种公猪饲料含消化能应适宜，饲料中消化能应该控制在 12~13MJ/kg。消化能过高容易沉积脂肪导致公猪过胖，性欲下降；能量过低，后备公猪身体消瘦、睾丸和附属性器官的发育不正常，使性成熟推迟，初情射精量少。成年公猪睾丸和其他性器官的机能减弱，睾丸中产生精子作用受到抑制或损害，所产精液量减少、精子浓度下降影响受胎率。但提高日粮能量水平后，可促使公猪性机能恢复。然而，这种恢复要有一个相当长的过程，一般需 30~40d。

（2）蛋白质与氨基酸需要 蛋白质、氨基酸是精液和精子的物质基础。公猪精液中干物质占 5%，而蛋白质占干物质的 75%。所以日粮中蛋白质是否优良对猪精液有较大的影响。公猪的性欲和精液品质与蛋白质营养密切相关。种公猪日粮中蛋白质含量要适宜，非配种期种公猪日粮中蛋白质含量应为 12%，配种公猪日粮中蛋白质含量应不低于 14%。蛋白质摄入不足会降低公猪的精液浓度和精子质量，而且降低精子数量以及性欲（以射精持续时间的长短及发动射精所需的时间长短作为衡量是否性欲旺盛的标准）。而过量的蛋白质和赖氨酸摄入会引起血液中氨和尿素的浓度升高，血液尿素浓度的升高会引起公猪精子畸形率的增加。适宜的种公猪日粮营养水平组合为消化能 13.39MJ/kg，粗蛋白质水平 16%。一般认为，种公猪的氨基酸营养主要突出地表现为与精子形成有关的氨基酸的营养。日粮中缺乏赖氨酸可使精子活力降低；缺乏色氨酸可使公猪睾丸萎缩，出现死精；缺乏苏氨酸和异亮氨酸则公猪食欲减退，体重减轻，配种能力下降。对含硫氨基酸和赖氨酸的需要量相对高于一些营养标准的推荐量，例如，色氨酸、胱氨酸、蛋氨酸和组氨酸。

（3）矿物元素需要 首先需要考虑钙和磷。它们能提高生长率、促进骨中矿物质沉积和四肢的坚固。钙、磷缺乏可导致种公猪生长发育不良、精液品质下降。一般认为公猪骨骼的理想钙化所需要的钙和磷量要比正常生长需要的钙和磷量多。后备种公猪对钙和磷的需要量一般要比使用中的公猪需要的钙和磷量多。公猪日粮中钙和磷的合理含量应分别在 0.85%~0.90% 和 0.7%~0.8%。锌与公猪繁殖性能密切相关，对维持睾丸的正常功能和精子生成非常重要。同时，它也是多种酶的组成成分或激活剂，缺锌可导致间质细胞发育迟缓，降低促黄体生成激素，减少睾丸类固醇的生成。有研究报道，锌的正常供给对于减少公猪的脚病是有益的，梁明振等（2003）报道，约克夏种公猪日粮锌的理想含量应为 85 mg/kg。如使用有机锌更有利于减少蹄病的发生。另一种与公猪繁殖性能密切相关的矿物元素是硒。硒是谷胱甘肽的组成成分，它影响睾丸和精子的发育进而影响精子活力，对于保证精子膜和精子细胞器膜的正常结构和功能发挥重要的作用。据梁明振等（2003）报道，长白种公猪日粮硒的合理含量应为 0.35mg/kg。

（4）维生素需要 维生素对种猪睾丸的发育和精液品质有重要作用，尤其是维生素 A、维生素 D 和维生素 E。长期缺乏维生素 A，会引起睾丸肿胀或萎缩，不能产生精子而丧失配种能力，其添加量应不少于 4 000IU/kg 日粮。维生素 D 可促进对钙和磷的吸收，饲料中添加量不少于 200IU/kg，建议公猪每天日晒 1~2h，就能满足维生素 D 的需求。然而，过量的维生素 D 也会导致结缔组织钙化和骨骼组织的钙分解。维生素 E 的特有抗氧化特性有助于精子的成熟和精液质量的提高，减少应激和维持精子细胞膜结构的完整。在比较炎热的季节，应该达 NRC（1998）推荐量的 2 倍较为合理。生物素能够增加蹄壁的抗压强度和硬度，并降低蹄后跟组织的硬度等，对于减少公猪蹄病的发生具有重要的作用。鉴于腿软和蹄趾损伤对公猪爬跨母猪能力和性欲的显著影响，应该提高日粮的生物素水平，一般建议日粮生物素的用量在 0.2~1.0mg/kg。在应激条件特别是在夏天热应激条件下，考虑添加维生素 C，添加维生素 C 有助于增加精液精子的密度和减少精子的畸形率。为了发挥维生素 C 的最大保护作用，应在炎热气候到来之前 1 个月就添加适量的维生素 C（800mg/kg），因为精子的发生需要 6~7 个星期的时间。

3. 种公猪饲料配制注意事项

（1）公猪应以精料为主 饲粮结构根据配种负担而变动，配种期间的饲粮中，能量饲料和蛋白饲料应占 80%~90%，其他类饲料占 10%，非配种期间，能量蛋白饲料应减少到 70%~80%，其余可由青粗饲料来满足。

（2）设计种公猪的日粮配方时主要考虑提高其繁殖性能 一方面要求日粮中的能量适中，含有丰富的优质蛋白质、维生素和矿物质；另一方面要求日粮适口性好，日粮的容积不大，因为过大会造成公猪垂腹，影响配种，所以日粮中不应有太多的粗饲料。多种来源的蛋白质饲料可以互补，提高蛋白质的生物学价值。日粮中的植物性蛋白质饲料可以采用豆饼、花生饼、菜籽饼和豆科干草粉，但不能用棉籽饼，因为其中的棉酚会杀死精子，影响繁殖。

二、家禽营养生理特点及营养需要

（一）家禽营养生理特点

1. 基本生理特点

（1）新陈代谢旺盛 禽类生长迅速，繁殖能力高，因此，其基本生理特点是新陈代谢旺盛。表现在以下几方面。

一是体温高。家禽的体温比家畜高，一般在 40~44℃。

二是心率高、血液循环快。家禽心率的范围在 160~470 次/分钟，鸡平均心率为 300 次/分钟以上，而家畜中马仅为 32~42 次/分钟，牛、羊、猪为 60~80 次/分钟。同类家禽中一般体型小的比体型大的心率高，幼禽的心率比成年高，以后随年龄的增长而有所下降。环境温度增高、惊扰、噪声等，都将使鸡的心率增高。

三是呼吸频率高。禽类呼吸频率随品种和性别的不同，其范围在 22~110 次/分钟，同一品种中，雌性较雄性高。此外，还随环境温度、湿度以及环境安静程度的不同而有很大差异。禽类对氧气不足很敏感，它的单位耗氧量为其他家畜的 2 倍。

（2）体温调节机能不完善 家禽和其他恒温动物一样，依靠产热、隔热和散热来调节体温。由于家禽皮肤没有汗腺，又有羽毛覆盖而构成非常有效的保温层，因此家禽对高温的反应比低温反应明显。

（3）繁殖潜力大 雌性家禽虽然仅左侧卵巢与输卵管发育和机能正常，但繁殖力很强，高产鸡和蛋鸭年产蛋可以达到 300 枚以上。家禽产蛋是卵巢、输卵管活动的产物，是和禽体的营养状况和外界环境条件密切相关的。外界环境条件中，以光照、温度和饲料对繁殖的影响最大。在自然条件下，光照和温度等对性腺的作用常随季节变化而变化，所以产蛋也随之而有季节性，春、秋是产蛋旺季。随着现代化科学技术的发展，在现代养鸡业中，这一特征正在为人们所控制和改造，从而改变为全年性的均衡产蛋。

2. 禽类的消化吸收特点

家禽相对于家畜生长快，饲料转化率高，消化代谢强度强，基础代谢率高，维持需要高。家禽与家畜相比消化道较短，容积小，饲料通过消化道的时间短，对营养物质消化率低。家禽无消化纤维素的酶，对纤维素消化能力差。

禽类的胃分为腺胃和肌胃，腺胃呈纺锤形，主要分泌胃液，胃液含蛋白酶和盐酸，用于消化蛋白质，食物通过腺胃的时间很短。肌胃呈椭圆形或圆形，肌肉很发达。由于肌肉的强力收缩，可以磨碎食物，类似牙齿的作用。鸡在采食一定的沙粒后，肌胃的这种作用会加强，有利于消化。

禽类的肠道包括小肠和大肠两个部分。其中，小肠段又由十二指肠、空肠、回肠组成，大肠包括一对盲肠和一段短的直肠。十二指肠与肌胃相连，具有"U"形弯曲的特征，将胰腺夹在中间。小肠的第二段相当于空肠和回肠，但并无分界。空肠与回肠的长度大致相等。盲肠位于小肠和大肠的交界处，为分枝两条平行肠道，其盲端是向心的，直肠入口有盲肠括约肌，淋巴组织发达。盲肠之后为直肠，约10cm，无消化作用，但吸收水分。小肠内有胰液和胆汁流入。胰液由胰腺分泌，含有蛋白酶、脂肪酶和淀粉酶，可以消化蛋白质、脂肪和淀粉。胆汁由胆囊和胆管流入小肠中，它能乳化脂肪以利消化。十二指肠可分泌肠液，肠液中含有蛋白酶和淀粉酶，食物中的蛋白质在胃蛋白酶和胰蛋白酶的作用下分解为多肽，在肠蛋白酶的作用下，分解为氨基酸。

家禽的盲肠有消化纤维素的作用，但由于从小肠来的食物仅有6%~10%进入盲肠，所以家禽（尤其是鸡和鹌鹑）对粗纤维的消化能力很低。家禽的大肠很短，结肠和直肠无明显界限，在消化上除直肠可以吸收水分外，无明显的作用。

家禽的消化道短，仅为体长的6倍左右，而羊为27倍，猪为14倍。由于消化道短，故饲料通过消化道的时间大大地短于家畜。

家禽对饲料的消化率受许多因素的影响，但一般地讲，家禽对谷类饲料的消化率与家畜无明显差异，而对饲料中纤维素的消化率大大低于家畜。所以用于饲养家禽（除鹅外）的饲料，尤其是鸡和鹌鹑应特别注意粗纤维的含量不能过高，否则会因不易消化的粗纤维而降低饲料的消化率，造成饲料的浪费。

（二）家禽营养需要

家禽养殖要想获得可观的经济效益，制定一个合理的营养供给程序是很有必要的。从经济角度来说，饲粮占生产成本的60%~70%，要以最低的成本达到最高的生产效率，生产者要高度重视家禽的营养需要。要使家禽生长、产蛋和饲料转化率均达到理想的程度，饲粮的组成和家禽每阶段的营养需要量之间的均衡关系就显得很重要。对于养殖场来说，建立和维持完善的家禽营养系统是首要任务。这些营养成分包括：水分、碳水化合物、脂肪、蛋白质、维生素和矿物质。本节分别介绍上述的营养成分各自的功能以及他们再不同种类家禽饲粮中配比变化，这对于饲料配方人员、养殖业主和商业养殖场来说，提供了有价值的参考。

1. 水分

毋庸置疑，水分是家禽最重要的营养物质，也是生产中成本最低、最容易忽视的营养物质。水分约占家禽总体重的70%，占鸡蛋总体重的65%，缺少水分比缺少饲料更容易导致家禽的产蛋量下降和死亡率发生,这种现象在夏天高温气候条件下最常见(不同阶段家禽需水量,见表 4-10)。水分有助于调节机体体温,润滑消化道并输送食物以及排泄废物。由于家禽对水分的吸收与很多因素有关,诸如年龄、机体状况、温度、湿度以及饲粮等因素,粗略计算,家禽对水分的需求是饲料的 2 倍,同时还会因环境的变化而变化。要使养禽业效益达到最大化,水分的供给应充足可靠,并且要保证水质,除去水分中的致病微生物菌,调控水分中的矿物质和化学物质的有毒物含量水平。细菌总数和大肠杆菌总数也是值得考虑的因素,每毫升水中最多只能含 100 个单位细菌数和 50 个单位的大肠杆菌数。

水分中过多的矿物质会对家禽的生产性能起负面的影响。其中一个最重要的后果便是导致湿物质增加,而这些湿物质正好给霉菌和细菌提供良好的媒介生长空间,而细菌和霉菌又会降低畜禽的健康和生产性能。如果要考虑供给的水分与畜禽饮水安全,应对供给的水分进行检测。

表 4-10 家禽的需水量

禽的种类		水(kg/kg 干饲料)	水[kg/(只·d)]
家禽	16℃	2	
	38℃	5	
生长鸡	1 周龄		0.025
	2 周龄		0.025
	4 周龄		0.055
	8 周龄		0.100
	16 周龄		0.180
产蛋鸡	产蛋率 0		0.140
	产蛋率 50%		0.200
	产蛋率 70%		0.230
	产蛋率 90%		0.260

2. 碳水化合物

机体需要吸收一定量的碳水化合物来协助利用其他营养物质。家禽体内碳水化合物的储备量较少。这些有限的碳水化合物在肝脏和肌肉中以肝糖或糖原质形式存在,而肝糖元又是合成葡萄糖的重要分支结构;植物性碳水化合物则是以淀粉的形式存在,并且也是合成葡萄糖的重要分支结构。

家禽需要获得可消化能来支持生产和维持自身体况。生长率和产蛋量是影响家禽获得能量的主要因素,其他诸如家禽体况、环境、活动水平、应激(例如,疾病、寄生虫和换羽频率)等也是影响家禽获得能量的因素。碳水化合物是禽类食物中最大的能量来源,禽类食物中的碳水化合物通常是淀粉、糖、纤维素以及其他非淀粉化合物。多数淀粉和糖类物质能够被家禽很好地吸收利用,而纤维部分由于特殊的结构却不能被家禽较好地吸收利用。家禽的饲粮要求纤维含量低,因为家禽缺乏特定的消化酶去消化纤维,所以谷类物质和谷类饲料是家禽获得碳水化合物的重要来源。

3. 脂肪

脂肪在体内起着一定的生理机能，可用来贮备和供应能量、抵抗温度的极端变化、构成膜组织、保护重要的生命器官；一些脂溶性维生素需要脂肪的存在才能被机体有效地吸收利用；脂肪通常能增加饲粮中能量水平。在同样重的基础上，脂肪所含的能量是碳水化合物的 2.25 倍。脂肪由脂肪酸和甘油组成，在所有的这些脂肪酸中，亚油酸是家禽所需的一种特殊物质，故它被称为必需脂肪酸。必需脂肪酸是指机体自身不能靠体内其他成分物质合成，必需在日粮中添加补充。脂肪饲喂效价的变化取决于饲粮中脂肪酸饱和程度，幼禽对饱和脂肪酸的消化力较低。在室温条件下，不饱和脂肪酸是液体，而饱和脂肪酸是固体。如玉米油、大豆油和橄榄油就是不饱和脂肪酸的代表；牛脂油、猪油、禽类脂肪和精细蛋白油则是饱和脂肪酸的代表。至于脂肪的营养价值，添加脂肪到饲粮有助于减少细粒尘埃。研究者认为有代表性地把动物脂肪或动植物复合脂肪添加到饲粮中，达到平衡家禽饲粮营养的目的。在家禽饲粮中添加脂肪时还应添加抗氧化剂，以免脂肪被氧化后发出油脂腐臭味，特别是在高温天气的时候应格外注意。

4. 蛋白质

蛋白质是由氨基酸构成的一种大分子复合营养物质，广泛分布于机体各组织，如结缔组织、血液、酶以及激素里都含有蛋白质。以干物质体重为基础，1 只成熟公鸡机体的 65% 以上是由蛋白质组成的，鸡蛋中蛋白质约占 50%。经肠道消化后，食中的蛋白质会释放出单个氨基酸。从营养的角度出发，氨基酸被划分为两大类：必需氨基酸和非必需氨基酸。必需氨基酸是指不能在动物体内合成以供家禽生长和维持体况需要的氨基酸。家禽的饲粮中通常含有 22 种氨基酸成分，其中，有 11 种为必需氨基酸。而非必需氨基酸是指动物机体自身能够合成并能满足自身需要的氨基酸。必需氨基酸的缺乏与否直接关系到饲料中蛋白的组成与含量。赖氨酸和蛋氨酸是家禽营养需要中 2 种重要的氨基酸，它们的缺乏将会导致养禽生产效率的降低。

配方师应尽量在家禽的饲料中多配合一些复合成分，因为没有一种单一物质含有这些必需氨基酸，即所谓的互补缺失。例如，玉米富含蛋氨酸而缺乏赖氨酸，而豆粕却相反，单靠它们中任何一种都不能提供充足的必需氨基酸，但两者相互配合添加在一起使用，就可以达到氨基酸的平衡。

从经济效益的角度考虑，家禽饲粮中应特别注意氨基酸的添加。这些氨基酸包括赖氨酸、蛋氨酸和苏氨酸等。

5. 维生素

维生素是家禽饲粮中一组少量的有机复合物质，同其他营养物质一样，也是具有高营养价值家禽饲粮的必须组成部分。吸收充足的维生素是家禽维持正常生理功能的保证。维生素的缺乏可导致一些疾病和临床症状的发生。

维生素可分为脂溶性和水溶性维生素两大类。脂溶性维生素包括维生素 A、维生素 D_3、维生素 E 和维生素 K。维生素 A 起着维持家禽正常生长、生产以及形成机体上皮组织的作用。维生素 D_3 起着维持家禽正常生长、促进骨骼沉积以及蛋壳的形成等作用。维生素 K 促进血凝。维生素 E 具有抗氧化作用。

水溶性维生素包括 B 族维生素（维生素 B_{12}、生物素、胆碱、叶酸、烟酸、泛酸、维生素 B_1）和维生素 C，B 族维生素与机体体内的许多代谢功能有关（包括能量代谢）。家禽自身能合成维生素 C，故不用在饲粮中添加维生素 C。配方师通常在饲粮中添加维生素以弥补天然饲料原料中维生素的不足，从而保证禽类获取以维持正常生产所需的维生素。

6. 矿物质

矿物质属无机化合物，可分为两大类：常量元素和微量元素。常量元素包括：钙、磷、氯、镁、钾和钠。钙对骨骼正常的发育、血凝形成、肌肉收缩、优质蛋壳形成等非常重要。磷对骨骼的形成也有着重要作用，同时磷还是细胞膜的组成成分和机体维持生理功能的需要物质。氯以盐酸的形式存在于胃内起消化作用。它以电解质溶于水和胃酸中，以保持体内离子平衡。硫和钾对代谢、肌肉组织、神经等功能很重要，硫和钾也溶于体液和酸中；镁有助于体内代谢和肌肉组织的功能。与代谢有关的微量元素有：铜、铁、碘、镁、硒、锌等。碘参与甲状腺的组成，起调节代谢和体内热平衡作用。锌与体内许多酶的合成有关，铁有助于体内氧的输送，硒具有抗氧化的作用，但过高会产生中毒现象。镁、钾和其他矿物质可以通过玉米、豆饼和肉骨粉的饲粮来得到补充。饲料配方师在配饲料时，应考虑把这些维持体况和支持生产率的微量元素在家禽饲粮中的合理应用。

家禽的生产率、生产力以及健康状况，在很大程度上取决于它们所获得饲粮的品质。所以一定要保证饲粮与家禽种类相匹配，并且适应于该禽种。例如，不要把蛋鸡料喂给生长鸡，因为钙的含量对生产鸡来说太高，而其他营养物质含量又很低，这样就会降低生长鸡的生长性能，并且可能导致死亡；同样，也不要把肉鸡料和火鸡料饲喂给产蛋母鸡，由于缺乏钙容易导致软壳蛋的产生和母鸡产蛋量的下降。

（三）家禽饲料配制注意事项

1. 选用恰当的饲养标准

养殖户在配制饲料前，应先了解所养鸡的品种、日龄、生产水平、生产目的，选用恰当的饲养标准或者合适的预混饲料、浓缩饲料，确定鸡的营养需要量，再与饲料的供给量结合起来，以满足鸡的各种营养需要，提高饲料转化率，最大限度地发挥鸡的生产性能。

2. 饲料配方要合理

鸡的胃容积小，消化道短，所以在配制饲料时，要考虑饲料的营养水平、适口性、容积、消化率和营养成分间的平衡，满足鸡的营养需要。同时，由于鸡无牙齿，对粗纤维的消化能力差，因此雏鸡饲料中粗纤维的含量不超过3%，肉鸡饲料中不超过4%，育成鸡和蛋鸡饲料中不超过7%。

3. 利用本地饲料资源

选择饲料原料要充分利用本地价格便宜、质量好、来源有保障的饲料，尽量节省运费、降低饲料成本。

4. 保证饲料原料质量

在购买饲料原料时要特别注意原料的质量。要选用新鲜、质量纯正、品质稳定的原料，禁用发霉变质、掺假、品质不稳定的原料。慎用含有毒素的原料，如棉饼含有棉酚，要严格控制用量，用量不要超过日粮的5%。

5. 选用合适的饲料添加剂

鸡饲料添加剂有多种，在配饲料时，要选用品种全、剂量准的添加剂。要根据鸡的品种、生长阶段、生产目的、生产水平选用不同的添加剂并确定添加比例。一定要按产品使用说明添加，特别是药物添加剂必须控制使用量和使用时间，以防中毒。添加酶制剂可提高饲料的消化吸收率，减少疾病的发生，从而提高养鸡的经济效益。

6. 饲料混合要均匀

饲料加工时要混合均匀，各种原料要严格按配方比例准确称量，搅拌时间要控制好，以防搅拌不匀或饲料分级。应特别注意的是，添加量在1%以内的添加剂，要采用多次分级预混的方法，否则会因采食不均而发生营养缺乏或中毒。

7. 日粮要稳定

采用阶段饲养的鸡要注意日粮的相对稳定。例如，产蛋鸡和雏鸡对日粮变化较为敏感，日粮配方不应频繁变动。不同阶段的鸡日粮变更要逐渐过渡，切忌突然变换日粮而造成鸡采食量下降，影响生产水平。

第三节　反刍动物及其他草食动物营养生理特点及营养需要

一、奶牛营养生理特点及营养需要

（一）反刍动物的消化生理

反刍动物的胃是由瘤胃、网胃、瓣胃和皱胃四部分组成。其中，瘤胃、网胃、瓣胃统称为前胃，只能分泌黏液，不含腺体，皱胃是真正的腺胃。瘤胃分背腹囊两部分（内部互通），通过胃壁有节律地蠕动，搅和内容物；胃黏膜上有许多叶状突起，有助于饲料的机械磨碎；其容积占整个胃容积的80%。网胃黏膜密布形如蜂巢一样的小格子，其容积为整个胃容积的5%。瓣胃容积占胃总容积的7%或8%。皱胃容积占整个胃容积的7%~8%。牛瘤胃中还存在着大量的微生物，对瘤胃的消化起着极其重要的主导作用。饲料中70%~80%的可消化干物质和50%以上的粗纤维素在瘤胃内消化，产生挥发性脂肪酸、二氧化碳和氨，以合成自身需要的蛋白质、B族维生素和维生素K。出生犊牛，液态奶顺着食道沟，直接进入皱胃，其瘤胃和网胃发育很差，只有皱胃的一半，随月龄增大，到4月龄时便与成年牛接近。瘤胃内栖居着数量大、种群多样的微生物，主要包括细菌、真菌和原虫。并且种群随着动物日粮的变化而改变。瘤胃为其微生物的生长和活动提供了理想的环境。瘤胃细菌的形态多样，根据底物利用和发酵终产物可将细菌分为纤维消化菌、半纤维消化菌、淀粉分解菌、糖类细菌酸菌、产氨菌、产甲烷菌、脂肪分解菌和维生素合成菌等。瘤胃真菌的发现较晚，因为这些真菌有一根用于运动的长毛，所以一直被误认为是原虫。研究者在绵羊和牛吞入瘤胃的紫花苜蓿、草地干草、禾本科牧草和红三叶草的混合草上均发现有真菌菌落形成。马、袋鼠、大象的肠内也发现有类似的真菌存在。现已查明的瘤胃厌氧真菌有两科，共5个属。另外，在瘤胃微生物中，至少还有30多种原虫，主要分为纤毛虫和鞭毛虫两个亚类。鞭毛虫一般在幼年反刍动物纤毛虫区系建立前或由于某种原因纤毛虫区系消失时存在。随着幼龄动物年龄增大，鞭毛虫数量减少。瘤胃原虫都是专性厌氧微生物，虫体较大。一般纤毛虫虫体的大小为40~200μm，每毫升瘤胃液中平均含有原虫20万~200万个，有时可高达500万个。

（二）奶牛的营养需要

满足奶牛的营养需要，可使奶牛生产、生长潜质得到表达，奶牛的营养需要按营养成分可分为蛋白质、能量、粗纤维、矿物质、微量元素和维生素等物质的营养需要；按功能则分为维持需要、泌乳需要、妊娠需要、生长需要以及增重需要等。

干物质的采食量是奶牛日粮的重要指标，必须在满足干物质采食量的基础上研究奶牛对营养的需要量。干物质的采食量一般用占体重的百分比来表示，通常为2%~4%。影响干物质采食量的因素主要包括年龄、体重、生产性能、泌乳阶段、环境条件、饲养管理（包括饲喂方法、饲喂频率以及奶牛与饲料的接触时间）、饲料品质、日粮组成（包括含水量、精粗比等）和体况。分娩后，泌乳前期的产乳量快速增加，通常在产后8~10周达到产奶高峰，但奶牛对干物质采食量（DMI）的高峰通常出现在产后10~14周，因此，奶牛在泌乳初期往往处于营养负平衡，体重减轻。故而分娩后3周内干物质的采食量比估算值低，实际工作中应予以重视。在饲养实践中，多采用浓度较高的饲料来弥补这两者之间的差异。同时我们应经常注意提高奶牛摄入干物质的能力，以满足因日产不断提高而摄入更多干物质的需要，特别能减少分娩后采食量不足所带来的营养负平衡。要特别指出的是，奶牛产后的保健与福利是奶牛产后采食量的重要影响因素。

1. 蛋白质的需要

奶牛生活和生产所需蛋白质来自日粮过瘤胃蛋白质和瘤胃微生物蛋白质。泌乳牛饲料中粗蛋白质（CP）的适当量为13%~18%，CP不足易引起产奶量和乳蛋白率降低。饲料中的CP一般60%~70%在瘤胃降解，被瘤胃微生物利用，称为降解蛋白（DIP）。剩余的30%~40%不在瘤胃降解，称为非降解蛋白（UIP）。微生物蛋白（MCP）和UIP进入真胃和小肠，被分解成肽、氨基酸而吸收利用。非降解蛋白对高产牛和泌乳初期奶牛非常重要，日泌乳量30kg以上时，不但要求粗蛋白质含量高，而且非降解蛋白质的量也必须增加。低品质的蛋白质在瘤胃中降解合成微生物蛋白质，改善了奶牛蛋白质营养状况；而高品质的蛋白质在瘤胃中降解，可造成氮素及能量的损失。因而，在奶牛生产实践中，通常采用保护或代谢调控手段，尽可能地减少高品质蛋白质饲料在瘤胃内的降解率，以此来提高饲料利用率，降低成本，增加经济效益。根据我国的行业标准《奶牛饲养标准》（NY/T34—2004），对于产奶牛，维持的可消化粗蛋白质需要量为3.0（g）×W^0.75g（W为体重），每产1kg标准乳的可消化粗蛋白质需要量（g）= 1kg标准乳中粗蛋白的含量（g）/0.6。通过计算维持和产奶的需要量之和，即可得出产奶牛的可消化粗蛋白需要量。

2. 能量需要

奶牛对能量的需要可概括为维持与生产两部分。而生产部分又可分为生长、繁殖和泌乳等。在实际饲养奶牛过程中，能量的不足和过剩都会对奶牛产生不良的影响。犊牛或育成牛若缺乏能量，则表现为生长速率降低，初情期延长。此外，由于体组织中蛋白质、脂肪及矿物质的沉积和减少而使躯体消瘦和体重减轻外，泌乳量会显著降低，而且对健康和繁殖性能也会产生不良的影响。能量过剩同样会对乳牛产生不良的影响。这主要发生于中、低产乳牛。过多的能量会以脂肪的形式沉积于体内（包括乳腺），往往表现体躯过肥，这不仅会影响母牛的正常繁殖，出现性周期紊乱、难孕、胎儿发育不良、难产等现象；还影响乳牛的正常泌乳，妨碍乳腺组织的正常发育，从而使泌乳功能受损而导致泌乳减少。

奶牛所采食的饲料在体内经过一系列的消化、吸收及代谢过程，最后得到的生产净能只占食入总能的20%左右。这是因为，所摄入的总能中约有30%在粪便中损失，尿液中和瘤胃中损失各占5%，而以体增热及维持乳牛本身正常生命活动所需的能量各占摄入总能的20%。因此，只有设法减少消化代谢过程中各种形式的能量损失，才能提高生产净能占总能的比例，提高乳牛对饲料的利用率和生产效益。所以，应加强对奶牛的饲养管理，对饲料进行科学的加工调制，采用正确合理的日粮配合技术等。这样，可大大减少奶牛的能量损耗，提高奶牛的生产效率。

3. 矿物质及微量元素的需要

奶牛对矿物质的实际需要要考虑到矿物质在日粮中的配比和有效利用率。根据矿物质占动物体比例的大小，分为常量元素和微量元素。常量元素是指元素占动物体比例在 0.01% 以上；反之则为微量元素。现已确认有 20 多种矿物质元素是乳牛所必需的。在常量元素中有钙、磷、钠、氯、镁、钾、硫等；微量元素中有铜、铁、锌、锰、钴、碘、硒等。

4. 维生素

维生素可分为脂溶性与水溶性两大类，脂溶性维生素包括 VA、VD、VE、VK，水溶性维生素包括 B 族维生素和 VC。它是奶牛维持正常生产性能和健康所必需的营养物质。正常条件下，奶牛瘤胃中可合成 B 族维生素和 VK，组织中可合成 VC，脂溶性维生素 VA、VD、VE 需从日粮中供给。烟酸是 B 族维生素之一，与蛋白质、碳水化合物、脂肪代谢有关。对高产乳牛补充烟酸，可以预防酮病，提高产乳量。

（三）奶牛饲料配制注意事项

TMR（Total Mixed Ration）饲料配制技术是现代奶牛场普遍采用的一项先进技术，是根据不同生长发育及泌乳阶段奶牛的营养需要和饲养战略，制作奶牛的营养配方，用特制的搅拌机对日粮各组分进行科学的混合，供奶牛自由采食的全混合日粮。其内涵是采用先进的机电联合加工和控制工艺把奶牛的精饲料和粗饲料的加工调制、搅拌混合、送料、喂料连成一体化，实现了针对不同阶段牛群饲养的科学化、自动化、定量化和营养均衡化，克服了传统饲养方法中的精粗分开、营养不均衡、奶牛挑食、难以定量的难题，是我国奶牛养殖业走向集约化、规模化、科学化和现代化的必由之路。

TMR 饲养方式将粗料和精料混合均匀，可避免奶牛挑食和营养失衡现象，增加干物质的采食量，缓解奶牛在泌乳初期营养负平衡的问题。而且，TMR 饲养方式可以维持瘤胃 pH 值的稳定，增强瘤胃机能，降低奶牛酮病、蹄病等疾病的发生。此外，便于实现奶牛场生产的机械化和自动化管理，大大提高劳动生产效率。在生产实践中要充分发挥 TMR 饲养方式的优点，在饲料配制时，需要注意以下要点。

1. 奶牛合理分群

分群是 TMR 技术体系的重要组成部分。分群数根据牛群大小和设施条件而定。对于大型奶牛场而言，泌乳牛群根据泌乳阶段可分为泌乳早、中、后期牛群和干奶期、围产期牛群。对于处于泌乳早期的奶牛，应以提高干物质采食量为主要目的。需要注意的是泌乳中期奶牛中产奶量较高或是体况较瘦的奶牛应该归入泌乳早期牛。对于小型奶牛场而言，牛群可根据产奶量分为高产、低产和干奶牛群。一般可将泌乳早期和产奶量高的牛群归为高产牛群，中后期牛分为低产牛群。在具体分群过程中可根据牛的个体情况及牛群规模灵活掌握，适时调整或合并，调整转群时采用小群转移比个体转移效果好，转群时机可选择在投料时。

2. 准确预测干物质采食量

对于奶牛采食量的预测，应结合牛场实际情况，依据奶牛不同年龄、胎次、产奶量、泌乳期、体况、乳脂率、乳蛋白预测采食量；同时，还要综合考虑环境温度及湿度，日粮原料含水量以及适口性等因素的影响。当实际采食量与预测采食量相差大于5%，应及时查看原料是否称量准确，粗饲料水分是否变化，剩料是否彻底清除，饮水是否充足，清洁等方面，找到原因及时改正。

3. 饲料原料与日粮的检测

饲料原料的营养水平是科学配制日粮的基础，然而饲料原料的营养水平并非一成不变，恰恰相反，原料的营养水平随品种、产地、收割季节及加工工艺的不同而波动。因此，需要监测原料营养水平。当波动较大时，应及时调整日粮配方，以防影响奶牛的生产性能。此外，对于日粮配方营养水平的检测，更加具有直观性，建议定期检测营养水平。特别需要注意的是，TMR 水分含量的变化对干物质采食量进行最大，一般而言，TMR 水分含量在 35%~45% 为宜，水分过高，会降低干物质采食量，水分过低，适口性差，采食量也会受到影响。有研究表明，TMR 中水分含量超过 50% 时，水分每增加 1%，干物质采食量按体重 0.02% 降低，因此建议牧场使用快速水分测定仪器或微波炉，检测每批日粮水分，以便及时调整。

4. 日粮配方设计

根据不同类群奶牛的营养需要，制定合理的饲料配方。饲料配方限制条件应充分考虑日粮的精粗比、能氮比、钙磷比、纤维含量及组成、可降解蛋白和过瘤胃蛋白比例、矿物质及维生素含量。

5. TMR 搅拌设备及投料

TMR 搅拌车有立式、卧式、牵引式等类型。可根据日粮种类、牛场建筑结构、奶牛饲养规模等选择。一般立式混料机投料顺序为先粗后精，按干草、青贮、糟渣类和精料的顺序投放，边加料，边搅拌，待物料全部加入后再搅拌 4~6min。搅拌时间过长、TMR 太细、有效纤维不足；时间过短，混合不匀，精粗料易分离，营养不均，均影响饲喂效果。投放饲料时要均匀，应确保奶牛有充足的时间采食，在散栏饲养时奶牛一天有 20h 可采食饲料，并应有足够的采食位置，以防拥挤和抢食。一般泌乳牛一天投放 2 次，干奶牛和生长牛可每天投放 1 次，夏季可增至 3 次，以保证饲料的新鲜。

二、肉牛生理特点及营养需要

（一）肉牛生理特点

1. 肉牛能量需要

（1）能量来源和作用　能量是肉牛营养的重要因素，肉牛的生命及生产都要消耗能量。合理利用饲料能量，提高其利用率是肉牛饲养的一个重要环节。肉牛所需的能量来自于碳水化合物、脂肪和蛋白质，碳水化合物占植物性饲料干物质总量的 3/4，主要成分为糖、淀粉和粗纤维。淀粉和粗纤维在瘤胃中经微生物发酵后产生挥发性脂肪酸（乙酸、丙酸和丁酸等），被机体吸收利用，当碳水化合物产生的能量多余时，机体可将其转化为体脂肪。因此，碳水化合物是肉牛重要的能量来源。脂肪和脂肪酸提供的能量约占碳水化合物的 2.25 倍，但作为饲料中的能量来说并不占主要地位。蛋白质和氨基酸在动物体内代谢也可以提供能量，但用蛋白质作为能源价值昂贵，并且产生过多的氨，对肉牛有害，不宜作能源物质。

能量的表示有消化能、代谢能和净能，奶牛以净能表示，肉牛的能量表示方法多用美国的净能表示（维持净能和增重净能）。我国的"肉牛饲养标准"中采用综合净能来表示。

（2）维持的能量需要　维持能量需要是维持生命活动，包括基础代谢、自由运动、保持体温等所需的能量。当动物处于饥饿状态的时候，机体每日所产的热量可以用呼吸测热室测量，这种热称为基础代谢热。基础代谢热和动物的体重，尤其是代谢体重（$W^{0.75}$）成一定的比例关系，可用以下通式表示：基础代谢热（MJ/d）= $0.293W^{0.75}$。根据基础代谢热的数值可以计算出不同条件下的维持需要。肉牛在维持时，能量的基本用处有绝食代谢的消耗、随意活动及抵抗必要的应激环境的消耗。我国肉牛饲养标准推荐的维持净能需要量为 $0.322W^{0.75}$ MJ，这一数值适合于中立温度、舍饲轻微活动和无应激的环境下使用。

（3）生产的能量需要 肉牛主要以产肉为主，所以其生产的能量需要一般指的是增重的能量需要或生长的能量需要。增重净能根据肉牛不同生长阶段所沉积的能量多少来确定。我国肉牛饲养标准（2000）对生长肥育牛的增重净能计算公式为：增重净能（KJ）= $(2\,092+25.1W) \times \Delta W / (1-0.3\Delta W)$，对生长母牛，在上式计算基础上增加 10%。式中：ΔW 为日增重（kg）。

（4）妊娠母牛的能量需要 在维持净能需要的基础上，不同妊娠天数每千克胎儿增重的维持净能为：NEm（MJ）= $0.197769t-11.76122$。式中：t 为妊娠天数。

不同妊娠天数不同体重母牛的胎儿日增重（kg）= $(0.00879t-0.85454) \times (0.1439+0.0003558W)$。式中：$W$ 为母牛体重（kg）。

（5）哺乳母牛的能量需要量 泌乳的净能需要按每千克4%乳汁率的标准含乳 3.138MJ 计算；维持能量需要（MJ）= $0.322W^{0.75}$（kg）。

（6）综合净能的需要 由于肉牛饲料的消化能（或代谢能）用于维持和增重的效率差异较大，致使能量需要的确定比较复杂。

我国肉牛饲养标准（2000）对生长肥育牛的综合净能计算公式为：0.75 NE mf（KJ）= $\{322W+[(2092+25.1W) \times \Delta W / (1-0.3\Delta W)]\}$ F。

2. 肉牛蛋白质需要量

（1）蛋白质营养作用 蛋白质是一切生命的物质基础，是三大营养物质中唯一能提供牛体氮素的物质；是构造牛体组织、体细胞的基本原料，是修复体组织的必须物质。同时，蛋白质也可像碳水化合物、脂肪一样向机体提供能量。蛋白质还是体内多种生物活性物质的组成部分，如牛体内的酶、激素和抗体等都是以蛋白质为原料合成的；蛋白质是形成牛产品的重要物质，如肉、乳的主要成分都是蛋白质；当日粮中缺乏蛋白质时，幼龄牛生长缓慢或停止，体重减轻，成年牛体重下降。长期缺乏蛋白质，还会发生血红蛋白减少的贫血症。蛋白质缺乏的牛食欲下降，消化力下降，生产性能下降；日粮蛋白质不足还会影响牛的繁殖机能，如母牛发情不明显，不排卵，受胎率降低，胎儿发育不良，公牛精液品质下降。蛋白质过多时，其代谢产物的排泄加重了肝、肾的负担，来不及排出的代谢物可导致中毒。蛋白质水平过高，对繁殖也有不利影响，公牛表现为精子发育不正常，降低精子活力和受精能力，母牛则表现为不易形成受精卵或胚胎的活力下降。

（2）非蛋白质含氮物质的作用 除蛋白质外，动植物中还存在许多其他的含氮化合物，统称为非蛋白氮。饲料中非蛋白氮除嘌呤、嘧啶（DNA 和 RNA 的组成成分，也是体内某些酶的成分）外，起主要营养作用的是酰胺和氨基酸。饲料中（或人工合成）的非蛋白氮可充分地被瘤胃机能发育完善的牛利用，合成微生物蛋白，满足牛体内的部分需要，降低饲养成本。

（3）维持的蛋白需要 牛维持的蛋白质需要是指维持生命活动所需的蛋白质，主要是由内源尿氮的排出量来确定，可通过测定动物在绝食状态时体内每日所排出的内源性尿氮、代谢性的粪氮以及皮毛等代谢物中的含氮量之后，经过计算而得到。我国肉牛饲养标准根据国内所做的不同梯度蛋白质进食量的平衡试验结果，推荐维持的可消化粗蛋白需要量为 $3.0g/kg\ W^{0.75}$，小肠可消化粗蛋白需要量为 $2.5g/kg\ W^{0.75}$，维持的粗蛋白质需要量为 $5.5g/kg\ W^{0.75}$。

（4）增重的蛋白质需要　增重的粗蛋白质需要量（g）＝ $\triangle W$ $(168.07-0.16869W+0.0001633W_2)\times(1.12-0.1233\triangle W)/0.34$。式中：$\triangle W$ 为日增重（kg），W 为体重（kg）。

（5）妊娠和哺乳母牛的粗蛋白质需要　维持的粗蛋白质需要量（g）＝ $4.6W^{0.75}$ （kg）。

3. 矿物质需要

矿物质是肉牛机体组织的重要成分，是维持体组织、细胞代谢和正常生理功能所必需的，肉牛需要的矿物质至少有17种，包括常量元素钙、磷、钠、氯、钾、镁和硫等；微量元素包括铁、铜、锰、锌、碘、硒和钴等。需要量分别见表4-11和表4-12。

表 4-11　常量元素需要量（干物质）

名称	钠和氯	钾	镁	硫
需要量（%）	0.3	0.65	0.16	0.16

表 4-12　微量元素需要量（干物质）

名称	铁	铜	锌	锰	碘	硒	钴
需要量（mg/kg）	50	8	40	40	0.25	0.3	0.10

（1）钙和磷缺乏与过量　日粮中缺钙会使幼牛生长停滞，发生佝偻病；成年牛缺钙引起骨软症或骨质疏松；泌乳牛缺钙出现乳热症（产后瘫痪）。日粮缺磷肉牛表现为食欲不振、废食、消瘦和异食癖，公牛表现为性机能降低，精液品质差；母牛表现为异常发情、屡配不孕；哺乳母牛表现为泌乳量下降。肉牛采食过多的富钙饲料或补饲过量钙，抑制瘤胃内微生物，饲料消化率降低，同时使体内磷、锰、铁、镁和碘等代谢紊乱。采食磷过量日粮引起甲状腺功能亢进，致使骨中磷大量分解，造成骨组织营养不良，易发生跛行和长骨骨折。

（2）钠和氯缺乏与过量　日粮缺乏钠和氯表现为食欲下降，生长缓慢，减重，泌乳下降，皮毛粗糙，繁殖机能降低。肉牛大量采食食盐会减少采食量，导致机体食盐中毒，甚至死亡。若保证充足饮水的情况下，很少发生中毒死亡。

（3）镁、硫、钾缺乏与过量　肉牛缺镁会引起"镁痉挛"，过剩可通过尿排出，但仍会引起采食量下降，并引起腹泻；缺锰发情迟缓、受胎率低，怀孕母牛易流产，犊牛畸形，生长缓慢，过高影响钙、磷吸收。缺硫体内蛋白质合成速度变缓，降低了碳水化合物消化率，尤其是对碳水化合物中纤维素的消化，影响了碳水化合物产生脂肪酸的比例。用尿素作为蛋白补充料，一般认为日粮中氮硫比为15：1为宜。缺钾表现为食欲减退，毛无光泽，生长发育缓慢，异食。

（4）钴、碘、硒、锰、锌缺乏与过量　缺钴食欲减退，瘦弱无力，精神不振，生长缓慢，体重降低，被毛粗乱，犊牛死亡率高，易感染副结核病。缺碘甲状腺肿大，母牛缺碘产弱胎或死胎，犊牛缺碘生长缓慢，骨架小；碘过量会引起碘中毒，表现为采食异常、流泪、咳嗽等。硒缺乏出现肌肉营养性障碍，即白肌病；硒过量会引起中毒，甚至死亡。缺锰导致公、母牛生殖机能退化，母牛不发育或发情不正常，受胎延迟，早产或流产；公牛睾丸萎缩，精子生成不正常，精子活力下降，受精能力降低。缺锌食欲下降，消化功能紊乱，角质化不全，创伤难愈合，发生皮炎，皮肤增厚，有痂皮和皲裂，生长缓慢，唾液过多，瘤胃挥发性脂肪酸产量下降；公、母牛繁殖力受损伤。

4. 肉牛维生素需要

肉牛所需的维生素主要来源于饲料和体内微生物合成，肉牛缺乏维生素将引起代谢紊乱，影响生产和繁殖性能，主要有脂溶性和水溶性维生素两大类。肉牛瘤胃内能够合成硫胺素、核黄素、生物素、吡哆醇、泛酸、维生素 B_{12} 等 B 族维生素和维生素 K。因此在正常饲养情况下，不需要过多地考虑肉牛 B 族维生素，只有对早期断奶犊牛考虑补充，对其他牛只考虑维生素 A、D 和 E，需要量见表 4-13。

表 4-13　维生素需要量（每千克饲料干物质）

名称	VA			VD	VE
	妊娠牛	泌乳牛	其他牛		
需要量（IU）	2 800	3 900	2 200	275	15~60

肉牛缺乏维生素 A 表现为食欲减退、生长受阻、干眼、夜盲、神经失调、繁殖力下降、流产、死胎、产盲犊等；过量引起中毒，造成骨骼过度生长、视觉和听觉神经受影响、皮肤发炎等。维生素 D 缺乏表现为骨软化症、骨质疏松、佝偻病和产后瘫痪等；过量引起中毒，血液钙过多，各种组织器官中都发生钙质沉着以及骨损伤，食欲丧失、失重等。缺乏维生素 E 的典型症状为白肌病。

5. 肉牛精饲料配制注意事项

肉牛主要以粗饲料为主，但粗饲料不能满足其营养需要，需要补喂精饲料。精饲料营养全面与否，直接影响到肉牛生长发育。在配制肉牛精饲料时需要注意严禁添加国家禁止使用的饲料和饲料添加剂。国家允许使用的添加剂和药物要严格按照规定添加。严禁使用肉骨粉。饲料水分含量不超过 14%。

三、肉羊营养生理特点及营养需要

（一）肉羊营养生理特点

1. 对粗饲料的利用

粗饲料容积大，性质稳定，消化需要的时间较长，是瘤胃的主要填充物，使羊不会产生饥饿感；粗饲料颗粒粗糙，能够有效地刺激瘤胃壁，特别是网-瘤胃褶附近的区域，反射性地引起唾液分泌，增加唾液的分泌量，保证有足够的唾液进入瘤胃，以起到缓冲瘤胃内环境的作用。此外，羊反刍时，粗饲料经过多次咀嚼，可以刺激唾液分泌。粗饲料也有利于瘤胃微生物生长，维持正常的瘤胃微生物区系和正常的瘤胃 pH 值。因此，在肉羊的饲料中必须含有一定量的粗饲料，必须把握好日粮的精粗比例，保证羊只的正常生长。同时，要注意的是不能盲目追求羊只的生长速度，只给其饲喂精料，这样虽营养水平达到饲养标准的要求，但饲料中干物质质量不足，体积过小，羊始终处于饥饿状态，造成羊只减少反刍甚至停止反刍，唾液分泌减少，瘤胃酸中毒、真胃移位等病症。

2. 可消化粗纤维含量高的饲料

高质量的牧草或未成熟的粗饲料，粗纤维的消化率可达90%，而粗饲料木质化程度越高，消化率越低。粗饲料经化学或物理方法处理后，纤维素消化率提高。另外粗纤维的消化与瘤胃微生物有关，一切影响瘤胃微生物的因素均可影响粗纤维的消化。羊只在采食粗料型饲粮时，瘤胃pH值处于中性环境，分解纤维的微生物最活跃，对纤维的消化率最高；当饲喂精料性饲粮时，瘤胃pH值降低，纤维分解菌的活性受到抑制，消化率降低，所以，要保持瘤胃内接近中性或微碱性的环境。其次，饲粮中还得有适宜的蛋白质、可溶性糖类和矿物质元素，以保证微生物活动需要，可提高饲料的消化率。

（二）肉羊氮营养需要特点

1. 瘤胃微生物对饲粮蛋白质的作用

饲粮中的蛋白质进入瘤胃后，在瘤胃微生物的作用下发生降解，可降解的部分称为瘤胃可降解蛋白（RDP），不能被降解的部分称为瘤胃未降解蛋白（RUP），也称过瘤胃蛋白。RDP在瘤胃细菌的作用下，分解为多肽，肽进一步降解为游离氨基酸，最后分解为氨、支链脂肪酸和二氧化碳。蛋白质降解产生的氨一部分被瘤胃微生物摄取到菌体内，用于合成菌体蛋白，所合成的菌体蛋白称为微生物蛋白。另一部分氨被瘤胃内壁吸收入血，随血液循环到达肝脏，在肝脏合成尿素，尿素通过唾液的分泌和瘤胃内皮再进入瘤胃，在瘤胃内重新被降解为氨，作为再循环的内源性氮素，用以合成菌体蛋白，这一过程称为唾液尿素循环。在低蛋白质饲粮的情况下，反刍动物靠尿素再循环以节约氮的消耗，保证瘤胃内适宜的氮浓度，以利用微生物蛋白质的合成。

瘤胃细菌合成的微生物蛋白和RUP一起进入皱胃和小肠，在皱胃和小肠分泌的消化酶作用下分解为氨基酸，并被吸收利用。在以放牧为主的情况下，羊需要的氮营养70%以上由瘤胃微生物蛋白提供，在以植物蛋白为主舍饲情况下，60%以上的氮由微生物蛋白提供，所以菌体蛋白在羊氮营养中占相当重要的地位。瘤胃微生物对饲粮蛋白质的降解作用对羊的蛋白质营养存在两方面的影响。

（1）有利方面　瘤胃微生物将饲料中特别是粗饲料中质量较低的蛋白质和无生物学价值的尿素等非蛋白氮转化为菌体蛋白，微生物蛋白质的氨基酸组成相对于原饲料来说，种类更加全面，比例更加平衡，必需氨基酸尤其是限制性氨基酸的含量比原饲料高很多。一般情况下，微生物蛋白中的必需氨基酸足以满足羊的需要。从这方面来说，微生物对饲料蛋白质降解对羊的氮营养需要有利，因此微生物对饲料蛋白质的转化提高了饲料蛋白质的生物学价值。

（2）不利方面　对于饲料中的优质蛋白质原料，瘤胃微生物蛋白的合成量虽然也有增加，但由于瘤胃微生物在对饲料蛋白质分解和再合成菌体蛋白的过程中损失的蛋白质量要比微生物蛋白质合成增加的量多，因此，降低了蛋白质的利用效率。尤其是肉羊育肥阶段，饲料中优质蛋白质含量也不宜过高，或者采用优质蛋白质的过瘤胃保护。

2. 影响饲料蛋白质瘤胃降解率的因素

（1）蛋白质的分子结构　蛋白质的结构特性形成降解的阻力。如蛋白质分子中的二硫键有助于稳定其三级结构，增加抗降解力。用甲醛处理可降低蛋白质在瘤胃的分解。

（2）粗蛋白的可溶性　各种饲料蛋白质在瘤胃中的降解速度和降解率不一样，蛋白质溶解性越高，降解越快，降解程度也越高。例如，尿素的降解率为100%，降解速度也最快，酶蛋白降解率90%，降解速度稍慢。植物饲料蛋白质的降解率变化较大，玉米40%，大多饲料可达80%。根据饲料蛋白质降解率的高低，可进一步将饲料分为低降解率饲料（<50%），如干草、玉米蛋白、高粱等；中降解率饲料（40%~70%），如啤酒糟、亚麻饼、棉籽饼等；高降解率饲料（>70%），如小麦麸、菜籽饼、花生饼、葵花饼、苜蓿青贮等。

（3）在瘤胃停留的时间　饲料蛋白在瘤胃中停留时间也影响蛋白质的降解率。饲料在瘤胃停留时间短，某些可溶性蛋白质也可躲避瘤胃的降解，如停留时间长，不易被降解的蛋白质也可能在瘤胃中大量降解。

（4）采食量　随着采食量的提高，日粮蛋白质在瘤胃的降解率显著降低。有试验表明，采食量高，葵花饼蛋白的降解率为72%；采食量低，为81%。

（5）稀释率　增加瘤胃液的稀释率，可提高反刍动物瘤胃蛋白流量，其中部分来自微生物蛋白，另一部分来自日粮非降解蛋白。饲喂碳酸氢钠或氯化钙，均可提高稀释率，促进蛋白质流入后消化道。

（6）饲喂次数　肉羊在低进食水平下，增加饲喂次数可提高瘤胃排出非降解蛋白质的比例。

（7）pH值　瘤胃pH值影响日粮蛋白质在瘤胃的降解率。提高采食量或增加日粮精粗比例，结果降低瘤胃液pH，偏离细菌适宜的作用范围，饲料蛋白质降解率低。而高粗料日粮，瘤胃pH值较高，饲料蛋白质降解率高。

（8）饲料的加工储存　饲料的各种物理和化学处理均可改变蛋白质在瘤胃的降解率。如加热、甲醛处理、包被等。以加热为例，随着加热温度的提高，降解蛋白下降，非降解蛋白增加，不能被动物利用的蛋白质质量也增加，所以供给小肠可消化吸收蛋白量则出现由少到多又到最少的变化趋势。

3. 肉羊氨基酸的营养需要

肉羊有9种必需氨基酸，包括赖氨酸、组氨酸、亮氨酸、异亮氨酸、蛋氨酸、苯丙氨酸、苏氨酸、色氨酸和缬氨酸。由于瘤胃发育不全，羔羊瘤胃内没有微生物或者微生物合成功能不完善，合成的氨基酸数量有限，至少需要补充9种氨基酸。随着前胃的发育成熟，对日粮中必需氨基酸的需要逐渐减少。而成年羊瘤胃功能发育完善，降解日粮和合成氨基酸的能力增强，一般无需由饲料提供必需氨基酸。肉羊小肠吸收的氨基酸来源四方面，瘤胃微生物蛋白质、过瘤胃蛋白质、过瘤胃氨基酸和内源氮。其中，瘤胃微生物蛋白和过瘤胃蛋白是主要来源。瘤胃微生物蛋白在小肠的消化率很高，几乎全部消化，而且氨基酸组成比较合理。

4. 肉羊能量需要特点

羊体所需要的能量主要来源于碳水化合物、脂肪和蛋白质三大类营养物质，最重要的能源是饲料碳水化合物（单糖、寡糖、淀粉、粗纤维等）在瘤胃的发酵产物——挥发性脂肪酸（VFA）中获得的，羊能量需要的70%以上是由VFA提供。蛋白质和氨基酸在动物体内代谢也可以提供能量，但是从资源的合理利用及经济效益考虑，用蛋白质作能源价值昂贵，并且产生过多的氨，对羊机体有害，不宜作为能源物质。因此在配制饲粮时尽可能通过碳水化合物提供能量。羊的能量评价体系常用代谢能（ME）表示。

碳水化合物在瘤胃内的降解分为两部分：第一部分是高分子碳水化合物降解为单糖；第

二部分是单糖进一步降解为 VFA，主要产物为乙酸、丙酸、丁酸、二氧化碳、甲烷和氢等。一般情况下 VFA 中三种酸的比例为：乙酸 50% ~ 65%，丙酸 18% ~ 25%，丁酸 12% ~ 30%。由于精饲料发酵产生的丙酸比例较高，而丙酸可以给羊提供较多的有效能，故有利于羊只的育肥生长。当饲粮的饲料组成发生变化时，瘤胃微生物的数量和种类也相应地发生变化。当饲粮由粗料型突然转变为精料型时，乳酸发酵菌不能很快地活跃起来将乳酸转化为丙酸，造成乳酸的蓄积，使瘤胃 pH 值降低，引起乳酸中毒，严重时可危及羊只生命。

5. 肉羊维生素营养特点

由于肉羊瘤胃微生物可以合成足量的 B 族维生素和维生素 K 来满足它们的需要，因此在饲料中不必添加 B 族维生素和维生素 K。一般牧草中含有大量维生素 D 的前体麦角胆固醇，麦角胆固醇在牧草晒制过程中，在日光照射下，由于紫外线的作用可转化为维生素 D，因此，放牧羊或饲喂青干草的舍饲羊一般不缺乏维生素 D。

另外瘤胃微生物和羊体本身都不能合成维生素 A，而且瘤胃微生物对饲料中维生素 A 还有一定的破坏作用。因此，通过饲料给羊补充维生素 A 的有效性还有待进一步研究。

6. 矿物质营养特点

各种矿物质营养是羊维持、生长所必需的营养物质，各种矿物质营养的缺乏或过量，轻则使生长发育受阻，重则导致疾病甚至死亡，如缺硒引起羔羊营养性白肌病，硒过量则可导致羊中毒。另外，矿物质元素又是瘤胃微生物的必需营养素，通过影响瘤胃微生物的生长代谢、生物量合成等间接影响羊的营养状况。比如硫是瘤胃微生物利用非蛋白氮合成微生物体蛋白的必需元素。最后，矿物质元素也是维持瘤胃内环境，尤其是 pH 和渗透压的重要物质。

（三）肉羊营养需要

肉羊在生长、繁殖和生产过程中，需要多种营养物质，包括：能量、蛋白质、矿物质、维生素和水。羊对这些营养物质的需要可分为维持需要和生产需要。维持需要是指羊为维持正常生理活动，体重不增不减，也不进行生产时所需的营养需要量。羊的生产需要指羊在进行生长、繁殖、泌乳和产毛时对营养物质的需要量。

目前关于杜寒杂交羊的育肥前期、育肥中期、育肥后期、妊娠期、哺乳期的营养需要，中国农业科学院饲料研究所刁其玉团队已经开展了深入的营养需要量研究工作，并取得了一定的成果，见附录一中的（四）。对于营养需要量等研究工作，主要包括比较屠宰法和析因法，饲料所反刍动物饲料创新团队实验室采用经典的比较屠宰法、碳氮平衡法分别结合物质消化代谢试验、呼吸代谢试验研究了杜寒杂交羊整个生理阶段营养需要，并取得了一定成果。

（1）肉羊干物质采食量　干物质是肉羊对所有固形物质养分需要的总称，肉羊干物质采食量占肉羊体重的 3% ~ 5%。其中干物质采食量受肉羊个体特点、饲料、饲喂方式以及外界环境因素的影响。

（2）能量需要和蛋白质需要　目前国内外主要应用的能量需要指标为代谢能和净能。英国与澳大利亚在评定绵羊饲料有效能时采用代谢能（ME）体系，法国则采用净能（NE）体系，美国同时采用 NE 和 ME 体系。在实践中，NE 不易被直接测定，但通过消化代谢和呼吸测热试验相结合则可准确测定 ME。

蛋白质需要量目前主要使用的指标有代谢蛋白（MP），国内外的绵羊饲养标准也均采用 MP 来表示。Ma 等以杜寒杂交肉羊为试验动物，通过标记法，研究得出杜寒杂交羊的 MP 需要量为：代谢蛋白质=0.27×粗蛋白质采食量（CPI）+49.88。

（3）矿物质营养需要　现已证明，至少 15 种矿物质元素是肉羊体所必需的，其中常量元素 7 种，包括钠、钾、钙、镁、氯、磷和硫；微量元素 8 种，包括碘、铁、钼、铜、钴、锰、锌和硒。肉羊需要多种矿物质，矿物质是组成肉羊机体不可缺少的部分，它参与肉羊的神经系统、肌肉系统、营养的消化、运输与代谢、体内酸碱平衡等活动，也是体内多种酶的重要组成部分和激活因子。矿物质营养缺乏或过量都会影响肉羊的生长发育、繁殖和生产性能，严重时导致死亡。

（4）维生素需要　维生素是肉羊生长发育、繁殖后代和维持生命所必需的重要营养物质，主要以辅酶和催化剂的形式广泛参与体内生化反应。维生素缺乏可引起机体代谢紊乱，影响动物健康和生产性能。

体内细胞一般不能合成维生素（维生素 C 和烟酸例外），羊瘤胃微生物能合成机体所需的 B 族维生素和维生素 K。迄今，至少有 15 种维生素为羊所必需。按照溶解性将其分为脂溶性维生素和水溶性维生素两大类。脂溶性维生素是指不溶于水，可溶于脂肪及其他脂溶性溶剂中的维生素。包括维生素 A（视黄醇）、维生素 D（麦角固醇 D_2 和胆钙化醇 D_3）、维生素 E（生育酚）和维生素 K（甲萘醌）。在消化道随脂肪一同被吸收，吸收的机制与脂肪相同，有利于脂肪吸收的条件，也有利于脂溶性维生素的吸收。水溶性维生素包括 B 族维生素和维生素 C。

（5）水的需要　肉羊对水的需要比对其他营养物质的需要更重要，一个饥饿羊可以失掉几乎全部脂肪、半数以上蛋白质和体重的 40%仍能生存，但失掉体重 1%~2%的水，即出现渴感，食欲减退。继续失水达体重 8%~10%，则引起代谢紊乱。失水达体重 20%，可使羊致死。

一般情况下，成年羊的需水量约为采食干物质的 2~3 倍，采食 1kg 干物质需供给 2.1kg 的水；当气温升高到 30℃以上时，采食 1kg 干物质需供给 2.8~5.1kg 水。但也受机体代谢水平、生理阶段、环境温度、体重、生产方向以及饲料组成等诸多因素的影响。

妊娠母羊随妊娠期的延长需水量增加，特别是在妊娠后期要保证充足干净的饮水，以保证顺利产羔和分娩后泌乳的需要。一般泌乳母羊每天需要 4.5~9.0kg 清洁饮水。肉羊饮水的水温不能超过 40℃，因为水温过高会造成瘤胃微生物的死亡，影响瘤胃的正常功能。在冬季，饮水温度不能低于 5℃，温度过低会抑制微生物活动，且为维持正常体温，动物必须消耗自身能量。

（四）肉羊饲料配制注意事项

目前我国肉羊产业发展为舍饲集约化养殖，在实际生产中，首先应满足羊只能量和蛋白质的需要。我国牧草资源丰富，可作为羊只饲粮来源也较多，因此，在配制饲粮时要考虑以下几点：一是必须满足肉羊正常生长的营养需要；二是结合当地主产饲料资源，饲料价格行情，合理挑选原料，并按要求配制，其中需要注意的是有些饲料原料有抗营养因子，应注意用量，其次，有些饲料原料含有有毒有害物质，比如棉籽粕中的棉酚含量较高，在应用时需注意使用量，同时最好做脱毒处理。在高温季节，羊只的采食量降低，为减轻发生热应激等风险，在配制饲粮时保证净能不变，降低其热增耗，在饲粮中应减少粗饲料含量，保证较高浓度的脂肪、蛋白质和合理的维生素含量，以平衡肉羊生理上的需要。为了降低热增耗的风险，也可以加入维生素 C、瘤胃素、无机磷、碘化酪蛋白等。在寒冷季节需要注意冷应激。主要措施是在日粮中添加能量含量较高的饲料，以保证肉羊能够获得更多的能量以满足机体额外的需要。

四、其他草食动物营养生理特点及营养需要

（一）兔营养特点

家兔消化道由前消化道和后消化道组成。前消化道由口腔、食管、胃、小肠（十二指肠、空肠、回肠）组成，后消化道由盲肠、结肠和直肠组成。兔是一种利用后肠（盲肠和结肠）发酵的草食动物。兔和其他食草动物都含有其特有的共生微生物群落（主要是拟杆菌属）。在兔上，微生物群落定殖在盲肠内。兔的盲肠比其他肠段膨大，并且形成了一个螺旋形物质充斥整个腹腔。盲肠的容量是胃容量的 10 倍，约为整个胃肠道的 40%。

粗饲料是家兔饲粮中需求量较大且不可或缺的营养源。饲粮纤维对维持兔肠道健康有着十分重要的作用，刺激肠道的运动（仅指可溶性纤维），减少皮毛咀嚼，并且防止肠炎。家兔对饲粮纤维水平较敏感，适宜的粗纤维水平可刺激肠道蠕动，增加消化液分泌，提高养分利用率，从而发挥最佳的生产性能。当饲粮粗纤维水平过高时，家兔胃肠道副交感神经兴奋性增强，引起肠道加速运动，使营养成分在消化道中存留时间过短，通过率升高，导致家兔对养分的吸收利用率大大降低。当饲粮粗纤维水平过低时，家兔正常的消化功能难以维持，影响养分的吸收率，以致影响家兔的生长发育。实践证明，粗饲料在兔料中的比例一般为 30%~50%。生长兔全价配合饲料中粗纤维水平一般为 140~180g/kg DM。兔肠道中的微生物能产生 VFA，就像反刍动物的瘤胃微生物一样，VFA 在兔的盲肠中是最主要的能源物质。研究表明，兔饲粮中粗纤维水平为 20%~25%或中性洗涤纤维水平在 32%~34% 时，才能保证兔的肠道健康。

肉兔是典型的高效节粮型家畜，它能有效地利用植物蛋白和粗纤维。家兔可采食青、干草及各种农副产品，不需要更多的粮食，即使工厂化养兔，全价饲粮中草粉也可占到 40%~50%。肉兔为单胃食草动物，具有发达的盲肠，有很强分解、消化粗纤维能力，对一般饲草中粗纤维消化率高达 14%。如果日粮中粗纤维含量太低，兔的正常消化功能就会受到扰乱，引起腹泻甚至死亡。但是，完全依靠青粗饲料并不能把兔养好，因为青粗饲料中营养浓度低，不能完全满足家兔对营养的需求，对其高产性能的发挥也不利。因此，肉兔的饲料应以青粗饲料为主，再根据生理阶段或生产需要，补给一定数量的精饲料，同时补充维生素和矿物质等营养物质。这样，既符合肉兔的消化生理特点，又能满足机体对营养物质的需求，还能合理地利用植物性粗饲料，降低饲料成本，提高经济效益。随着肉兔饲料营养需求研究的进步，目前肉兔养殖行业普遍使用两种结构类型的日粮，即全价饲料和青饲料加精料补充料。

这两种类型的日粮都能够满足兔子的采食特性和营养需求，而具体选用哪种日粮，则要根据实际情况而定。在饲草资源丰富，成本低廉的季节和地区，肉兔养殖应以青粗饲料为主，精饲料为辅，这样可以节约饲料，降低养殖成本；而在饲草资源缺乏的季节和地区以及大型现代集约化兔场，则可采用全价颗粒饲料，以满足兔子的采食需求，降低劳动量。在饲喂全价料的同时，给种兔补充少量青绿饲料，提高其繁殖性能。

肉兔具有杂食性，要求饲料多样化。肉兔是草食性小动物，具有耐粗饲、适应性强、生

长快等特点，属于杂食性动物。肉兔对食物具有明显的偏好性，为改善饲料的适口性，减少浪费，提高消化率，要针对不同饲料原料的特点，进行适当的加工调制。肉兔生长快、繁殖力高、体内代谢旺盛，需要从饲料中获得多种养分才能满足其需要。各种饲料所含的养分的质和量都不相同，需多种饲料合理搭配，实现饲料多样化，可使各种养分互补，以满足兔对各种营养物质的需要，获得全价营养。

（二）鹅的营养特点

鹅也属于草食动物。鹅的喙长且扁平，边缘粗糙，有细的角质化嚼缘，能帮助截断青粗饲料。鹅的食管膨大部较宽，且有弹性，其利用纤维类饲料的能力较强。肌胃肌肉发达，收缩力较大，内含沙砾可以机械研磨饲料，在酸性环境中更有利于纤维类饲料的初步消化。鹅的盲肠主要通过微生物的发酵作用产生 VFA，消化饲料。鹅的盲肠较小，不能提供较好的粗纤维发酵场所。鹅在传统上是以采食青粗饲料为主的水禽，具有耐粗饲、抗逆性强的特点，能利用大量的粗纤维饲料。适量的粗纤维可以改善鹅的日粮结构、增加日粮容积，使胃肠道内食糜有一定的空间，同时可刺激胃肠蠕动、加速食糜的排空速度。

目前，国内尚未制定鹅营养需要量标准。能量是鹅生长发育所必需的最重要营养素之一。鹅的一切生理过程，包括呼吸、循环、摄食、消化、吸收、排泄、代谢、体温调节、运动和生产鹅产品等都需要能量。饲粮中能量含量能否满足需要直接影响鹅生长发育、采食量、饲料效率及胴体组成。目前普遍使用表观代谢能来评价饲料的能量营养价值和测定鹅饲粮能量需要量。蛋白质是构成鹅各种组织器官、酶、激素等的原料之一。蛋白质关系到整个新陈代谢的正常进行，是维持鹅生命和进行生产所必需的营养物质。不同鹅品种，生长潜力和生长规律不同，对饲粮蛋白质需要量有较大差异，饲养方式（公母混养和公母分饲）和判定指标也影响鹅饲粮蛋白质需要量研究结果。因此，在实际生产中，应根据上述因素适当调整饲粮蛋白质水平，以获得最佳饲养效果。

当进行鹅的饲粮配制时，注意选用饲料要经济合理，在能满足鹅营养需要的前提下，应当尽量降低饲料费用。为此，应当充分利用本地的饲料资源。日粮的主要原料必须丰富，要充分发挥当地优势，同时应当考虑经济的原则，尽量选用营养丰富而价格低廉的饲料进行配合。

第四节　水产动物的营养特点及营养需要

一、配合饲料在水产养殖中的重要作用

配合饲料是根据动物的营养需要，按照饲料配方，将多种原料按一定比例均匀混合，经适当的加工而成的具有一定形状的饲料。不同的养殖对象、或同一养殖对象的不同发育阶段及不同的养殖方式，配合饲料的配方、营养成分、加工成的物理形状和规格都可能不同。

配合饲料在水产养殖业的发展中起着重要作用。在养殖成本中，配合饲料的费用应控制在总成本的 60%~70%或更低。要获得优质的水产品和良好的养殖效益，除控制水环境、选择优良养殖品种、实行科学饲养管理外，应用优质配合饲料是一个重要因素。营养与饲料学在现代动物生产中的科技贡献率仅次于遗传育种，居第二位。可以说，没有现代的饲料工业，就不会有现代化的水产养殖业。生产实践证明：配合饲料与生鲜饲料或单一的饲料原料

相比有如下优点。

1. 扩大了原料来源

配合饲料除可采用粮食、饼粕、糠麸和鱼粉等原料外，还可因地制宜、经济合理地利用屠宰场、肉联厂、水产品加工厂的下脚料以及酿造、食品、制糖等工业的副产品。

2. 提高了饲料利用效率

配合饲料是按照鱼虾的种类、不同生长阶段的营养需要及其消化生理特点等配制的，营养全面，而且在加工中经过调质、熟化等工艺，提高了饲料适口性、可易于消化和水稳定性，从而提高了饲料利用效率。

3. 减少鱼病且便于防病

配合饲料营养全面，可增强鱼体体质。加工能除去毒素，杀灭病菌和寄生虫卵，减少由饲料引起的疾病。还可在配合饲料中添加防治鱼病的药物，便于防治鱼病。

4. 减少养殖活动对水环境的污染

配合饲料耐水性好，饲料利用效率高，获得相同水产品时投饲量少、输入水域的有机物也较少，从而减少了对水质的污染。

5. 便于集约化经营

配合饲料可以预贮原料，保障供给，增强生产的计划性，保证渔场集约化养殖需要。饲料成型好、体积小、含水少、便于运输和储存。水产养殖者还可采用机械化投饲，提高劳动生产率，从而提高经济效益。

对鱼、虾等水产动物来说，单一的饲料原料常不能满足其营养需要。因此，必须采用科学方法把多种原料配合起来，使营养物质得以相互补充。生产实践证明，只有通过饲料原料的科学搭配，才能得到营养物质数量足够、营养平衡、适口性好的配合饲料。设计科学合理的鱼虾类配合饲料配方，必须研究鱼、虾类的营养生理，以确定与生产水平相适应的营养标准。研究鱼、虾饲料原料的特点，以确定各种饲料的营养价值。还要考虑饲料资源状况、价格成本及其稳定供应的可能性。饲料配方设计的目的是：合理选用原料，科学配比，生产出成本低、质量好的配合饲料，以用于养殖生产，获取最大的经济效益和环境效益。

二、水产动物营养生理特点

因为水生动物与畜禽的生活环境不同，所以它们有着显著不同的营养学特征，对饲料营养成分的组成要求也不同。水产养殖动物多为变温动物，不需要耗能来维持体温。而且，它们在水中，由于水的浮力，需要较少能量用于运动和维持在水层中的位置，因此其耗能较少。鱼类所需能量为陆上动物的 $50\% \sim 67\%$。正是由于水的浮力，水生生物不需要有像陆生动物一样坚硬的骨骼，所以，对钙、磷的需要量比陆生动物低。此外，水生动物能从水中直接吸收一部分无机盐，而畜禽的无机盐完全来自饲料。

鱼、虾类在配合饲料中需要更多的蛋白质，一般认为其蛋白质需要量为畜、禽的 $2 \sim 4$ 倍。但是，由于水产动物对蛋白质的代谢产物是氨，而不像畜、禽的是尿素和尿酸，所以水产动物蛋白质代谢的能量消耗低于畜、禽，因此蛋白质转化率比后者高。鱼虾类对饲料中的晶体氨基酸不能像畜、禽那样很好地利用。鱼类对羟基蛋氨酸的利用率只相当于 L-蛋氨酸的 20%，而畜、禽为 80%。

鱼、虾类不能有效地利用无氮浸出物，其原因是：① 鱼、虾类消化道的淀粉酶活性低；

② 畜、禽类红肌与白肌之比大于鱼、虾，红肌己糖激酶活性高于白肌，故畜、禽类对糖的代谢大于鱼、虾；③ 鱼、虾体内调节血糖的胰岛素分泌很少，或者分泌不同步，或者胰岛素受体分泌不足，过量的糖类会影响鱼、虾的生长，温水性鱼类饲料中最适无氮浸出物为30%，对虾不超过 26%。

对必需脂肪酸的需要，鱼、虾类与畜、禽不同，畜、禽需要的必需脂肪酸主要是 n-6 系列脂肪酸，如亚油酸、花生四烯酸；而鱼、虾类主要需要 n-3 系列的多不饱和脂肪酸，如亚麻酸、二十碳五烯酸、二十二碳六烯酸。甲壳类还需要由饲料提供磷脂和胆固醇。

鱼、虾类需要的 15 种维生素与畜、禽的相同，但各种维生素的重要性和需要量不同。一般地，水产养殖动物自身不能合成维生素 C，饲料中必须添加充足的维生素 C，而畜、禽自身能合成足够的维生素 C，不必在饲料中添加。鱼、虾类肠道细菌种类和数量少，肠道微生物合成的维生素也少。鱼、虾类饵料中蛋白质、脂肪含量较高，维生素 B_6、烟酰胺、维生素 E 的需要量较畜、禽要多。鱼虾类能有效地从水中吸收钙，因而对维生素 D 的需要不如畜、禽敏感。

对于畜牧业来说，饲喂的食物称为饲料，水产习惯上称之为饵料。无论渔用配合饲料还是畜、禽配合饲料，都需要营养全面，完全符合饲养动物的营养需要。畜、禽配合饲料多为粉料，也可制成颗粒料，如鸡饲料，做成颗粒状则可避免散失，节约饲料。渔用配合饲料则一般做成颗粒料（如一般的鱼、虾、蟹饲料），或糜状饲料（如鳗、鳖饲料），或粉状饲料（如海参、滤食性贝类和滤食性鱼类饲料）。

渔用配合饲料与畜禽配合饲料在安全卫生方面的要求基本一致，都要求脂肪不氧化，不含黄曲霉毒素，不含致病菌，霉菌和细菌数控制在一定范围内；汞、铅、镉等重金属及砷要符合卫生标准；物理指标上都要求不发霉变质，无结块及异味、异嗅，色泽大小一致，混合均匀度高（变异系数≤10%）。

水产动物和畜禽由于栖息环境不同，对配合饲料营养组成与物理特征的要求也不同，其主要不同之处如下。

1. 原料粉碎粒度

畜、禽饲料原料的粉碎细度要求全部通过 8 目，16 目筛上物不得大于 20%，而水产饲料则一般要求原料粉碎达 60~100 目，视不同养殖对象和不同生长期而异。如果是用于育苗期的饲料，粉碎细度要求更高。这是由于畜、禽与水产动物的消化系统的大小、结构和消化能力不同所致。

2. 水稳定性

畜、禽生活在陆上，其配合饲料对水稳定性无要求，鱼、虾生活在水中，配合饲料应维持在水中不溃散，且要求减少溶失率。为此，鱼、虾配合饲料中需加黏合剂，或采用后熟化或膨化工艺，使配合饲料能在水中维持数小时不溃散。

3. 饲料形状

畜、禽饲料一般为粉状，虽也有为了节约饲料而制成颗粒状，但并非必须。而鱼为吞食，虾、蟹为抱食，因此必须制成颗粒状，鲍利用齿舌刮食，要求把饲料制成片状。鳖、鳗鲡等饲料较特殊，一般为粉状，使用时再制成糜状团块，当然也可以制作成颗粒状，通过驯化也可以取得很好的效果。

三、水产动物营养需求特点

我国经过多年研究，已取得了养殖鱼类，如草鱼、团头鲂、鲤鱼、青鱼、罗非鱼、大黄鱼、鲈等营养需要量的初步研究结果，并提出了这些鱼类营养需要量和饲料标准的推荐值。一般地说，草食性鱼类如草鱼和团头鲂等对蛋白质的需求量较低，杂食性鱼类如鲫、鲤、罗非鱼、淡水白鲳等对蛋白质的需求量较高，肉食性鱼类如青鱼、鳗、大口鲇、虹鳟、大西洋鲑、鳜、大黄鱼、鲈、石斑鱼等对蛋白质的需求量最高。

生产实践中，当缺乏某些养殖鱼类的营养需要量数据时，可用经慎重推测的数据代替。自然条件下，几乎所有鱼类的稚鱼都以浮游动物和小型底栖无脊椎动物为食，这些食物蛋白质和脂肪含量高、碳水化合物少、几乎不含纤维素。而成鱼的食性由其结构机能特征（主要是消化系统）和生活环境条件（主要是食物基础）共同决定。不同鱼类的食性往往有很大的不同。人工养殖中，配合饲料实际上是对天然食料的模仿，因此，鱼类的饲料配方应以其食性为基础，尽可能地模拟天然食料的营养指标，选择与其食性相适应的原料。

（一）草食性鱼类

草鱼是最典型的草食性鱼类。草鱼对饲料中的粗纤维耐受力比其他鱼类高，并能较好地利用植物性蛋白质和碳水化合物，池养的草鱼可以青饲料为主、配合饲料为辅。因此，原料可以植物性原料为主，动植物蛋白比以 1：（5~8）为宜。草鱼对饲料的营养水平要求一般不高，小鱼的蛋白质需求量一般在 25%~28%，成鱼 20%~25%。因草鱼疾病相对较多，饲料的设计应加强对疾病的预防。

（二）杂食性鱼类

鲤是典型的杂食性鱼类，能较好地利用动、植物蛋白源。从营养和经济角度考虑，动、植物蛋白比以 1：（4~6）为宜。成鱼饲料的蛋白质含量一般在 27%以上。罗非鱼对饲料蛋白质水平的要求介于草鱼和鲤鱼之间，但对磷等无机盐的要求高。胡子鲇（塘虱）是一种以动物性食物为主的杂食性鱼类。

（三）肉食性鱼类

青鱼是以大型底栖动物为食的肉食性鱼类，饲料的营养水平高于鲤鱼等杂食性鱼类，低于鳗等典型的肉食性鱼类。饲料原料应以动物性蛋白源为主、植物性原料为辅。动物性原料有鱼粉、动物内脏粉、贻贝粉、蚕蛹粉和血粉等。植物性原料主要是饼粕、玉米和小麦蛋白等。此外，酵母也是很好的蛋白原料。鳗鲡喜食有黏弹性的饲料，所以其饲料中含有较多的 α-淀粉以增强其黏弹性。成鱼饲料蛋白质一般要求 45%以上。虹鳟能很好地利用高质量的颗粒饲料，饲料蛋白质要求 40%~50%。对动物蛋白消化率达 90%以上，对脂肪消化率 85%以上。肉食性鱼类对脂肪的需要量较高，一般 10%~15%，冷水性的鲑鳟鱼类配方脂肪含量可高达 35%。饲料加工、保存必须添加抗氧化剂。

（四）虾

虾饲料与鱼饲料相比有一些特殊性，配方设计至少应考虑以下几方面：① 蛋白质含量高，有良好的诱食性。② 有利于虾类蜕壳及生长。③ 适当添加磷脂和胆固醇。④ 要有较高的加工质量，在水中有很好的稳定性。

参考文献

[1] 曹志军，史海涛，李德发，等．中国反刍动物饲料营养价值评定研究进展［J］．草业学报，2015，24（3）：1-19.

[2] 刁其玉，张乃锋．舍饲养羊的饲料配制和饲养管理技术［J］．农村科技，2005（2）：23-24.

[3] 刁其玉．动物氨基酸营养与饲料［M］．北京：化学工业出版社，2007.

[4] 刁其玉．牛羊饲料配方技术问答［M］．北京：中国农业科技出版社，2000.

[5] 刁其玉．肉羊饲养实用技术［M］．北京：中国农业科学技术出版社，2015.

[6] 符林升，熊本海，高华杰．猪饲料营养价值评定及营养需要的研究进展［J］．中国饲料，2009（10）：34-39.

[7] 高春起，黎相广，范宏博，等．猪氨基酸营养最新研究进展［J］．饲料工业，2016（6）：38-42.

[8] 韩友文．饲料与饲料学［M］．北京：中国农业出版社，1997.

[9] 侯广田．肉羊高效养殖配套技术［M］．北京：中国农业科学技术出版社，2013.

[10] 惠小双．发酵玉米秸秆饲料对育肥羊氮，碳及能量代谢影响的研究［D］．保定：河北农业大学，2013.

[11] 李德发．猪的营养［M］．北京：中国农业科学技术出版社，2003：43-63.

[12] 林厦菁，蒋守群，丁发源，等．1~21日龄快大型黄羽肉鸡低蛋白质饲粮氨基酸平衡模式［J］．动物营养学报，2014，26（9）：2 542-2 552.

[13] 刘庚，武书庚，计峰，等．30~38周龄产蛋鸡理想氨基酸模式的研究［J］．动物营养学报，2012，24（8）：1 447-1 458.

[14] 刘伟，廖瑞波，闫海洁，等．家禽净能的测定方法，影响其测定的因素及研究现状［J］．动物营养学报，2015，27（12）：3 655-3 662.

[15] 刘文斐，刘伟龙，占秀安，等．不同形式蛋氨酸对肉种鸡生产性能，免疫指标及抗氧化功能的影响［J］．动物营养学报，2013，25（9）：2118-2125.

[16] 卢德勋．系统动物营养学导论［M］．北京：中国农业出版社，2004.

[17] 罗海玲．羊常用饲料及饲料配方［M］．北京：中国农业出版社，2004.

[18] 麦康森，主编．水产动物营养与饲料学［M］．北京：中国农业出版社，2011.

[19] 倪兴军．养羊与羊病防治［M］．重庆：重庆大学出版社，2015.

[20] 齐广海，岳洪源，武书庚，等．蛋鸡氨基酸营养的研究进展［J］．动物营养学报，2014，26（10）：3 108-3 113.

[21] 曲志涛．粗饲料组成和生产水平对羊草净能的影响及不同品种玉米净能值的测定［J］．哈尔滨：东北农业大学，2012.

[22] 宋巧燕，夏先林，熊光源，等．日粮中添加氨基酸对黔东南小香鸡生长和屠宰性能的影响［J］．贵州农业科学，2011，39（8）：143-145.

[23] 王成章．饲料学［M］．北京：中国农业出版社，2011.

[24] 王海荣．饲料配方设计［M］．呼和浩特：内蒙古农业大学，2013.

[25] 王洪荣．生长绵羊限制性氨基酸和理想氨基酸模式的研究［D］．呼和浩特：内蒙古农牧学院，1998.

[26] 王会群，朱魁元，张丽，等．动物饲养标准概述［J］．饲料博览，2010（3）：16-18.

[27] 王金文．绵羊肥羔生产［M］．北京：中国农业大学出版社，2008.

[28]　王钰明，赵峰，张虎，等．仿生消化法评定猪饲料营养价值的研究进展［J］．动物营养学报，2016，28：1 324-1 331.

[29]　吴仙，宋巧燕，朱丽莉，等．黔东南小香鸡肉鸡蛋白质氨基酸模式研究［J］．饲料工业，2014，35（10）：39-43.

[30]　席鹏彬，林映才，蒋守群，等．饲粮蛋氨酸水平对43~63日龄黄羽肉鸡生长性能，胴体品质，羽毛蛋白质沉积和肉质的影响［J］．动物营养学报，2011，23（2）：210-218.

[31]　席鹏彬，林映才，郑春田，等．0~21和22~42日龄黄羽肉鸡可消化蛋氨酸需要量的研究［J］．中国畜牧杂志，2010（23）：31-35.

[32]　席鹏彬，林映才，郑春田，等．饲粮色氨酸水平对1~21日龄黄羽肉鸡生长，体成分沉积及下丘脑5羟色胺的影响［J］．动物营养学报，2011，23（1）：43-52.

[33]　杨兵，夏先林，吴文旋．不同水平的氨基酸对小香鸡免疫性能与抗氧化性能的影响［J］．江西农业学报，2011（8）：158-160.

[34]　杨凤．动物营养学［M］．北京：中国农业出版社，2001.

[35]　杨红建．肉牛和肉用羊饲养标准起草与制定研究［D］．北京：中国农业科学院，2003，1.

[36]　张亚一，周丽丽，马冬梅，等．肉牛饲养标准在生产中的应用—肉牛日粮配合［J］．饲料研究，2013（7）：43-46.

[37]　张玉，时丽华．肉羊高效配套生产技术［M］．中国农业大学出版社，2005.

[38]　中华人民共和国农业行业标准，奶牛饲养标准，NY/T34—2004.

[39]　中华人民共和国农业行业标准，肉牛饲养标准，NY/T815—2004.

[40]　中华人民共和国农业行业标准，肉羊饲养标准，NY/T816—2004.

[41]　AFRC, 1993. Energy and Protein Requirements of Ruminants. An advisory manual prepared by the AFRC technical committee on responses to nutrients. CAB International, Wallingford, UK.

[42]　AFRC. 1993. Nutritive requirements of ruminant animals: protein. Nutrition Abstracts and Reviews 62B [M]. Slough, UK: Commonwealth Agricultural Bureaux. pp. 787-835.

[43]　ARC. 1981. The nutrient requirements of pigs. Commonwealth Agricultural Bureau, Farnham Royal, UK.

[44]　CSIRO, 2007. Nutrient Requirements of Domesticated Ruminants. CSIRO Publishing, Collingwood, Australia.

[45]　Deng, K. -D., Diao, Q. -Y., Jiang, C. -G., Tu, Y., Zhang, N. -F., Liu, J., Ma, T., Zhao, Y. -G., Xu, G. -S., 2012. Energy requirements for maintenance and growth of Dorper crossbred ram lambs. Livest. Sci. 150, 102-110.

[46]　Deng, K. -D., Jiang, C. -G., Tu, Y., Zhang, N. -F., Liu, J., Ma, T., Zhao, Y. -G., Xu, G. - S., Diao, Q. - Y., 2014. Energy requirements of Dorper crossbred ewe lambs. J. Anim. Sci. 92, 2161-2169.

[47]　Ma, T., Deng, K. -D., Y. -Tu., Zhang, N. -F., Jiang, C. -G., J. -Liu., Y. -G. Zhao., Q. -Y. Diao., 2015. Effect of feed intake on metabolizable protein supply in dorper × thin-tailed han crossbred lambs. Small Rumin Res. 132, 133-136.

[48]　NRC, 2007. Nutrient Requirements of Small Ruminants: Sheep, Goats, Cervids, and New World Camelids. National Academy Press, Washington, DC.

[49]　NRC. 2007. Nutrient requirements of small ruminants: sheep, goats, cervids and new world camelids [M]. Washington D. C. National Academy Press. p. 384.

[50]　NRC. 2012. Nutrient requirements of Swine. 11 th ed. Natl. Acad. Press, Washington, DC.

[51]　Ravindran V. Standardised ileal digestibility [EB/OL]. http://www.thepoultrysite.com/articles /317/standardised-ileal-digestibility, 2005.

[52]　Seal C J, Parker D S. Effect of intraruminal propionic acid infusion on metabolism of mesenteric -and

portal-drained viscera in growing steers fed a forage diet: I. Volatile fatty acids, glucose, and lactate [J]. Journal of animal science, 1994, 72 (5): 1 325-1 334.

[53] Stein H H, Pedersen C, Wirt A R, et al. Additivity of values for apparent and standardized ileal digestibility of amino acids in mixed diets fed to growing pigs [J]. Journal of animal science, 2005, 83 (10): 2 387-2 395.

[54] Vandergrift W L, Knabe D A, Tanksley T D, et al. Digestibility of nutrients in raw and heated soy-flakes for pigs [J]. Journal of Animal Science, 1983, 57 (5): 1 215-1 224.

[55] Xu, G.-S., Diao, Q.-Y., JI, S.-k., Deng, K.-D., Jiang, C.-G., Tu, Y., ZHAO. Y.-G., MA. T., LOU. C., 2012. Effects of Different Feeding Levels on Growth Performance, Slaughter Performance and Organ Indexes of Mutton Sheep. CHN J Anim Nutr. 24, 953-960.

[56] Xu, G.-S., Ma, T., Ji, S.-K., Deng, K.-D., Tu, Y., Jiang, C.-G., Diao, Q.-Y., 2015. Energyrequirements for maintenance and growth of early-weaned Dorper crossbred male lambs. Livest. Sci. 177, 71-78.

第五章 饲料原料基础知识

饲料原料是饲料配方的主要素材之一。饲料是指在合理饲喂条件下，能对畜禽和水产动物提供营养物质，调控生理机制、改善动物产品品质，且不产生有毒、有害作用的物质。随着现代饲料学的发展，新型饲料资源的开发，饲料的种类越来越多，因此，各国根据饲料来源、形态、饲用价值等习惯分类法将饲料进行了分类。国际饲料分类法是根据饲料的营养特性，将饲料分成八大类，对每类饲料冠以相应的国际饲料编号（IFN），并应用计算机技术建立国际饲料数据库管理系统，该分类系统在国际上有近 30 个国家采用或赞同。中国饲料数据库情报网中心（1987）根据国际饲料分类原则并与我国传统饲料分类原则相结合，建立了中国饲料数据库管理系统及分类方法，将中国饲料分为 17 亚类，并对每类饲料冠以相应的中国饲料编码（CFN）。

第一节 饲料原料的概念及分类

一、饲料的概念

通常所说的饲料是指自然界天然存在的、含有能够满足各种用途动物所需要的营养成分的可食成分。中华人民共和国国家标准《饲料工业通用术语》对饲料的定义为：能提供饲养动物所需的养分，保证健康，促进生长和生产，且在合理使用下不发生有害作用的可饲物质。

二、国际饲料分类法

美国学者 L. E. Haris 根据饲料原料的营养特性，将饲料原料分为八类，并对每类饲料冠以相应的国际饲料编号（international feeds number，IFN），编码（为六位数，编码分为三节，表示成△，△△，△△△）代表每种饲料原料的全名称。

（一）粗饲料

粗饲料（roughage）是指饲料干物质中粗纤维含量大于或等于 18%，天然水分含量低于 60%，以风干物为饲喂形式的饲料，如干草类、农作物秸秆等。IFN 为 1-00-000。

（二）青绿饲料

青绿饲料（pasture range plans and forage fed fresh）是指天然水分含量在 60% 以上的青绿牧草、饲用作物、树叶类及非淀粉的根茎、瓜果类。IFN 为 2-00-000。

（三）青贮饲料

青贮饲料（silage）是指以天然新鲜青绿植物性饲料为原料，在厌氧条件下，经过以乳酸菌为主的微生物发酵制成的饲料，具有青绿多汁的特点，如玉米秸秆青贮。IFN 为3-00-000。

（四）能量饲料

能量饲料（energy feed）是指饲料干物质中粗蛋白质含量小于20%，且粗纤维含量不高于18%的饲料。如谷实类、麸皮、淀粉质的根茎、瓜果类。IFN 为4-00-000。

（五）蛋白质补充料

蛋白质补充料（protein supplement）是指饲料干物质中粗蛋白质含量大于或等于20%，且粗纤维含量小于18%的饲料，如鱼粉、豆饼（粕）、菜籽饼（粕）以及人工合成的氨基酸和饲用尿素等。IFN 为5-00-000。

（六）矿物质饲料

矿物质饲料（mineral supplement）是指可以供饲用的天然矿物质、化工合成或经特殊加工的无机饲料原料。如沸石粉、膨润土、石灰粉、大理石等。IFN 为6-00-000。

（七）维生素饲料

维生素饲料（vitamin supplement）是指由化工合成或提取的单一种或复合维生素，但不包括富含维生素的天然饲料在内。IFN 为7-00-000。

（八）饲料添加剂

饲料添加剂（feed additive）是指为了改善饲料品质，促进营养物质的消化吸收，利于动物生长和繁殖，保障动物健康而向饲料中加入的少量或微量物质，但不包括矿物元素、维生素、氨基酸等营养物质添加剂。IFN 为6-00-000。

三、中国饲料分类法

中国饲料分类法首先按国际饲料分类原则将饲料分成八大类，再结合中国传统分类习惯分为十七亚类，对每类饲料冠以相应编号（feed number of china，CFN），第一位 IFN，第二位和第三位为 CFN 亚类编号，第四至六位为顺序号。编码分为三节，表示为 △-△△-△△△。

（一）青绿饲料

是指天然水分含量大于或等于45%的栽培牧草、草地牧草，以及部分未完全成熟的谷物植株等。CFN 为2-01-0000。

（二）树叶类饲料

树叶类（leave）包括两种类型，一种是刚采摘的新鲜树叶，饲用时的天然水分含量大于45%，属于青绿饲料，CFN 为 2-02-0000；另一种是采摘的树叶风干后饲喂，干物质中粗纤维含量大于或等于18%，属于粗饲料，CFN 为 1-02-0000。

（三）青贮饲料

青贮饲料有三种类型：其一是由新鲜的植物性饲料调制成的青贮饲料，其含水量在65%～75%；其二是低水分青贮饲料（low moisture silage），亦称半干青贮饲料（haylage），是用天然水分含量为45%～55%的半干青绿植株调制而成，这两类的 CFN 为 3-03-0000；其三是谷物青贮（grain silage），是以新鲜高水分的玉米籽实为主要原料直接贮于密闭的青贮设备中发酵而成，其含水量在28%～35%。根据其营养成分属于能量饲料，而从调制方法分析又属于青贮饲料。CFN 为 4-03-0000。

（四）块根、块茎、瓜果类饲料

是指天然水分含量大于或等于45%的块根（root）、块茎（tuber）、瓜（gousd）、果（fruit）类，如胡萝卜、饲用甜菜等。CFN 为 2-04-0000。

（五）干草类饲料

甘草类（hay）饲料是指人工栽培野生牧草的脱水或风干物，其含水量在15%以下。水分含量15%～25%的干草压块也属于此类。有三种类型，第一类是干物质中粗纤维含量大于或等于18%，属于粗饲料，CFN 为 1-05-0000；第二类是干物质中粗纤维含量小于18%，且粗蛋白质含量小于20%，国际饲料分类属于能量饲料，CFN 为 4-05-0000；第三类是干物质中粗纤维含量低于18%，且粗蛋白质含量大于或等于20%，属于蛋白质饲料，CFN 为5-05-0000。

（六）农副产品类

农副产品类（agricultural by-product）有三种类型：第一类是干物质中粗纤维含量大于或等于18%，国际饲料分类属于粗饲料，CFN 为 1-06-0000；第二类是干物质中粗纤维含量小于18%，粗蛋白质含量小于20%，属于能量饲料，CFN 为 4-06-0000；第三类是干物质中粗纤维含量小于18%，粗蛋白质含量大于或等于20%，属于蛋白质饲料，CFN 为5-06-0000。

（七）谷实类饲料

谷实类饲料（cereals grain）是指干物质中粗纤维含量低于18%，粗蛋白质含量小于20%，属于能量饲料，CFN 为 4-07-0000。

（八）糠麸类饲料

糠麸类饲料（miling by-product）包括两种类型：第一类是饲料干物质中粗纤维含量小于18%，粗蛋白质含量小于20%，如麦麸、米糠、玉米皮等，属于能量饲料，CFN 为 4-08-0000；第二类是干物质中粗纤维的含量大于18%，如统糠、生谷机糠等，属于粗饲料，CFN 为 1-08-0000。

（九）豆类饲料

豆类饲料（beans）有两种类型：第一种类型中豆类籽实干物质中粗蛋白含量大于或等于 20%，粗纤维含量低于 18%，属于蛋白质饲料，如黑豆、大豆等，CFN 为 5-09-0000；第二类型豆类籽实中粗蛋白质含量低于 20%，属于能量饲料，CFN 为 4-09-0000。

（十）饼粕类饲料

饼（cake）、粕（meal）类饲料有三种类型，第一种是干物质中粗蛋白质大于或等于 20%，粗纤维小于 18%，为蛋白质饲料，大部分饼粕属于此类，CFN 为 5-10-0000；第二种是干物质中粗纤维含量大于或等于 18%，属于粗饲料类，如含壳量多的葵花籽饼，CFN 为 1-10-0000；第三种是干物质中粗蛋白质含量小于 20%，粗纤维含量小于 18%，如米糠饼等，属于能量饲料，CFN 为 4-08-0000。

（十一）糟渣类饲料

糟渣类饲料（distillers dried grain soluble，DDGS）有三种类型：第一种是干物质中粗纤维含量大于或等于 18%，属于粗饲料，CFN 为 1-11-0000；第二种干物质中粗蛋白质含量低于 20%，粗纤维含量低于 18%，如优质粉渣、醋渣、酒渣等，属于能量饲料，CFN 为 4-12-0000；第三种是干物质中粗纤维含量小于 18%，粗蛋白含量大于或等于 20%，属于蛋白质饲料，CFN 为 5-12-0000。

（十二）草籽树实类饲料

菜籽树实类饲料（seed of grass and tree）有三种类型：第一种干物质中粗纤维含量大于或等于 18%，属于粗饲料，如灰菜籽等，CFN 为 1-12-0000；第二类干物质含量中粗纤维含量小于 18%，粗蛋白质含量小于 20%，属于能量饲料，如椑草籽等，CFN 为 4-12-0000；第三类干物质中粗蛋白质含量大于或等于 20%，粗纤维含量小于 18%，属于蛋白质饲料，较少见，CFN 为 5-12-0000。

（十三）动物性饲料

动物性饲料（feed of animal sources）有三种类型，均来源于渔业、畜牧业的动物性产品及其加工副产品，第一种干物质中粗蛋白质含量大于或等于 20%，属于蛋白质饲料，如鱼粉、动物血、蚕蛹等，CFN 为 5-13-0000；第二种干物质中粗蛋白质含量小于 20%，粗灰分含量较低的动物油脂，属于能量饲料，如牛脂等，CFN 为 4-13-0000；第三种干物质中粗蛋白质含量小于 20%，粗脂肪含量也较低，以补充钙磷为目的者，属于矿物质饲料，如骨粉、贝壳粉等，CFN 为 6-13-0000。

（十四）矿物质饲料

矿物质饲料指可供饲用的天然矿物质，如石灰粉等；化工合成的无机盐类，如硫酸铜、硫酸锌等及有机配位体与金属离子的螯合物，如蛋氨酸锌、酵母铁等有机化合物，CFN 为 6-14-0000。来源于动物性饲料的矿物质也属于此类，如骨粉、贝壳粉等，CFN 为 6-13-0000。

（十五）维生素饲料

维生素饲料指由工业合成或提取的单一或复合维生素制剂，如硫胺素、核黄素、胆碱、维生素 A、维生素 D 等，但不包括富含维生素的天然青绿多汁饲料，CFN 为 7-15-0000。

（十六）饲料添加剂

饲料添加剂是为了补充营养物质，保证或改善饲料品质，防止质量下降，促进动物生长繁殖，保证动物健康而掺入饲料中的少量或微量营养性及非营养性物质。有两种类型：第一种是营养性添加剂，如用于补充氨基酸的工业合成赖氨酸、蛋氨酸等，CFN 为 5-16-0000；第二种是非营养性添加剂，如生长促进剂、饲料防腐剂、饲料黏合剂、驱虫保健剂等，CFN 为 8-16-0000。

（十七）油脂类饲料及其他

油脂类饲料（oil fat for feed）是以补充能量为目的，用各种动物、植物或其他有机物质为原料经压榨、浸提等工艺制成的饲料，属于能量饲料，CFN 为 4-17-0000。

第二节　常规饲料原料的关键化验指标

饲料常规成分检验是指对饲料中水分、粗脂肪、粗纤维、粗蛋白质、粗灰分、无氮浸出物等的测定。这些成分含量一般较高，分析方法简单。这些成分含量与饲料的营养价值及其质量密切相关，因此将这些饲料成分的检验规定为饲料原料必检的项目。

一、水分

水是生命体不可缺少的物质，是一种无机物质，水的各种不同的理化性质，使其承担着多种关键的机体功能，其中包括：帮助消化、运输营养、排泄废物、润滑关节、平衡体温、维护细胞等。所以如果要评价饲料营养价值，第一步必须测定饲料中水分含量。不同化合物或饲料的水分含量测定需要不同的分析技术。一般依据以下几点：① 是否有挥发性物质存在？② 成分变成棕色的可能性如何？③ 是否需要低温真空？④ 某些化合物是否可起化学变化，如糖类。水分的分析方法有多种，如加热干燥法、蒸馏法、近红外分光光度法、气相色谱法和核磁共振法等。

二、粗蛋白质

蛋白质是饲料的重要营养指标，也是配合饲料的重要组成部分。仅有氨基酸构成的蛋白质称为纯蛋白质，如清蛋白、球蛋白。饲料中的粗蛋白质是由纯蛋白质与非蛋白质含氮物（游离氨基酸、硝酸盐、氨等）组成。

测定粗蛋白质的方法很多，有间接法和直接法。间接法是根据每种蛋白质的含氮量恒定，通过测定样品中含氮量计算蛋白质含量的方法。常用方法有：凯氏定氮法、杜马斯法、强碱直接蒸馏法、纳氏试剂比色法和靛蓝蓝色比色法。直接法是依据蛋白质的物理化学性质直接测定蛋白质含量的方法，包括：紫外吸收法、双缩脲法、酚试剂法、染料结合法、茚三酮法、折射率法、放射性同位素法、比浊法等。凯氏定氮法由于测定结果可靠，但操作复杂，但经过对仪器的改造，已研发出了蛋白质测定仪，即凯氏定氮仪。

三、粗脂肪

脂肪是丙三醇（甘油）和脂肪酸结合成的脂类化合物，能溶于脂溶性有机溶剂。饲料脂肪的测定，一般是将待测样放入特制的仪器中，用脂溶性溶剂（乙醚、石油醚、氯仿等）反复抽提，将脂肪抽提出来，浸提出的物质除脂肪外，还有脂类物质，如游离脂肪酸、磷脂、蜡、色素以及脂溶性维生素，所以称为粗脂肪。测定粗脂肪的方法有多种，最常用于实际测定的是索氏提取法，目前已有测定粗脂肪的全自动分析仪。

四、粗纤维和 NDF、ADF

常规饲料分析方法测定的粗纤维，是将饲料样品经 1.25%稀酸、稀碱各煮沸 30min 后，所剩余的不溶解碳水化合物。其中，纤维素是由 β-1，4 葡萄糖聚合而成的同质多糖；半纤维素是葡萄糖、果糖、木糖、甘露糖和阿拉伯糖等聚合而成的异质多糖；木质素则是一种苯丙基衍生物的聚合物，它是动物利用各种养分的主要限制因子。该方法在分析过程中，有部分半纤维素、纤维素和木质素溶解于酸、碱中，使测定的粗纤维含量偏低，同时又增加了无氮浸出物的计算误差。为了改进粗纤维分析方案，Van Soest（1976）提出了用中性洗涤纤维（Neutral Detergent Fiber，NDF）、酸性洗涤纤维（Acid Detergent Fiber，ADF）、酸性洗涤木质素（Acid Detergent Lignin，ADL）作为评定饲草中纤维类物质的指标。同时将饲料粗纤维中的半纤维素、纤维素和木质素全部分离出来，能更好地评定饲料粗纤维的营养价值。

五、粗灰分

饲料在 550℃灼烧后所得的残渣，质量用百分率来表示。残渣中主要是氧化物、盐类等矿物质，也包括混入饲料中的沙石、土，故称为粗灰分。

六、无氮浸出物

饲料中的无氮浸出物（nitrogen-free extract，NFE）是指饲料中不含氮的化合物，包括淀粉、葡萄糖、果糖、蔗糖、糊精、五碳糖、色素、树脂、有机酸和不属于纤维素的其他碳水化合物，如半纤维素及一部分木质素等。

NFE 是以各种概略养分的百分含量之和为 100，减去水分、粗蛋白质、粗脂肪、粗纤维、粗灰分百分含量后的差值。在常规饲料分析法中不能直接单独测定。NFE 不是单一的化学物质。NFE 计算值受许多因素的影响，在实际应用这一参数时，应根据其资料来源、测试环境条件等对数据的客观意义作出评价。无氮浸出物的含量（%）= 干物质%-粗蛋白质%-粗纤维%-粗脂肪%-粗灰分%

第三节　饲料中的抗营养因子

作为饲料配方师，除了要了解饲料原料的营养物质含量，还需要对各种饲料原料中存在的抗营养因子含量有所了解，在确定配方时加以考虑。抗营养因子（antinutrition factors，ANF）是指饲料本身所固有或从外界进入饲料中的阻碍养分消化的微量成分，其主要抗营养作用表现为降低饲料营养物质的利用率，降低动物的生长速度和影响动物健康。ANF 的作用源于植物千万年进化的结果，其目的是保护自身免受霉菌、细菌、病毒、昆虫和鸟类及野生草食兽的侵害和采食，从而保证这些物种在自然界繁衍生息，因而又被称为"生物农药"。有些 ANF 毒性强，可造成动物中毒和死亡。

一、分类

（一）根据不同的抗营养作用分类

饲料中的 ANF 有数百种之多，根据它们对动物采食后的不同抗营养作用，可把 ANF 分为六大类。①对蛋白质消化不良影响的抗营养因子，如蛋白酶抑制因子、植物凝集素、酚类化合物、皂化物等；②对碳水化合物消化不良影响的抗营养物质，如淀粉酶抑制剂、酚类化合物、胃胀气因子等；③对矿物元素利用有不良影响抗营养因子，如植酸、草酸、棉酚、硫苷等；④影响维生素消化利用的抗营养因子，如脂氧化酶（能破坏维生素 A、胡萝卜素），双香豆素（影响维生素 K 的利用）、硫胺素酶等；⑤刺激免疫系统的抗营养因子，如抗原蛋白质等；⑥综合性的抗营养因子，对多种营养成分利用产生影响，如水溶性非淀粉多糖（NSP）、单宁等。

（二）根据不同来源分类

1. 植物中的抗营养因子

（1）豆类（大豆、四季豆蚕豆、羽扇豆等）及油料籽实　主要有蛋白酶抑制因子、植物凝集素、脲酶、生物碱、脂肪氧化酶、生氰糖苷和抗维生素因子等，例如大豆中的胰蛋白酶抑制剂（trypsininhibitors，Tls）、脲酶，棉籽中的游离棉酚、环丙烯类脂肪酸，菜籽饼中的芥子碱、低聚寡糖和葵花籽饼中的纤维素、木质素等。

（2）甘蓝类（甘蓝、羽衣甘蓝、油菜等）　主要有硫苷、芥酸、单宁等，例如，甘蓝、油菜籽、芥菜籽中的硫苷、芥酸，菜籽饼中的单宁等。

（3）根和块茎类（木薯、马铃薯、红薯等）　主要有生氰糖苷、生物碱、蛋白酶抑制因子等，例如，甘薯中的龙葵碱、马铃薯中的茄属生物碱等。

（4）牧草类（苜蓿、合欢、草木樨等）　主要有双香豆素、有毒氨基酸、真菌毒素等，如银合欢、山黧豆中的有毒氨基酸，苜蓿中的植物雌激素、真菌毒素，沙打旺、小冠花中的有机硝基化合物等。

（5）谷类（小麦、大麦、高粱等）　主要有 NGP、生氰糖苷、单宁、生物碱等，如小麦、高粱中的麦角生物碱、单宁，水稻中的生氰糖苷、植酸等。

2. 动物副产品中的抗营养因子

动物副产品是畜禽很好的蛋白源，但处理不当易被细菌降解，产生生物胺（如组胺、腐胺、尸胺等），其中部分是神经递质（神经活性胺、血管活性胺等），进入畜禽体内后，会扰乱畜禽的正常生理活动。此外，淡水鱼类及软体动物所含的硫胺素酶、胃溃素，家禽蛋中含有的破坏生物素的抗生肮及影响 B 族维生素的卵白素等也属于 ANF。

二、常见的抗营养因子

1. 蛋白酶抑制剂

蛋白酶抑制因子（protease inhibitors）主要存在于豆类、花生及其饼粕内，也存在于某些谷实类块根、块茎类饲料中。目前在自然界中已经发现有数百种的蛋白酶抑制剂，它们可抑制胰蛋白酶、胃蛋白酶、凝血酶和糜蛋白酶等的活性。

胰蛋白酶抑制因子本身即为蛋白质或多肽，可与蛋白酶结合形成稳定的化合物，抑制酶的活性。胰蛋白酶的抗营养作用主要表现在以下两方面：一是与小肠液中胰蛋白酶结合生成无活性的复合物，降低胰蛋白酶的活性，导致蛋白质的消化率和利用率降低；二是引起动物体内蛋白质内源性消耗。因胰蛋白酶与胰蛋白酶抑制剂结合后经粪排出体外而减少，小肠中胰蛋白酶含量下降，刺激了胆囊收缩素分泌量增加，使肠促胰酶肽分泌增多，反馈引起胰腺机能亢进，促使胰腺分泌更多的胰蛋白酶原到肠道中。胰蛋白酶的大量分泌造成了胰腺的增生和肥大，导致消化吸收功能失调和紊乱，严重时还出现腹泻。由于胰蛋白酶中含硫氨基酸特别丰富，故胰蛋白酶大量补偿性分泌，导致了体内含硫氨基酸的内源性丢失，加剧了由于豆类饼粕含硫氨基酸短缺而造成的体内氨基酸代谢不平衡，使家禽生长受阻和停滞，甚至发生疾病。

2. 植物凝集素

植物凝集素（lectin）是以一种非特异的结合方式与各种糖和葡糖络合物发生可逆性结合的各种蛋白质，亦称为植物凝血素，主要存在于豆类籽粒、花生及其饼粕中。多数植物凝集素在肠道中不被蛋白酶水解，对糖分子具有高度的亲和性，其分子亚基上的专一位点，可识别并结合红细胞、淋巴细胞或小肠壁表面的特定受体细胞外糖和配糖体（糖脂、糖肽、低聚糖和氨基葡聚糖），破坏小肠壁刷状缘黏膜结构，使得绒毛产生病变和异常发育，并干扰多种酶（肠激酶、碱性磷酸酶、麦芽糖酶、淀粉酶、蔗糖酶、谷氨酰基和肽基转移酶等）的分泌，导致糖、氨基酸和维生素 B_{12} 的吸收不良以及离子运转不畅，严重影响和抑制肠道的消化吸收，使动物对蛋白质的利用率下降，生长受阻甚至停滞。由于损伤，肠黏膜上皮通透性增加，使植物凝集素和其他一些肽类以及肠道内有害微生物产生的毒素吸收进入体内，对器官和机体免疫系统产生不良影响。此外，植物凝集素还引起肠内肥大细胞的去颗粒体作用，血管渗透性增加，使血清蛋白渗入肠腔，降低血液中血清蛋白量，使动物免疫力下降。它还能结合淋巴细胞，从而产生 IgG 类体液抗凝集素。植物凝集素能影响脂肪代谢，还显著拮抗肠道产生 IgA，多数受损伤后的小肠壁表面对肠道内的蛋白水解酶有抗性。

3. 非淀粉多糖

非淀粉多糖（non-starch polyaccharides）是体内淀粉以外的多糖类物质，主要是 β-葡聚糖、阿拉伯木聚糖和果胶等多糖类物质，是植物细胞壁的"黏接剂"，具有高度的黏性。一般认为，NSP 的抗营养作用与其黏性及对消化道生理形态和肠道微生物区系的影响有关。可溶性 NSP 使食糜的黏度升高，影响胃肠道运动对食糜的混合效率，从而影响消化酶与底物接触和消化产物向小肠上皮绒毛渗透，进一步影响了对饲料的消化和养分的吸收。NSP 还可与消化酶或消化酶活性所需的其他成分（如胆汁酸和无机离子）结合而影响消化酶的活性。另外，由于 NSP 是细胞壁的组成成分，不能被消化酶水解，大分子消化酶也不能通过细胞壁进入细胞内，因而对细胞内容物形成一种包被结构，使得内容物不能被充分利用。

4. 酚类化合物

酚类化合物包括单宁、酚酸、棉酚和芥子碱等，主要存在于谷实类、豆类籽粒、棉菜籽及其饼粕和某些块根饲料中。

单宁（tannins）又称鞣酸，主要存在于高粱、油菜籽中，是水溶性多酚类物质，味苦涩，分为具有抗营养作用的缩合单宁和具有毒性作用的可水解单宁。缩合单宁是由植物体内的一些黄酮类化合物缩合而成。高粱和菜籽饼中的单宁均为缩合单宁，它使菜籽饼颜色变黑，产生不良气味，降低动物的采食量。缩合单宁一般不能水解，具有很强极性而能溶于水。单宁以羟基与胰蛋白酶和淀粉酶或其底物（蛋白质和碳水化合物）反应，从而降低了蛋白质和碳水化合物的利用率；还通过与胃肠黏膜蛋白质结合，在肠黏膜表面形成不溶性复合物，损害肠壁，干扰某些矿物质（如铁离子）的吸收，影响动物的生长发育。单宁含量越高，动物生长受抑制程度越大。在以菜籽粕为蛋白质资源的饲料中，铁与苯酚形成不可溶的复合结构，严重阻碍铁离子吸收。单宁亦阻碍胰蛋白酶和淀粉酶与底物形成可溶性复合物或降低这些酶的活性。单宁也可与维生素 B_{12} 形成络合物而降低它们利用率。

酚酸包括对羟基苯甲酸、香草酸、香豆素、咖啡酸、芥子酸、丁香酸、原儿茶酸、绿原酸和阿魏酸等。他们可与蛋白质结合生成沉淀，降低蛋白质的利用率；也能和钙、铁、锌等离子形成不溶沉淀从而降低这些矿物质的利用率。

棉籽中含有棉酚、棉籽酚、二氨基棉酚等，游离棉酚为棉籽色腺的主要组成色素，属多酚二萘衍生物，是细胞、血管及神经毒素。含活性醛基和活性羟基的游离棉酚的酚基或酚基氧化产物醌基可以和饲料中蛋白氨基酸残基的活性基团（如赖氨酸的 ε-氨基、半胱氨酸的巯基）结合生成不溶性复合物，并且还可以与消化道中的蛋白质水解酶结合，抑制其活性，由此降低了蛋白质的利用率。游离棉酚对胃肠黏膜有刺激作用，引起胃肠黏膜发炎和出血，并能增加血管壁的通透性，使血细胞和血浆渗出到外周组织，致受害组织发生血浆性浸润。它还可与蛋白质和铁结合，损害血红蛋白中铁的作用，引起家禽缺铁性贫血。棉酚使机体严重缺钾，能导致低钾麻痹症，肝、肾细胞及血管神经受损，中枢神经活动受抑，心脏骤停或呼吸麻痹。游离棉酚溶于磷脂后，在神经细胞中积累，导致神经细胞的功能发生紊乱。

5. 硫葡萄糖苷

硫葡萄糖苷又称硫苷，广泛存在于油菜、甘蓝、芥菜及萝卜等十字花科植物中。硫苷本身是一类稳定的化合物且无毒，但在芥子水解酶或胃肠道中的细菌酶催化作用下，产生有毒的噁唑烷硫酮、异硫氰酸酯、硫氰酸酯等。噁唑烷硫酮影响机体对碘的利用，阻碍甲状腺的合成，引起腺垂体的促甲状腺素分泌增加，导致甲状腺肿大，同时还影响肾上腺皮质和脑垂体，使肝脏功能受损，引起新陈代谢紊乱，影响蛋白质、氨基酸生物合成，造血功能下降和贫血。异硫氰酸酯有辛辣味，长期或大量饲喂会引起肠炎。其毒性原理是它与碘争相进入甲状腺，进而降低甲状腺对碘的吸收利用，使甲状腺肿大。

6. 植酸

植酸（phyticacid）即肌醇六磷酸酯，广泛存在于植物体内，在禾谷籽实的外层（如麦麸、米糠）中含量尤其高；豆类、棉籽、油菜籽及其饼粕中也含有植酸。它能与饼粕中的矿物质，如钙、镁、锌、铜、铁、锰等金属元素离子螯合成相应的不溶性复合物，形成稳定的植酸盐，而不易被肠道吸收，从而降低了动物体对它们的利用，特别是植酸锌几乎不为畜禽所吸收。若钙含量过高，形成植酸钙锌，更降低了锌的生物利用率。植酸可结合蛋白质的碱性残基，抑制胃蛋白酶和胰蛋白酶的活性，导致蛋白质的利用率下降。植酸盐还能与内源淀粉酶、蛋白酶、脂肪酶结合而降低它们的活性，进而影响动物对糖、蛋白质、脂肪的消化和吸收。常用植物性饲料中的磷约有 2/3 以植酸磷的形式存在，因家禽和猪等单胃动物消化道中缺乏植酸酶，而不能利用它们。反刍动物由于瘤胃微生物的存在，可以产生植酸酶，因此可以利用植酸磷。

7. 抗维生素因子

抗维生素因子（antivitamin factors）的化学本质和结构有多种类型。根据抗营养作用机理，可将抗维生素因子分为两种类型，一种是通过破坏维生素的生物学活性，而降低其效价。如抗维生素 A（脂氧化酶），它能催化某些不饱和脂肪酸为过氧化物，过氧化物又将脂肪中的 VA、VD 和 VE 等脂溶性维生素及胡萝卜素破坏。过氧化物与大豆中凝集素的形成有关，使维生素 B_{12} 的消耗量增加，因此长期饲喂全脂大豆的动物易发生维生素缺乏症，肉鸡的反应最为敏感。同时脂肪氧化酶与脂肪反应生成较多的乙醛，使破碎后的大豆带豆腥味，严重影响大豆的适口性。抗维生素 B_1（硫胺素酶）可以分解维生素 B_1；抗维生素 B_6 可以与维生素磷酸化，生成磷酸吡哆醛结合物而使其失活。另一种是化学结构和某种维生素相似，在体内代谢过程中对该维生素构成竞争性抑制，由此干扰机体对该维生素的利用，而引起机体维生素缺乏。如抗维生素 K 因子（双香豆素），它与维生素 K 的结构非常相似，在体内与维生素 K 发生竞争性拮抗，干扰了机体对维生素 K 的利用，使凝血机制发生障碍。

8. 其他抗营养因子

除上述介绍的抗营养因子外，还有生物碱（alkaloid）、致佝偻病因子（rachitogenic factors）、黄曲霉毒素（aflatoxicin）、脲酶（urease）、胀气因子（flatulence factors）等抗营养因子。生物碱在马铃薯及其块茎中称为配糖体生物碱，是一种天然毒物，被人或畜禽摄食后能导致严重的消化系统障碍及神经系统失调。致佝偻病因子干扰骨骼钙化，生大豆中含量约为0.1%。黄曲霉毒素是黄曲霉产生的真菌毒素，是目前发现的最强致癌物。生大豆中的脲酶在适宜的水分、温度和 pH 值条件下被激活，将含氮化合物分解成氨，降低蛋白质、非蛋白氮的利用率，产生的大量氨气可引起动物中毒。植物饲料中的棉籽三糖和水苏四糖等低聚糖类，不能被胃和肠上段的消化酶消化，而是在大肠被微生物发酵而产生气体甲烷、氢气等，引起胃肠胀气，使畜禽出现消化不良和腹泻。

第四节 饲料的营养价值评定

饲料的营养价值评定是指测定饲料中的营养物质含量并评价这些营养物质被动物消化吸收的效率及对动物的营养效果。饲料中所含有的营养成分是动物维持生命活动和生产的物质基础，动物的组织及体外产品都是动物摄取的饲料营养物质在机体内代谢与转化的结果（产物），或者说是饲料养分在动物体内的沉积。通过对饲料中含有的营养物质含量和饲料中营养物质在动物体内的营养效果进行定量的评定，准确评价饲料的营养价值，进而为动物营养物质需要量的确定提供基础数据和理论依据。常用的饲料营养价值评定的方法有化学分析法和生物学评价法，生物学评价法又包括消化试验法、代谢试验法、饲养试验法、比较屠宰实验法等。

一、饲料营养价值评定方法

（一）化学分析法

化学分析法是对饲料组成成分进行定量分析，是评价饲料原料营养价值的最基本方法。通过有关化学成分的测定，可为动物营养物质需要量的确定和饲料原料营养价值的评定提供基础数据。

（二）概略养分分析法

测定饲料中营养物质得到的一般不是单纯某一化学成分的含量，而是性质相同或相似的多种成分的混合物，被称为饲料的概略养分或常规成分。通过对饲料中的常规成分或概略养分的确定，可以为评价饲料原料或产品的质量提供基础数据。目前，国际上通用的是德国 Weender 试验站科学家 Hanneberg 等 （1864） 创立的 "饲料概略养分分析方案 （Feed proximate analysis） "，即 Weended 分析法。

在概略养分分析方法中把饲料分为 6 个组分来进行分析测定，即水分 （Moisture）、粗灰分 （Crude Ash）、粗蛋白质 （Crude Protein）、乙醚浸出物 （粗脂肪） （Ether Extract）、粗纤维 （Crude Fiber） 和无氮浸出物 （Nitrogen-free Extract），其中维生素含量不能通过概略养分分析方案分析确定。该法经过多年的改进，已在教学和科研中有了广泛的应用。

（三）纯养分分析法

随着动物营养科学的发展和测试手段的提高，饲料营养价值的评定进一步深入细致，也更趋于自动化和快速化。饲料纯养分分析项目，包括蛋白质中各种氨基酸、各种维生素、各种矿物质元素及必需脂肪酸等。这些项目的分析需要昂贵的精密仪器和先进的分析技术。

（四）近红外光谱分析法

近红外光谱技术 （Near infrared reflectance spectroscopy） 是 20 世纪 70 年代后发展起来的一项无损检测技术。在饲料成分的定量分析应用中具有重要作用。国外学者利用近红外光谱技术对饲料的常规营养成分分析已做了大量的研究。我国近红外光谱技术研究起步较晚，但在近几年已取得了不少的成绩，主要包括：饲料的常规营养成分分析、饲料中氨基酸的测定、矿物元素的检测以及有毒有害物质的检测等方面。

（五）消化试验法

饲料营养价值的化学分析方法只能测定饲料中各种营养成分的含量，但不能评定饲料在动物体内的利用程度。动物的消化过程就是饲料被动物体摄取后，在消化道中经机械、化学和生物学作用后，大分子的饲料颗粒被降解为简单分子，而被动物吸收。其中各种养分并不能完全被动物消化吸收，不能被动物消化利用的养分会随同消化道分泌物和脱落的细胞壁一并以粪便的形式排出体外，因此需要准确评定饲料或饲粮中可消化 （可利用） 养分的含量对准确评价饲料营养价值具有重要意义。

（六）比较屠宰试验

要想更深入了解动物机体成分的变化或评定胴体品质，必须屠宰实物用以比较实验动物组与对照组的差异，因此称为比较屠宰试验。比较屠宰试验一般是依据需指标的不同对动物实行不同方式的屠宰和取样。

二、饲料的营养价值评定

（一）饲料能量的评定

饲料能量评定是指通过饲料的有效能值来衡量饲料营养价值的一种方法。能量主要来源于饲料碳水化合物、脂肪和蛋白质三大类有机物。在动物体内，饲料中的化学能可以转化为热能和机械能，也可以蓄积在体内，还可以用于形成动物产品。不同的饲料所含能量及其在动物体内的能量转化效率也不完全相同，根据饲料进入动物体内的能量转化过程，通常把饲料能量分为总能、可消化能、代谢能和净能四种。

1. 总能

总能（gross energy，GE）是指一定量饲料或饲料原料中所含的全部能量，也就是饲料中三大能源物质完全氧化所释放出来的全部能量。总能作为饲料能量的一个概括性指标，虽然可以概括性评价饲料营养价值，但未能与动物的消化利用联系起来，不能准确反映饲料能量对动物的营养价值及动物对饲料的能量利用率。因此，一般将总能作为评定饲料能量价值的基础数据，而不用以评价饲料能量营养价值。

2. 可消化能

可消化能（digestible energy，DE）是指动物从饲料中摄入的总能减去粪能（fecal energy，FE）后剩余的能量，即已消化吸收养分所含总能量，或称之为已消化物质的能量。相比于代谢能和净能，消化能比较容易测定，如氧弹式测热计就可测定。而且比通过饲料和粪中的粗蛋白、粗脂肪和粗纤维计算更精确。因此猪饲料的有效能评定一般用消化能体系。该体系在中国和美国应用较广。

3. 代谢能

代谢能（metabolizable energy，ME）是指摄入单位重量饲料的总能减去粪、尿及可燃性气体能后所剩余的能量，也就是可被吸收供代谢的三大营养素所含的能量。目前代谢能体系主要用于家禽，有些国家也用于猪的饲料营养价值评定。

相比消化能而言，用代谢能评定饲料营养价值，不仅考虑了粪能的损失，而且考虑了饲料被消化吸收后在代谢过程中的能量损失和胃肠道发酵产生的甲烷气体能的损失。因此，用代谢能评定饲料营养价值比消化能更进一步明确饲料能量在动物体内的转化和利用程度，因而比消化能更能反映饲料的能量价值。真代谢能比表观代谢能可以更准确地反映饲料营养价值，但其测定过程更繁琐、复杂，因此实际中一般用表观代谢能。现用的饲料营养成分表和饲料标准中的代谢能都是指表观代谢能。同时利用表观代谢能评价饲料营养价值也存在一些不足：首先，饲料代谢能的测定比消化能的测定更困难、工作量更大，除了测定粪能和尿能，还需要测定甲烷气体能，但是甲烷气体能测定更困难，需要特殊装置；其次虽然可以根据回归方程式估算代谢能，但只适用于相似资料来源的样品所代表的群体，而且所得代谢能值为近似值，因此使用推广这些方程式受很大限制。

4. 净能

净能（net energy，NE）是饲料能量中用于维持动物生命活动和生产动物产品的有效部分，是评定饲料能量价值的最终生理指标，也是最准确的指标，尤其对反刍动物更应采用净能指标。可以用公式表示：$NE = ME - HI$，式中 HI 表示体增热。

饲料净能受多种因素的影响。如相同的饲料，饲喂于不同的动物，其净能不同；相同饲料，同种动物不同阶段，净能也不相同。不同饲料或不同营养物质以及营养物质间的平衡状态都会影响同一动物的饲料净能。

现行的各种能量代谢体系都存在一定的缺陷，所以在畜牧业生产中未能实现统一的能量体系。因此在饲料营养价值评定中，应根据动物种类、社会经济条件，兼顾科学性和实用性来选择适宜的能量体系。我国在畜禽养殖中采用不同的能量体系，禽采用代谢能体系、猪采用消化能体系、反刍动物采用净能体系。

（二）饲料蛋白质营养价值的评定

蛋白质饲料是动物饲粮的重要组成部分，对饲料蛋白质营养价值进行科学合理的评定，有利于合理使用蛋白质资源，保证畜产品的高效生产，对促进畜牧业持续健康的发展具有重要意义。

1. 单胃动物饲粮蛋白质营养价值评定

（1）粗蛋白质和氨基酸 粗蛋白质（crude protein，CP）是使用较早的蛋白质质量评定指标，仅能反映饲料或饲粮总含氮物的多少。动物所需要的氮大部分用于蛋白质合成，饲料里的氮也大都以蛋白质的形式存在，因此几乎全球都是以蛋白质来表达动物的氮需要和饲料的氮含量。CP 是使用较早的饲料蛋白质营养价值评定指标，仅能反映饲料总含氮物质的多少，不能反映饲料含氮物质在动物体内的消化吸收代谢及其转化的情况。因此，CP 通常只作为其他评定指标的计算基础。

对单胃动物而言，蛋白质的营养价值因其所构成的氨基酸的种类和结合状态不同而异。特别是必需氨基酸的含量对蛋白质的营养价值影响很大。如果必需氨基酸的含量不能满足家畜的需要，则其蛋白质的营养价值就低。因此饲料氨基酸含量尤其是必需氨基酸的含量可反映饲料蛋白质营养价值的优劣。但是，由于饲料氨基酸含量不能准确反映饲料氨基酸在动物体内的消化吸收情况，而在一定程度上限制其应用，故一般只作为其他评定指标的数据基础。

（2）可消化粗蛋白质或蛋白质的消化率 粗蛋白质虽然提供了饲料中的氮含量，但几乎不知它能否被动物完全利用。饲料蛋白质在变成对动物有用的化合物之前都必须经过消化和降解，使复杂的蛋白质变成简单、可吸收的氨基酸，采用这一指标能更真实地反映饲料蛋白质的营养价值，因此，在很长一段时期内，可消化蛋白质作为评定单胃动物饲料蛋白质营养价值。

蛋白质消化率的测定可以由消化试验来测定氮的消化率。由于盲肠微生物能利用部分没有被动物消化和吸收的食糜中的氮，而且大肠吸收的氮对动物几乎无营养意义，因此，饲料中未被消化吸收的氮通过盲肠时，由于微生物的作用发生了很大变化，致使粪便中的未消化氮不能准确反映动物对饲料氮的消化吸收情况，所以采用回肠末端的氮消化率可以更准确地反映饲料的蛋白质营养价值。

一般来说，饲料的蛋白质消化率越高，可消化蛋白质的量越大，营养价值也越高。但是蛋白质的消化率只能反映蛋白质在动物体内的整体消化特性，即可消化蛋白质的数量，不能反映饲料蛋白质的特性，即氨基酸平衡性，因此不能反映消化吸收后的饲料蛋白质在动物体内的利用情况，即饲料蛋白质转化为体蛋白质和畜产品蛋白质的效率。

（3）蛋白质的生物学价值 蛋白质生物学价值（biological value，BV）简称生物价，是指体内吸收的氮占消化氮的比例，它直接衡量饲料蛋白质能够用于合成组织、体成分和畜产品蛋白质的比例，比较客观地反映了饲料蛋白质被动物机体消化利用的情况。生物价是评价蛋白质营养价值最常用的方法，生物价越高，表明蛋白质被机体利用程度越高，营养价值也越高。

（4）蛋白质净利用率　蛋白质净利用率（net protein utilization，NPU）是反映饲料中蛋白质实际被利用的程度，他是将蛋白质的生物学价值与消化率结合起来评价蛋白质的营养价值。

净蛋白利用率是饲料蛋白质营养价值的综合评定指标，既反映了饲料蛋白质的消化性，也反映了消化产物中氨基酸组成的平衡状况。

（5）蛋白质效率比（protein efficiency ratio，PER）　是动物食入单位蛋白质或氮的体增重，可用下式表示：

$$PER(\%) = \frac{体增重}{蛋白质或氮的食入量} \times 100$$

显然，PER 愈大，其蛋白质品质愈好。

（6）蛋白质的化学比分　化学比分最早由 Mitchell（1946）提出。其评定原理是蛋白质营养价值决定于某一种最缺乏的必需氨基酸的含量。以全卵蛋白质的必需氨基酸含量为参比标准与待评的其他蛋白质对比，从各个氨基酸所占蛋白质的百分数中找出相差最悬殊待测蛋白质的氨基酸百分数，其百分比值即为该蛋白质的化学比分。

上述几种评定的方法虽然能不同程度地说明某种蛋白质质量的好坏，但这些评定的指标缺乏可加性。由于氨基酸的互补作用，当几种饲料混在一起后，用上述任何一种评定指标评定该混合蛋白质的结果，不等于单个饲料评定结果之和。因此，上述评定指标很难与动物的需要量挂钩，以形成需要与供给之间能统一的一种体系。

（7）可消化、可利用和有效氨基酸　① 可消化氨基酸：可消化氨基酸是指食入的饲料蛋白质经消化后被吸收的氨基酸。可消化氨基酸可通过消化试验测得。对于猪，由于大肠微生物的干扰，传统的肛门收粪法测得的氨基酸消化率比其真实消化率高 5%~10%，所以测定猪对饲料氨基酸的消化率，常采用回肠末端收取食糜的方法。而且，扣除内源的回肠真可消化氨基酸更能准确地反映动物对饲料氨基酸的消化吸收程度。② 可利用氨基酸：可利用氨基酸是指食入蛋白质中能够被动物消化吸收并可用于蛋白质合成的氨基酸。在饲料蛋白质、氨基酸质量的评定中主要是指家禽的可消化氨基酸。由于在家禽氨基酸消化率的测定中，因粪尿难分开，计算时扣除了尿中的氨基酸，为使名称与测定方法相吻合，而称可利用氨基酸。但正常情况下尿中所含氨基酸的量很少，其含氮量不到整个尿氮的 2%，故可忽略不计。因此，实质上还是测定饲料氨基酸的消化率。③ 有效氨基酸：有效氨基酸有时是对可消化、可利用氨基酸的总称，有时却特指用化学方法测定的有效赖氨酸，或者用生物法测定的饲料中的可利用氨基酸。因此，从实用的角度，可把氨基酸的消化率（可消化氨基酸）和利用率（可利用氨基酸）等同看待；对可消化氨基酸、可利用氨基酸和有效氨基酸也无严格的区分。

2. 反刍动物蛋白质评定体系

在过去很长一段时期，反刍动物的饲料蛋白质评定常用 CP、可消化粗蛋白质（DCP）和 BV 为主要指标。但是，由于瘤胃微生物的作用，使进入反刍动物真胃和小肠的蛋白质与饲粮蛋白质相比，已发生了很大的变化。因此，不管是用 CP 还是 DCP，或是后来提出的蛋白质当量及酸性洗涤不溶氮，均不能真实地反映反刍动物氮代谢的实质。20 世纪 70 年代以来，许多国家相继提出了评定反刍动物饲料蛋白质品质及蛋白质需要量的新体系。这些体系虽然名称不同，方法上也有一定差异，但实质都是将反刍动物对蛋白质的需要分为瘤胃微生物的需要和宿主需要两个部分。其核心都是测定饲料蛋白质在瘤胃中的降解率。其中比较有代表性的是美国的可代谢蛋白质体系和英国的瘤胃降解与非降解蛋白体系。

现行的饲料蛋白质营养价值评定体系仍不完善，因为分析过程的不精确和不准确性，如很多评定方法都用到了氮含量而不是根据氨基酸分析的结果，还没有选择出一个满意的消化道位点来衡量氨基酸的消化率，内源分泌受各种因素的影响。但是在饲料营养价值评定的实践中，总存在这样一对矛盾：要求既快又省还要简单易行，而另一方面饲料和动物又是复杂多变的。

（三）饲料中矿物元素和维生素的评定

在自然界的矿物元素中，至少有 27 种是人和动物所必需的常量或微量元素。常量元素是动物结构组织的重要组成部分，并且具有重要的代谢作用；微量元素在动物体内的含量低，多数元素既是必需元素，但浓度过高也是有毒元素。各种饲料中均含有一定量的维生素或维生素源。维生素在动物生长与繁殖中发挥着重要的作用，如果动物缺少一种或多种维生素，就会影响动物体内的某些代谢过程，但维生素过量添加也同样对动物有害。因此饲料中矿物质元素、维生素含量及其有效性评价是饲料营养价值评定中一项不可缺少的工作。

矿物元素含量的测定一般采用原子吸收光谱法和分光光度计法测定。测定动物矿物元素有效性常采用平衡法和耗空法。平衡法包括消化率测定以及沉积试验，用同位素标记来估计内源损失。多数情况下，内源损失都用同位素稀释技术直接测定。在被研究元素缺乏的饲粮中添加不同水平的被研究元素，用这些饲粮饲喂正常动物或元素耗空动物，测定它们的已知相关性状的反应或在某一组织的浓度。这种技术是元素相对有效性的测定，如果在处理中包括一种标准形式的元素（通常是一种可溶性的无机盐），则可以比较不同来源的该元素的生物有效性，这种方法也可以用于评定元素的需要量。

用于维生素分析的主要化学分析技术是光谱比色和色谱技术。光谱比色主要是紫外和可见光。紫外分析主要是相对纯净的化合物，可见光则通常是被测定的维生素与一种试剂反应形成一定的颜色。根据颜色的强度估计维生素含量，这一技术的主要不足是化学结构类似的化合物的干扰。色谱技术主要是高效液相色谱和气相色谱，两种方法都可以对特定的物质进行定量测定，但气相色谱不能测定对热不稳定物质。

第五节　原料性价比的评估方法

在现代规模化养殖中，饲料成本占规模化养殖成本的 60%~70%，占专业户养殖成本的 70%~80%。因此，降低饲料成本是降低养殖成本、增加养殖利润的关键。尤其是在养殖低迷时期，生产者如果能将饲料成本降低到平均线以下，就能不赔钱或少赔钱，顺利渡过养殖低潮期。

降低饲料成本我们有许多工作可做：使日粮营养水平更合理，更符合各种动物的营养需求；通过饲料的加工、调制提高饲料的利用效率等。我们也会自然想到：不用或少用价格昂贵的饲料原料，多用一些价格便宜的饲料原料。但是，究竟用什么饲料原料更划算？是不是便宜的饲料原料一定划算？我们必须计算饲料原料可利用养分的相对价值（即饲料原料的性价比）。根据饲料原料的性价比选择饲料，而不是简单地看价格。

本节就猪饲料为例，详解猪饲料中饲料原料性价比计算方法。猪饲料提供给猪的养分：能量、氨基酸、矿物质和维生素。其中矿物质中的微量元素和维生素通过预混料外加，基本不考虑饲料原料中的含量。常量矿物质元素所占比例小，其价格可忽略不计。这样饲料原料提供给猪的养分就简化为：能量和氨基酸。换言之，我们购买饲料实际上是购买能量和氨基酸。从经济角度看，饲料原料提供猪两种养分：能量和氨基酸，其他养分不具有经济意义。

首先来看能量饲料，能量是饲料所提供的最重要的养分。从经济角度看，能量的成本占饲料成本主要部分。评定饲料原料的能量水平现在有几种体系：消化能、代谢能和净能。我国目前主要用消化能，有些国家用代谢能，但最精确、最准确的能量评定体系是净能。因为，净能才是猪完全可利用的能量。用净能配制饲料配方，成本最低；用净能评定饲料原料的能量含量最准确。因此，本文以净能来表示饲料原料的能量含量。这里需要指出，同一种饲料原料，对于生长猪和母猪的净能值有所差异，考虑到生长肥育猪饲料占猪场主要部分，本书以生长猪为基础评定饲料原料的净能。

其次是蛋白质，猪的蛋白质需要实际上是对氨基酸的需要。猪的维持和生产需要 20 种氨基酸。其中 10 种是必需氨基酸。在中国的饲料条件下，限制性氨基酸一般是赖氨酸、含硫氨基酸、苏氨酸，其他氨基酸一般不缺乏。因此，实际上饲料原料中具有经济意义的氨基酸是：赖氨酸、含硫氨基酸和苏氨酸（这里并不是说其他氨基酸不重要，而是说其他氨基酸由于在通常饲料配方中不会缺乏，不具经济意义）。饲料总氨基酸由于可利用率的不同，不是评定饲料可利用氨基酸的好方法，目前认为回肠末端可消化氨基酸才是评定饲料原料可利用氨基酸最准确的指标。因此，本文用回肠末端可消化氨基酸评定饲料原料的 3 个可利用氨基酸的含量。

为了简化计算，我们将赖氨酸、含硫氨基酸和苏氨酸这 3 个氨基酸合并为一个指标："限制性氨基酸加权总量"。考虑到猪日粮理想氨基酸比例：赖氨酸：苏氨酸：含硫氨基酸为 $1 : 0.65 : 0.60$，苏氨酸和含硫氨基酸分别加权 1.54 和 1.67。即：限制性氨基酸加权总量＝回肠表观可消化赖氨酸+1.54 回肠表观可消化苏氨酸+1.67 回肠表观可消化含硫氨基酸（单位：g/kg）；这样，我们将饲料原料的可利用养分简化为：净能和限制性氨基酸加权总量。

接下来以猪饲料中能量饲料玉米和蛋白质饲料豆粕为例，计算玉米和豆粕的性价比，在我国，玉米在猪饲料配方中占主要位置。蛋白质饲料以豆粕为代表，豆粕在中国猪蛋白质饲料中占主要位置。因此，我们可将玉米和豆粕作为参照物。根据玉米和豆粕的价格，计算出每兆焦净能和每克限制性氨基酸加权总量的价格。计算方法如下：

$$11.1X + 10.4Y = 玉米价（元/t）$$

$$8.0X + 62.6Y = 豆粕价（元/t）$$

式中：11.1 是玉米的净能值；

10.4 是玉米的限制性氨基酸加权总量；

8.0 是豆粕的净能值；

62.6 是豆粕的限制性氨基酸加权总量；

X 是净能的价格（元/MJ）；Y 是限制性氨基酸加权总量的价格（元/g）。

如果我们知道玉米和豆粕的价格，我们通过解这个简单的二元一次方程，可得到净能和限制性氨基酸加权总量的价格。

表 5-1 为猪常用饲料原料的净能和限制性氨基酸加权总量，及其在不同玉米和豆粕价格时的相对价格。我们可以计算出玉米和豆粕替代饲料原料的相对价值（替代饲料原料值多少钱）。

表 5-1　猪常用饲料原料对生长肥育猪的净能和限制性氨基酸加权总量

饲料原料	粗蛋白（%）	净能（MJ/kg）	AID 赖氨酸（g/kg）	AID 苏氨酸（g/kg）	AID 蛋氨酸（g/kg）	AID 胱氨酸（g/kg）	AID 含硫氨基酸（g/kg）	限制性氨基酸加权总量（g/kg）
玉米	8.1	11.1	1.7	2.2	1.5	1.7	3.2	10.4
豆粕	13.3	8.0	23.2	13.9	5.5	5.3	10.8	62.6
麦麸	14.6	6.0	3.6	2.7	1.6	2.1	3.7	13.9
全脂米糠	13.8	9.8	4.1	3.1	2.1	1.8	3.9	15.4
小麦	10.5	10.5	2.3	2.4	1.5	2.2	3.7	12.2
碎大米	7.7	11.8	2.6	2.3	1.8	1.2	3.0	11.2
次粉	14.9	7.7	3.6	3.2	1.8	2.3	4.1	16.1
棉粕	42.6	7.4	10.3	9.0	4.3	5.3	9.6	40.2
菜粕	33.7	6.3	13.3	10.5	5.9	6.5	12.4	50.2
秘鲁鱼粉	65.3	9.5	45.3	24.4	16.6	4.5	21.1	118.1
花生饼	48.9	8.5	17.3	8.9	3.6	3.7	7.3	35.2
植物油		29.8						
膨化大豆	34.8	10.7	18.5	11.4	4.4	4.3	8.7	50.6
啤酒糟	24.1	6.2	6.1	5.8	3.1	3.1	6.2	25.4
玉米蛋白粉	60.6	11.5	9.2	18.5	13.7	9.8	23.5	76.9
乳清粉	12.6	12.0	8.1	5.8	1.8	1.8	3.6	23.0
苜蓿草粉	16.7	3.6	5.3	4.5	2.0	0.5	2.5	16.4
肉骨粉	55.6	6.2	23.4	14.5	6.2	4.2	10.4	63.1
玉米胚芽粕	25.8	7.5	4.1	5.8	3.4	3.1	6.5	23.9

注：饲料净能和 AID-氨基酸含量根据法国农科院（2002）；AID 表示回肠末端表观可消化。引自赵克斌（2006）

有些饲料原料物超所值，而有些饲料原料的价格远远超过提供可利用养分的价值。当然，物超所值的饲料原料也不能完全代替玉米和豆粕，不同阶段的猪对饲料配方中饲料原料的最大比例有一定限制。另外，昂贵的饲料原料在乳仔猪、泌乳母猪也要求配入一定比例。一些饲料原料在猪配合饲料中的使用比例见表 5-2。

表 5-2　一些饲料原料在猪全价配合饲料中的适宜使用范围（%）

饲料	妊娠料	产奶料	开口料	生长育肥料
动物脂	—	—	0~4	—
大麦	0~80	0~80	0~25	0~85
血粉	0~3	0~3	0~4	0~3

（续表）

饲料	妊娠料	产奶料	开口料	生长育肥料
玉米	0~80	0~80	0~40	0~85
棉籽饼	0~5	0~5	—	0~5
菜籽饼	0~5	0~10	0~5	0~12
鱼粉	0~5	0~5	0~5	0~5
亚麻籽饼	0~5	0~5	0~5	0~5
骨肉粉	0~10	0~5	0~5	0~5
高粱	0~80	0~80	0~30	0~85
糖蜜	0~5	0~5	0~5	0~5
燕麦	0~40	0~15	0~15	0~20
脱脂奶	—	—	0~20	—
大豆饼	0~20	0~20	0~25	0~20
小麦	0~80	0~80	0~30	0~85
麦麸	0~30	0~10	0~5	0~20
酵母	0~3	0~3	0~2	0~3
稻谷	0~50	0~50	0~20	0~50
燕麦			0~20	

第六节　新型饲料原料的评估和使用

谷物、豆饼及牧草等是畜牧业生产中传统采用的饲料。然而，随着畜牧业生产的发展，传统的常规饲料供需缺口越来越大，已经满足不了畜牧业生产发展的需要，同时，畜牧业规模化生产与环境污染的矛盾也日渐突出。因此，如何既合理利用资源促进畜牧业发展又能保护生态环境，成为当前亟须破解的难题。非常规饲料为上述矛盾的解决做出了重要贡献。

非常规饲料原料一般是指在配合饲料配方中使用较少，或者对其营养特性和饲用价值了解较少的饲料原料。非常规饲料原料来源广泛，种类繁多，成分复杂；营养成分变异大，品质质量不稳定；有些含有抗营养物质或毒素，需经特殊处理后才能使用；大多缺乏相关研究数据，营养价值评定不明确。我国常见的非常规饲料原料有杂粕、干酒糟/含可溶物干酒糟（DDG/DDGS）、小麦蛋白粉、玉米蛋白粉、糟渣类等粮食加工副产品以及草产品。

一、新型饲料原料的营养价值评定方法

饲料原料营养价值评定的方法有很多，主要可以分为几大类，分别是化学分析法、消化试验、平衡试验和生长试验等。消化试验分为体内消化试验和体外消化试验，体内消化试验又分为全收粪法（常规法）和指示剂法。因收粪的部位不同，全收粪法又可分为肛门收粪法和回肠末端收粪法。指示剂法也可分为内源指示剂和外源指示剂法。平衡试验分为氮平衡试验和能量平衡试验。

（一）常规成分分析

若要评定一种饲料的营养价值，概略养分分析是最常用的一种方法。Weende 体系根据化学成分分析将饲料成分分为粗蛋白质、粗脂肪、粗灰分、粗纤维、无氮浸出物和水分 6 大营养成分来比较评定饲料的营养价值。

概略养分分析所测得的饲料养分与动物消化吸收养分间存在较大差异，不足以准确地反映出饲料的实际营养价值。

畜体组织与畜产品是饲料营养物质与能量在畜体内代谢与转化的产物，也是它们在畜禽体内的沉积。因此，评定饲料的营养价值一方面需要测定饲料的营养物质含量，另一方面还需要了解这些营养物质在畜体内参加代谢转化过程及产生的结果，这样才可以对饲料的营养价值进行全面深入和完善的评定。

（二）消化试验

1. 全粪收集法

全粪便收集法，简称全收粪法，该方法是一种比较传统的体内消化率测定法。

全收粪法测得的消化率结果比较准确，但该方法收集粪样时既费时又费功，通常测定固体饲料的养分消化率时基本采用指示剂法代替全收粪法，但在测定液体饲料中的养分消化率时，国内外几乎全部用的是全收粪法。矿物质元素的消化率难于应用全粪收集法。由于动物消化道排出大量的内源矿物质元素，测定结果误差较大，所以，应用此方法测定矿物质元素的吸收率不准确。维生素在消化道内有的大量合成和破坏，因而，测定饲料维生素的消化率也没有意义。

2. 套算法

单一饲料消化率的测定通常采用套算法。套算法是单个饲料原料表观代谢能（AME）测定的经典方法，是研究和使用历史最长并被广泛认同的一种方法，其测定的各种饲料的 AME 已经形成一种比较完整的体系。套算法要求待测试验日粮中的被测养分含量不能低于动物对该养分的最低需要量。通过试验日粮的套算替代，可改善待测原料的适口性，以达到测定的目的。

套算法的优点是简单方便，较适用于科学研究，对各方面的要求并不高，需要注意的是试验日粮的替代需要与基础日粮的理化性质相似，避免因为饲料的改变引起动物采食减少或者拒绝采食（郭亮等，2004）。套算法的缺点也很明显，套算法以假定饲料间的组合效应为零为前提，耗时费力，且存在较大误差。由于饲料间的组合效应不可被忽略，因而传统的套算法现在已很少使用（张乐乐等，2010）。

3. 指示剂法

运用某种完全不被动物消化吸收的物质，作为指示物质来测定饲料养分消化率的方法称为指示剂法。饲料中的养分经过消化道后有一部分被动物消化道吸收，粪中养分与指示物的比值必然降低，这个比值降低的数量占它们在饲料中比值的百分数即为饲料养分的消化率。该法测定饲料养分消化率不需要知道试验期内动物的采食量和排粪量。只需根据此间饲粮与粪中和指示物的含量进行计算即可得到结果。

指示剂法可以减少全粪收集法中每日收集和记录试验动物采食量与排粪量的麻烦，省时省力，尤其是在收集全部粪便较困难的情况下，采用指示剂法更具优越性。指示剂方法的缺点是，很难找到一种完全不被吸收和回收率高的指示剂。由于分析测定方法上的误差，外源指示剂法和内源指示物在粪中的回收率均不能达到100%，做严格的饲料消化率测定时，必须利用全收粪法校正。

4. 体外法

体外消化实验又称为离体消化法，即在体外条件下模拟动物消化道内 pH 值、温度、消化酶的分泌、胃肠运动及养分的吸收等参数，从而建立一套接近动物消化道内环境的操作规程，该方法可预测各种饲料养分的体内消化率及评定其营养价值。

5. 反刍动物半体内法（尼龙袋法）

尼龙袋法是一种评定饲料在瘤胃内降解速度和程度的方法，在国内外应用的最普遍。该法是将待测饲料（3~5g 干物质）放在尼龙袋中，通过瘘管放入瘤胃中培养，培养结束后收回尼龙袋，经过洗涤和干燥，以确定饲料干物质中仍未消化物质的数量。而饲料中氮的降解率的计算是根据袋中原有的氮与培养后的残余氮之间的差值来确定。半体内法因其不需要复杂的分析技术及较少的花费，且测定的结果能够比较实际地反映出消化道内环境条件，接近正常的生理状态，成本低，简单易行，具有较好的重复性和稳定性，并能直接为实际生产提供可用的参数，便于推广应用。

（三）饲养试验

在生产条件下，按生物统计对试验设计的要求，选择一定数量符合设计要求的试验动物，控制非测定因素一致或相似后进行分组饲养。通过测定比较各组获得的结果，借助特定的统计分析方法，对此结果作出技术判断的整个过程即称为动物的科学饲养试验，简称饲养试验。这是动物饲养学研究中最常用的一种试验方法，是研究动物对营养素的需要，评定饲料营养价值以及比较不同饲养管理方式优劣时最可靠的方法。

二、部分新型饲料原料的营养价值以及使用方法

（一）桑叶饲料

桑叶为桑属植物桑树的叶子，是一种优良的蛋白质饲料，富含蛋白质和多种比例适宜的氨基酸，适口性好。目前，国内外均有用桑叶饲喂牛、羊及猪等家畜取得良好效果的报道，如桑叶可以提高猪的日增重，提高奶牛的产奶量，降低畜禽粪便中的氨气，改善兔的皮毛品质等。

1. 营养价值评价

桑叶粗蛋白质含量在25%左右。虽然粗蛋白和氨基酸总量不及大豆高，但每种氨基酸组成与之大体一致，而且各种氨基酸占总氨基酸的比例趋向一致。桑叶谷氨酸的含量高，赖氨酸和苏氨酸的含量较高，在畜禽饲料中加入桑叶，有利于调节饲料氨基酸平衡，因此桑叶蛋白是一种优良的蛋白质资源。

桑叶富含多种维生素，据测定100g 桑叶干品中含视黄醇 0.67mg、胡萝卜素 7.44mg、VA 4 130 IU、VB_1 0.59mg、VB_2 1.35mg、烟酸 4.0mg、VC 31.6mg（李勇等，1999；金丰秋，2000），对维持机体免疫和抗氧化能力具有重要意义。桑叶中矿物质种类多且含量丰富，尤其以 Ca、K 含量较高，100g 桑叶干品中含 Ca 2 699mg、K 3 101mg，Zn 6.1mg、Fe 44.1mg、Na 39.9mg、P 238mg。此外，桑叶中还含有少量的 Cu、Mg、Mn 等矿物质（苏海

涯等，2001）。

2. 饲用价值评价

在猪配合饲料中添加不超过 5% 的桑叶对猪的增重没有不良影响，超过 5% 则会影响猪的增重速度。在猪配合饲料中添加桑叶对猪肉品质有积极影响。

利用饲料桑叶代替 0.5kg 和 1.0kg 精饲料对奶牛产奶量无显著影响，对牛奶品质有正面效果，显著提高了牛奶乳脂率、干物质，有降低体细胞数的趋势。

通过蛋鸡试验发现，添加 5% 以内的桑叶粉时蛋鸡的生产性能及蛋品质与对照组均没有显著差异，但显著提高了鸡蛋的蛋黄色泽；而添加 7% 的桑叶粉时蛋鸡采食量、产蛋量和产蛋率则低于对照组。所有处理对鸡蛋的哈夫单位、蛋壳质量及鸡蛋的脂肪酸、维生素 E、胆固醇含量等指标均没有显著影响。

（二）果渣发酵饲料

苹果渣是苹果加工厂的副产物。由于鲜苹果渣含水 70%~80%，极易腐败变质，既污染环境又浪费饲料资源。我们采用现代生物技术和营养理论相结合的办法，通过益生菌的作用和强化营养平衡，研制出了果渣发酵饲料，使苹果渣成为增奶、增重的功能性饲料产品，既变废为宝，保护环境，又为草食动物养殖业提供了优质的饲料，最终将促进果业和畜牧业的健康持续发展。

1. 营养价值评价

通过化学分析和半体内试验，对果渣发酵饲料进行了生物学评定。苹果渣发酵饲料内含丰富的营养物质和各种活性物质及活性因子（酵母菌数在 $110 \times 10^3 \sim 310 \times 10^9$），并且抗营养因子和农药残留显著低于普通苹果渣。

2. 饲用价值评价

用发酵苹果渣代替 30% 的精料，可以增加羊只日增重；在不增加饲养成本的条件下，试验组奶牛平均产奶量要比对照组高 0.58kg/d。

（三）DDG/DDGS

1. DDG/DDGS 发展现状

DDG/DDGS 是利用玉米、谷物、甘薯等生产酒精的副产物，有干酒糟（DDG）和含可溶物的干酒糟（DDGS）等。2013 年以来，伴随着豆粕、棉粕、菜粕等蛋白原料的走高，DDGS 在饲料原料中的替代优势逐步凸显。

2. DDGS 营养价值评价

DDGS 蛋白质含量高（>26%），粗蛋白含量是玉米的 3 倍多，但其氨基酸不平衡。不同来源的 DDGS，在养分含量上具有较高的变异性，尤其是赖氨酸、蛋氨酸和矿物质含量。DDGS 富含 B 族维生素和维生素 E，但粗纤维含量高达 12.5%，因而在单胃动物饲粮中使用时应控制用量。

从表 5-3 可以看出，DDGS 中变异最大的就是脂肪、磷和赖氨酸，以及产品的外观和气味。营养成分变异的原因除了加工不同外，玉米的品种可能也是其中之一，使用前对不同批次的 DDGS 进行检测，才能做好饲料品质控制。

表 5-3　不同来源 DDGS 营养成分变化范围（%）

养分名称	范围	平均值
干物质	87.3~92.4	89.3
粗蛋白	28.7~32.9	30.9
粗脂肪	8.8~12.4	10.7
粗纤维	5.4~10.4	7.2
粗灰分	3.0~9.80	6.0
赖氨酸	0.61~1.06	0.9
磷	0.42~0.99	0.75

引自王晶，王加启，卜登攀，等．DDGS 的营养价值及在动物生产中的应用研究进展 [J]．中国畜牧杂志，2009，45（23）：71-75．

3. DDGS 饲用价值评价

DDGS 饲喂奶牛有着较好的适口性，可以增加采食量。此外，它还是较好的过瘤胃蛋白源和可消化纤维源，可以用来部分替代日粮中的豆粕、玉米或牧草纤维。试验已证明，奶牛日粮中用 20%~30% 的 DDGS 替代牧草和精料，可以增加或者不影响奶牛采食量，DDGS 组相比于不含 DDGS 的对照组有着较高的产奶量，DDGS 的使用对生产性能和乳成分不产生任何负面影响。但 DDGS 的添加量不能过高，研究显示，DDGS 的添加量超过 30% 时，会由于其氨基酸的不平衡和有效纤维粒度太小等原因影响奶牛生产性能和乳成分含量。

DDGS 是猪不同生长阶段所需能量、蛋白质和磷等主要养分的优质来源。用 DDGS 部分替代猪日粮中的玉米、豆粕和磷酸二钙，可以降低饲料的费用。如果以可消化氨基酸和有效磷为基础配制日粮，生长育肥猪和后备母猪日粮含有高达 30% DDGS，也可以提高生长性能。但考虑到高 DDGS 日粮会使猪肉脂肪变软和降低腹肉脂肪坚实度，因此，DDGS 用量以不超过 20% 为宜。

DDGS 对蛋鸡具有良好的适口性，可替代部分豆粕和玉米。DDGS 中含有高达 40mg/g 的叶黄素，能有效增加蛋黄颜色。DDGS 在不同家禽日粮中的最大用量：肉仔鸡，2.5%；育肥肉鸡，5%；蛋鸡，15%；种鸡，20%；青年母鸡，5%；鸭，5%；斗鸡，5%。

DDGS 的高蛋白和高能量以及高可消化纤维，使其在肉牛生产中可以替代日粮中 40% 的谷物，而不影响其增重和胴体品质。

4. DDGS 应用的限制因素

DDGS 中赖氨酸的变异问题。DDGS 中缺乏赖氨酸和色氨酸，变异也大。DDGS 的霉菌污染问题。DDGS 水分含量较高，谷物已破损、易滋生霉菌，常常因霉菌毒素含量高，导致动物免疫功能低下和患病率升高，生产性能下降。

DDGS 中不饱和脂肪酸的比例高，容易发生氧化，能值下降，对动物健康不利，影响生产性能。纤维含量高，单胃动物利用率低。使用复合酶制剂可提高动物对 DDGS 中营养物质的消化利用率。玉米 DDGS 使用不当会影响饲料适口性。

（四）糟渣类等粮食加工副产物

1. 我国糟渣类饲料资源概况

糟渣类饲料资源是指农副产品加工的废弃物以及工业下脚料中可以作为饲料资源的部分，在我国主要包括：白酒糟、啤酒糟、醋糟、酱油渣等酿造业糟渣，苹果渣、柑橘皮渣等水果加工业糟渣，甘蔗渣、甜菜渣、糖蜜等制糖工业糟渣，薯类（红薯、马铃薯、木薯）淀粉渣，菌糠等。

2. 我国糟渣类饲料营养价值评价

表 5-4、表 5-5、表 5-6 列举了几种常用糟渣类饲料的营养成分。

表 5-4 我国主要糟渣的产量及营养特点

种类	产量（万 t）	营养成分（风干基础）	
		粗蛋白（%）	粗纤维（%）
酒糟	2 500~3 000	13~22	13~34
酱糟和醋糟	43	10~31	13~28
豆渣	3 245	25~34	14~20
粉渣	7 381	4.5~12.6	9.0~22.5
玉米淀粉渣	44	11.2	11.5
甜菜渣	670	9.2~12.9	16.7~23.3
甘蔗渣	1 600	1.2	51.9
饴糖渣	38	27	1.95

引自王恬（2011）（非常规饲料原料的应用与开发研究）.

表 5-5 白酒糟的常规营养成分含量（风干基础）

干物质	粗蛋白质	粗纤维	粗脂肪	粗灰分	无氮浸出物	参考文献
90.0~93.0	14.3~21.8	16.8~21.2	4.2~6.9	3.9~15.1	41.7~45.8	李政一
83.7~93.0	12.5~16.1	18.2~31.4	2.0~4.1	11.0~24.0	21.8~39.2	徐建

引自崔耀明，我国食品及制造业糟渣类饲料资源的应用.

表 5-6 醋糟的常规营养成分含量（风干基础）

干物质	粗蛋白质	粗纤维	粗脂肪	粗灰分	无氮浸出物	参考文献
100.00	12.19	31.53		15.53		杨致玲等
100.00	10.50	28.03	9.15	7.59	44.74	云春凤等
96.7	13.0	31.9	12.4	8.10		宋增廷等
97.3	10.8	41.2	13.1	9.80		宋增廷等
100.00	11.26	34.75	6.26	11.26		Wang 等
100.00	9.56	34.44	5.95	13.17		Wang 等
94.9	13.9		6.20	7.50		Song 等
93.53	12.52		9.33	10.12		Song 等

3. 糟渣类饲料使用中应注意的问题

酱油渣中食盐含量较高，不要长期饲喂或一次喂量过多，以防引起食盐中毒。酱油渣在饲粮中的配合量（按干物质计）一般不超过 10%。鸡饲粮中的配合量不超过 3%，并供给充足的饮水，幼雏最好不使用。

糟渣中粗纤维含量高，在设计配方时，应尽量降低日粮中粗纤维总量。多种糟渣配合用量超过 50%，日粮酸性增大，配方时应注意。

豆渣含有胰蛋白酶抑制剂、植物性红细胞凝集素、致甲状腺肿物质等有害成分，但这些成分多不耐热，应该处理后饲用。

糟渣类饲料中含有一些毒性物质，在饲喂时注意用量，一般占饲粮的 20%~30% 为宜。酒糟应新鲜饲喂，有条件时可用作青贮，也可采取晒干或烘干的方法，贮存备用。

粉渣是淀粉加工的副产品。当原料品质不良或发生霉变时，可能存在某种有毒物质。

甜菜渣是制糖工业的副产品。由于渣中含有大量游离有机酸，易导致腹泻，宜限量饲喂。

（五）非常规植物饼粕

非常规植物饼粕泛指除大豆粕外的其他饼粕，也称杂粕类。与国际大豆粕市场波动相比，非常规植物饼粕市场趋势相对独立，本章主要介绍以下 3 种非常规饲料饼粕：葡萄籽粕、辣椒粕、葵花籽粕。

1. 葡萄籽粕

葡萄籽粕是葡萄籽经压榨葡萄籽油后的副产品，富含多酚类物质、亚油酸、低聚原花青素和多种维生素。其中低聚原花青素是天然的消除活性氧自由基的抗氧化类功能因子，是一种高效的新型抗氧化剂，是强效的自由基清除剂。

葡萄籽粕的粗蛋白质含量为 14.2%DM，非纤维碳水化合物的含量仅为 2.64%DM。葡萄籽粕中可利用碳水化合物含量低，粗纤维含量高，所能提供的有效能值偏低。葡萄籽粕中粗蛋白含量较低，大部分蛋白质为结合蛋白，并且各种氨基酸的组成比例不均衡。

杜道全等（2009）试验表明：在奶牛日粮中添加 2%~4% 的葡萄籽粕对其生产性能及个体情况没有不良影响，且对产奶量和乳品品质有一定的提高和抗热应激作用，并提高了奶牛整体生产性能，延长了产奶高峰期。

2. 辣椒粕

辣椒原产中南美洲，17 世纪传到我国，现成为仅次于白菜的第二大蔬菜作物，由于辣椒的适应性较广，我国各地均可种植，已成为许多省市县的主要经济支柱作物，并形成了许多有代表的种植地区。辣椒的营养价值较高，每 100g 鲜果除含水分 70~93g 外，还含有淀粉 4.2g、蛋白质 1.2~2.0g、胡萝卜素 1.56mg、尼克酸 0.33mg、维生素 C 73~342mg（表 5-7、表 5-8）。

表 5-7　辣椒粕常规成分分析值（%）

项目	含量	项目	含量	项目	含量
干物质	0.89	天冬氨酸	1.77	蛋氨酸	0.13
粗蛋白	15.86	苏氨酸	0.49	异亮氨酸	0.46

（续表）

项目	含量	项目	含量	项目	含量
粗纤维	20.55	丝氨酸	0.50	亮氨酸	0.55
中性洗涤纤维	33.50	谷氨酸	1.46	酪氨酸	0.48
酸性洗涤纤维	28.01	脯氨酸	1.67	苯丙氨酸	0.73
粗灰分	9.48	甘氨酸	0.58	组氨酸	0.31
钙	0.35	丙氨酸	0.57	赖氨酸	0.40
总磷	0.33	胱氨酸	0.21	精氨酸	0.44
粗脂肪	0.36	缬氨酸	0.54	色氨酸	0.09

表5-8　辣椒粕在畜禽生产上的研究结果汇总

处理	指标	主要结果	参考文献
1. 对照组：基础日粮	1. 回肠表观消化率	无显著差异	K. Thiamhirunsopit 等
2. 阿维拉霉素组：2.5mg/kg	2. 血浆丙二醛浓度	较组1降低，与组2和组3差异不显著	Fabiano Gomes Goncalves 等
3. 生育酚醋酸酯组：250mg/kg	3. 饲料转化效率	与组2无差异，高于组3	E. Rowghani 等
4. 辣椒粕组：7.89%			Maricela Gonza'lez 等
1. 负对照：基础日粮	1. 饲料转化效率	显著提高	I. Diler 等
2. 正对照：1.2%辣椒粕	2. 体重和肝重	无显著差异	田宗祥等
3. 正对照+杆菌肽锌+盐霉素	3. 肝酶	同时加高水平抗生素后肝酶含量改变	
1. 对照组：基础日粮	1. 蛋重、蛋黄重、产蛋量	无影响	K. Thiamhirunsopit 等
2. 辣椒粕日粮	2. 平均日采食量、饲料转换效率	无影响	Goncalves 等
3. 商业色素日粮	3. 蛋黄颜色	显著提高了蛋黄胡萝卜素沉积；辣椒粕适宜添加量为0.5%，等同于添加0.6%商业色素的效果	E. Rowghani 等
1. 对照组：基础日粮	1. 日增重、料重比	添加量为2.5%时显著高于其他各组	K. Thiamhirunsopit 等
	2. 屠宰率	添加量为2.5%时较对照组提高1.6%	
2. 1.5%~3.0%辣椒粕组	3. 肉质	颜色鲜嫩、香味变浓，肌肉多汁性增强	

引自范元芳等（2016），辣椒粕的生产现状及其在畜禽生产上的研究进展

3. 葵花籽粕

葵花籽因其含有大量的高营养油而成为重要的油料作物之一。葵花籽粕中的蛋白含量高，其在味道和气味上比大豆、棉籽温和，不存在豆腥味、苦味、涩味及抗营养因子。葵花

籽因其含有大量的高营养油而成为重要的油料作物之一。作为上好的油料、蛋白质来源，葵花籽粕中的蛋白含量高，其在味道和气味上比大豆、棉籽温和，不存在豆腥味、苦味、涩味及抗营养因子。通过浸提或压榨的方式可获得葵花籽粕，其营养价值见表5-9。

表5-9　葵花籽粕的营养成分（风干基础，%）

项目	干物质	粗蛋白质	粗脂肪	粗纤维	中性洗涤纤维	酸性洗涤纤维	粗灰分	钙	磷
浸提葵花籽粕	93.79	28.72	6.73	23.66	38.48	27.97	16	0.89	0.88

引自杨桂芹（2011）葵花籽粕和花生壳在生长兔上的营养价值评定.

　　葵花籽粕的蛋白质含量在29%~43%，蛋氨酸含量比豆粕的高，赖氨酸比豆粕低。适当利用葵花籽粕与其他富含赖氨酸的蛋白质饲料混合使用，可以矫正含葵花饼饲粮中的赖氨酸不足的缺陷。在葵花籽粕脂肪酸的组成中，亚油酸和油酸含量较高；葵花籽粕中富含B族维生素，其烟酸含量相当于谷物籽实中含量的10倍，约是豆粕中含量的5.8倍，鱼粉中含量的4倍。葵花籽粕中的维生素B_1和烟酸具有很高的生物学价值，对于醛类的更合理利用有一定促进作用。

　　由于肉仔鸡消化道容积较小，使葵花籽粕这类"大体积"饲料的用量受到限制，即使是脱壳葵花籽粕，在肉仔鸡粉料中的用量通常也控制在12%之内。为解决这一问题，通过制粒可提高葵花籽粕日粮的养分浓度，脱壳葵籽粕在肉仔鸡颗粒料中的用量可达30%。肉仔鸡日粮中大量使用葵花籽粕所致的能量不足可通过添加动植物油脂来弥补，氨基酸不足可通过补充合成赖氨酸或赖氨酸+蛋氨酸来满足。赖氨酸是肉仔鸡葵花籽粕日粮的第一限制性氨基酸，不同原料组成的肉仔鸡葵花籽粕日粮中合成赖氨酸的添加量在0.12%~0.169%。

　　一种非常规饲料原料不一定适合所有的动物。因此，应该结合当地的非常规饲料资源，选择适合的畜禽使用。同时，一种非常规饲料原料也不一定适合一种动物的整个生长周期，需分阶段使用。在非常规饲料资源开发应用中还存在许多问题，比如，对于开发非常规饲料资源重要性的认识不够、开发利用的方式不够成熟完善、没有健全的产品标准、适宜的添加量有待于研究确定等，因此为了开发和提高非常规饲料资源的利用效率，我们有必要进一步开展试验研究，评定其营养价值和饲用价值，为科学合理的利用和日粮配方的设计奠定基础，同时对非常规饲料的饲用安全性和环保循环利用方面也应加大研究力度。根据我国的现实情况，因地制宜，就近经济合理开发利用非常规饲料资源，将是解决饲料不足、发展畜牧业的重要途径。

参考文献

[1]　Van Soest, P. J, Nutritional Ecology of the Ruminan (2nd) . Ithaca: Cornell University Press, 1994.

[2]　李爱科, 主编, 中国蛋白质饲料资源 [M]. 北京: 中国农业大学出版社, 2013.

[3]　张子仪. 中国现行饲料分类编码系统说明 [J]. 中国饲料, 1994, 4: 19-21.

第六章 饲料添加剂

饲料添加剂（additive）是指为了某种目的而以微小剂量添加到饲料中物质的总称。包括为满足家畜的营养需要，再额外加入天然饲料中已有的营养物质的营养性添加剂，如各种矿物质、维生素、氨基酸等；为达到防止饲料品质恶化、提高动物饲料适口性、促进动物健康生长、提高动物产品产量或品质、便于饲料加工等目的而额外加入饲料的物质，称为非营养性添加剂，如抗氧化剂、抗结块剂、防霉剂、驱虫剂、着色剂、调味剂等。饲料添加剂的使用剂量以 mg/kg 或 g/t 计算，部分添加剂添加量以百分含量计。

饲料添加剂与能量饲料、蛋白饲料一起组成配合饲料工业原料的三大支柱。虽然配合饲料添加剂量微小，但作为配合饲料的重要微量活性成分，对完善配合饲料营养、提高饲料利用效率、促进动物生长、预防疾病、减少饲料养分损失及改善畜产品品质等方面具有重要的作用。饲料添加剂是全价配合饲料中不可缺少的组成成分，对保障动物健康、提高动物生产性能、改善饲料质量发挥着不可替代的作用。

但添加剂的不合理利用或过量添加，可严重影响畜产品的品质、导致环境污染、危害人畜健康等。同时因违规使用可导致降低动物生产性能、导致死亡，同时因在畜产品中的残留危害人类健康。如违规在猪饲料中添加盐酸克伦特罗等导致的"瘦肉精"事件；为促进猪的生长过量添加铜、锌等导致畜产品铜锌蓄积，危害人类的健康，同时污染环境；过量使用抗生素导致动物的耐药性；试用含氟过高的磷灰石而导致动物氟中毒等。因此合理使用饲料添加剂对饲料工业的发展、提高动物的生产性能、提高畜产品的安全性具有重要的意义。

饲料添加剂根据饲养动物的品种、生产目的及生长阶段的不同，每种配合饲料需要 20~60 种饲料添加剂。根据动物营养学原理，一般分为营养性添加剂和非营养性添加剂，其中非营养性添加剂根据作用又可细分为多类。

第一节 营养性饲料添加剂

一、维生素添加剂

维生素添加剂包括脂溶性维生素和水溶性维生素，其中，脂溶性维生素包括 VA、VD、VE、VK；水溶性维生素包括 B 族维生素和 VC。

维生素添加剂主要作为对天然饲料中维生素营养的补充、提高动物的抗病或抗应激能力、促进动物生长、改善畜产品的产量和质量。考虑到实际生产中多种因素的影响，饲粮维生素的添加量都在需要量的 2~10 倍，以满足动物的正常生长发育的营养需要。各种维生素的作用及缺乏症状如表 6-1 所示。其中，常见维生素添加剂如下。

表 6-1　维生素的作用及缺乏症

名称	最受影响家畜	生理作用	缺乏症状
维生素 A	各种畜禽	维持视觉、保护上皮组织、促进性激素生成、骨的生长、增强神经细胞功能	生长迟缓、体重减轻、神经调节不协调、步态蹒跚；公母畜不育、分娩弱胎、夜盲、干眼、食欲丧失；雏鸡步履蹒跚、母鸡产蛋和孵化率降低；母兔生出脑水肿幼兔
维生素 D	各种畜禽	与甲状旁腺素一起维持血钙磷的平衡，在肠道内促进钙结合蛋白的形成，维持动物体骨骼发育的需要	幼畜佝偻病、成畜软骨病、雏生长缓慢，鸡产薄壳蛋，孵化率降低
维生素 E	犊牛、绵羊、马、禽、鼠	抗氧化剂、促进繁殖、维护骨骼肌与心肌的功能	肌肉营养不良（羔羊僵直病与白肌病），繁殖障碍、母鸡产蛋孵化率降低，雏鸡脑软化
维生素 K	所有动物	促进凝血酶的合成	延缓血凝时间、全身出血、严重时死亡
维生素 B$_1$	除反刍动物外其他动物均需要	能量代谢辅酶	食欲降低、体重减轻、心血管紊乱、体温降低、母鸡产蛋降低、雏鸡头后仰
维生素 B$_2$	禽、猪、马	促生长、作为碳水化合物与氨基酸代谢的酶系统组成部分发挥作用	生长发育受阻、马周期性眼炎、猪繁殖性障碍、仔猪下痢、贫血、被毛零乱、步态异常；禽类出现曲爪麻痹
烟酸、尼克酸、尼克酰胺、烟酰胺	猪、鸡	组成脱氢酶辅酶	生长缓慢、食欲减退，糙皮症、皮肤生痂、舌病、鳞状皮炎、关节肿大；鸡羽毛生长不良，猪下痢、呕吐、皮炎、被毛凌乱
泛酸	各种动物	能量代谢的辅酶 A 的成分	生长缓慢、脱毛与肠炎、幼龄反刍动物出现被毛粗乱、皮炎、不食、眼周围脱毛；猪出现"鹅步"；鸡皮炎，胚胎死亡；狗呕吐，肝脂肪浸润
胆碱	各种动物	防治脂肪肝，乙酰胆碱构成部分；甲基供体	胫骨短粗症、脂肪肝；母猪繁育不良、雏鸡滑腱症
维生素 B$_6$	猪、鸡、狗	蛋白质与氮代谢的辅酶，转氨基作用、转硫作用、脱羧作用	抽搐；猪不食、生长不良；鸡羽毛生长不良，雏鸡生长缓慢，羽毛不正常，母鸡产蛋减少，孵化率降低
维生素 C	各种动物	形成齿、骨与软组织的细胞间质；提高对传染病的抵抗力，参与氧化还原反应	坏血病、齿龈肿胀、出血、溃疡、牙齿松动、骨软
维生素 B$_{12}$	猪、禽。反刍动物在不缺钴的条件下可以合成	参与血红蛋白合成、与叶酸协同起辅酶作用、参与髓磷脂合成、为甲基丙二酰辅酶 A 异构酶的辅酶	雏鸡生长缓慢、贫血、脂肪肝、死亡率高；种鸡的种蛋孵化率降低；猪食欲减退、消瘦，母猪繁殖障碍

（续表）

名称	最受影响家畜	生理作用	缺乏症状
生物素	各种动物	参与碳水化合物、蛋白、脂肪的代谢。	雏鸡生长缓慢、食欲不振；鸡脚、胫、趾、嘴、眼、皮肤炎症，角化，开裂出血；猪生长缓慢、脱毛、皮肤结痂，腹泻，后肢痉挛
叶酸	各种动物	传递一碳基团的辅酶、与维生素 B_{12} 和维生素 C 共同参与红细胞和血红蛋白的合成；保护肝脏并具有解毒功能	母猪的繁殖性能降低、家禽的种蛋孵化率降低

（一）维生素 A 添加剂

1. 理化性质

维生素 A 又称视黄醇或抗干眼醇，是一类结构和生物活性类似的不饱和脂肪醇。维生素 A 一般指视黄醇，分子式 $C_{20}H_{30}O$，分子量 286.5，熔点 $62\sim64℃$，在自然界中主要以脂肪酸脂形式存在。胡萝卜素可在动物体内形成维生素 A。其产品存在形式为维生素 A、维生素 A 乙酸酯、维生素 A 棕榈酸酯、β-胡萝卜素。不同形式维生素 A 换算关系为 $1IU = 0.300\mu g$ 结晶维生素 A（视黄醇）$= 0.358\mu g$ 维生素 A 乙酸酯 $= 0.550\mu g$ 维生素 A 棕榈酯。

2. 产品规格与形式

（1）维生素 A 醇：多从鱼肝油中提取，加入抗氧化剂制成微囊作添加剂。其中含维生素 A 850IU/g 和维生素 D 65IU/g。

（2）维生素 A 乙酸酯：由 β-紫罗兰酮为原料合成，为鲜黄色结晶粉末，易吸湿，遇热、酸、见光或吸潮后容易分解，规格为粉剂 $\geq5.0\times10^5IU/g$；油剂 $\geq2.5\times10^6IU/g$。

（3）维生素 A 棕榈酸酯：化学制备获得，黄色油状或结晶固体。规格为粉剂 $\geq2.5\times10^5IU/g$；油剂 $\geq1.7\times10^6IU/g$。

（4）β-胡萝卜素：外观为棕色至深紫色结晶粉末，不溶于水和甘油，难溶于乙醇，1mg 的 β-胡萝卜素相当于 1 667IU 维生素 A 生物活性。肉食动物不能利用胡萝卜素。奶牛用量为 $5\sim30mg/kg$（以 β-胡萝卜素计）。

3. 使用量

维生素 A 乙酸酯与维生素 A 棕榈酸酯：猪 1 300~4 000IU/kg；肉鸡 2 700~8 000IU/kg；蛋鸡 1 500~4 000IU/kg；牛 2 000~4 000IU/kg；羊 1 500~2 400IU/kg；鱼类 1 000~4 000IU/kg（以配合饲料的干物质计算）。

最大添加量：仔猪 16 000IU/kg；育肥猪 6 500IU/kg；怀孕母猪 12 000IU/kg；泌乳母猪 7 000IU/kg；犊牛 25 000IU/kg；育肥和泌乳牛 10 000IU/kg；干奶牛 20 000IU/kg；14 日龄以前的蛋鸡和肉鸡 20 000IU/kg；14 日龄以后的蛋鸡和肉鸡 10 000IU/kg；28 日龄以前的肉用火鸡 20 000IU/kg；28 日龄后的火鸡 10 000IU/kg。

4. 过量与中毒

维生素 A 过量易引起中毒，症状表现为骨畸形、器官退化、生长缓慢、失重、皮肤受损或先天畸形。非反刍动物维生素 A 的中毒剂量为需要量的 4~10 倍，反刍动物为 30 倍的需要量。一次服用 50 万~100 万 IU 的维生素 A 可致死。

5. 拮抗或协同作用

蛋白不足影响维生素 A 运载蛋白的形成，使其利用率下降。维生素 A 影响碳水化合物代谢，维生素 A 不足使家畜利用醋酸、乳酸和甘油合成糖原速度降低。

（二）维生素 D 添加剂

1. 理化性质

维生素 D 又称钙（骨）化醇，为固醇类衍生物，动物皮下的 7-脱氢胆固醇经光照射后可形成维生素 D_3，植物细胞中的麦角固醇经紫外线照射后可形成维生素 D_2。1IU 的维生素 D 相当于 0.025μg 维生素 D_3 活性。猪维生素 D_3 的活性高于维生素 D_2；家禽维生素 D_3 的效价相当于维生素 D_2 的 30 倍；奶牛维生素 D_2 的效价为维生素 D_3 的 1/3~1/2；在鱼上维生素 D_2 效价为维生素 D_3 的 3 倍以上。通过光照获得的维生素 D_2 能力较差。饲料中维生素 D_3 与维生素 D_2 不能同时使用。

2. 产品规格与形式

（1）维生素 D_2 与维生素 D_3 的干燥粉剂　为奶油状粉末，含量为 50 万 IU/g 或 20 万 IU/g。

（2）维生素 D_3 微粒以含量 130 万 IU/g 以上的维生素 D_3 为原料，配以 2,6-二叔丁基对甲酚（BHT）及乙氧喹啉，采用明胶和淀粉等辅料，经喷雾制得。产品规格有 50 万 IU/g、40 万 IU/g 和 30 万 IU/g。

（3）维生素 A/D 微粒　以维生素 A 乙酸酯原油与含量为 130 万 IU/g 以上的维生素 D_3 为原料，按照每单位重量之比为 5:1，配以一定量 BHT 和乙氧喹啉，采用明胶与淀粉等辅料，经喷雾法制得。

3. 使用量

（1）维生素 D_2　猪 150~500IU/kg；牛 275~400IU/kg；羊 150~500IU/kg。

（2）维生素 D_3　猪 150~500IU/kg；鸡 400~2 000IU/kg；鸭 500~800IU/kg；鹅 500~800IU/kg；牛 275~450IU/kg；羊 150~500IU/kg；鱼类 500~2 000IU/kg。

（3）最大添加量　猪 5 000IU/kg（仔猪代乳料 10 000IU/kg）；家禽 5 000IU/kg；牛 4 000IU/kg（犊牛代乳料 10 000IU/kg）；羊、马 4 000IU/kg；鱼类 3 000IU/kg；其他动物 2 000IU/kg。

4. 过量与中毒

维生素 D 摄入过多则引起中毒症状，表现为早期骨骼钙化加速，后期则增大钙和磷自骨骼中溶出量，血液中钙磷水平提高，骨质疏松，容易变形，甚至畸形和断裂。过多摄入维生素 D 易导致各组织器官及动脉中出现异常钙盐沉积，导致肾小管严重损伤，导致尿中毒而死亡。

短期饲喂，大多数动物可耐受 100 倍剂量，维生素 D_3 毒性是维生素 D_2 的 10~20 倍。

5. 拮抗或协同作用

维生素 D 与饲粮中的钙、磷水平不足或比例不当会引起维生素 D 的需要量增加。

（三）维生素 E

1. 理化特性

维生素 E 又称生育酚，为化学结构类似的酚类化合物，外观为淡黄色黏稠油状液体，在无氧环境下加热至 200℃仍较稳定。100℃以下不受无机酸的影响，碱对它亦无破坏作用。具有抗氧化特性，常做抗氧化剂，以防止脂肪、维生素 A 氧化分解，但可被酸败脂肪破坏。1mg $DL-\alpha$-生育酚乙酸酯 = 1IU 维生素 E；1mg $DL-\alpha$-生育酚 = 1.1IU 维生素 E；1mg $D-\alpha$-生育酚 = 1.49IU 维生素 E；1mg $D-\alpha$-生育酚乙酸酯 = 1.36IU 维生素 E。

2. 产品规格与形式

$DL-\alpha$-生育酚乙酸酯：为微绿黄色或黄色的黏稠液体，遇光颜色变深。以化学方法制备，以维生素计，油剂≥920IU/g；粉剂≥500IU/g。

3. 使用量

猪 10~100IU/kg；鸡 10~30IU/kg；鸭 20~50IU/kg；鹅 20~50IU/kg；牛 15~60IU/kg；羊 10~40IU/kg；鱼类 30~120IU/kg。

4. 过量与中毒

维生素 E 无毒，大多数动物可耐受 100 倍需要量的剂量。

5. 拮抗或协同作用

其需要量随饲粮不饱和脂肪酸、氧化剂、维生素 A、类胡萝卜素和微量元素的增加而增加，随脂溶性抗氧化剂、含硫氨基酸和硒水平的提高而减少。

（四）维生素 K

1. 理化性质

维生素 K 为甲萘醌衍生物的总称。最重要的维生素 K 包括维生素 K_1、维生素 K_2、维生素 K_3，维生素 K_1 为黄色黏稠状物，维生素 K_2 为淡黄色晶体，维生素 K_3 为白色或灰黄褐色结晶粉末。维生素 K 耐热，但对碱、强酸、光和辐射不稳定。1mg 维生素 K_3（甲萘醌）= 2mg。

2. 产品规格与形式

亚硫酸氢钠甲萘醌（维生素 K_3）：化学制备获得，有两种规格，一种未加稳定剂，含活性成分 94%，但稳定性较差，另一种用明胶微囊包被，稳定性较好，含活性成分 25% 或 50%。

二甲基嘧啶醇亚硫酸甲萘醌：白色结晶状粉末，性能较好，但有一定毒性，要限量使用。

最高用量：猪 10mg/kg；鸡 5mg/kg。

亚硫酸氢烟酰胺甲萘醌：白色结晶粉末，化学制备获得。

3. 使用量

猪 0.5mg/kg；鸡 0.4~0.6mg/kg；鸭 0.5mg/kg；水产动物 2~16mg/kg（以甲萘醌计）

4. 过量与中毒

相对于维生素 A、维生素 D，维生素 K_1、维生素 K_2 几乎无毒，但过量使用会导致溶血、正铁血红蛋白尿和卟啉尿等。

（五）维生素 B_1

1. 理化特性

维生素 B_1 又称硫胺素、抗神经炎素。外观为白色结晶粉末，易溶于水，微溶于乙醇。在黑暗干燥条件下或酸性条件下稳定，在碱性溶液中易氧化失活。

2. 产品规格与形式

（1）盐酸硫胺　以丙烯腈为原料，化学方法合成，白色结晶粉末，有类似酵母或咸坚果气味，易溶于水，微溶于乙醇，折算为硫胺的系数为 0.892。

（2）硝酸硫胺　化学方法合成，为白色或微黄色结晶或结晶粉末，有微弱的臭味，无苦味。稳定性优于盐酸硫胺，但水溶性比盐酸硫胺差。折算为硫胺的系数为 0.811。

3. 使用量

猪 1~5mg/kg；家禽 1~5mg/kg；鱼类 5~20mg/kg；牛羊等反刍动物瘤胃内的微生物能够合成足够的维生素 B_1 满足需要。

4. 过量与中毒

动物一般不出现维生素 B_1 中毒，对于大多数动物中毒剂量为其需要量的数百倍，甚至上千倍。

（六）维生素 B_2

1. 理化性质

维生素 B_2 又称核黄素，为橙黄色结晶，略具臭味，微溶于水，在水溶液中呈黄绿色荧光，微溶于乙醇，不溶于乙醚、丙酮和三氯甲烷等有机溶剂。在酸性环境中稳定，但在碱性溶液中容易分解；耐热，但见紫外光及其他可见光可使之迅速破坏。饲料暴露于太阳光下直射数天，核黄素可损失 50%~70%。

2. 产品规格与形式

在饲料生产中，主要由微生物发酵或化学合成核黄素，主要商品形式为核黄素及其脂类，为黄色至橙黄色结晶粉末。常用的维生素 B_2 为含核黄素 96%、55%、50%等的制剂。

3. 使用量

猪 2~8mg/kg；家禽 2~8mg/kg；鱼类 10~25mg/kg。

4. 过量与中毒

核黄素无毒，当日粮中核黄素较高时，肠道吸收减少，吸收的核黄素很快从肾脏排出，核黄素的中毒剂量为需要量的 10 倍到数百倍。

（七）维生素 B_3

1. 理化特性

维生素 B_3 又称泛酸，为淡黄色黏稠的油状物，易溶于水和乙醇中，吸湿性强，不稳定，在酸性或碱性溶液中受热易破坏，在中性溶液中较稳定，对氧化剂和还原剂极为稳定。只有右旋（D-）有维生素 B_3 的活性。

2. 产品规格与形式

（1）D-泛酸钙　为白色粉末，无臭，味苦，易溶于水。1mg 泛酸钙 = 0.92mg 泛酸。泛酸钙不耐酸、碱，也不耐高温。35℃贮存两年，损失高达 70%，与烟酸不可直接接触。D-泛酸钙的生物活性为 D-泛酸的 92%。

（2）DL-泛酸钙　外旋泛酸钙，为 DL-泛酸钙活性的 50%。

3. 使用量

（1）D-泛酸钙　仔猪 10~15mg/kg；生长肥育猪 10~15mg/kg；蛋雏鸡 10~15mg/kg；育成蛋鸡 10~15mg/kg；产蛋鸡 20~25mg/kg；肉仔鸡 20~25mg/kg；鱼类 20~50mg/kg。

（2）*DL*-泛酸钙 仔猪 20～30mg/kg；生长肥育猪 20～30mg/kg；蛋雏鸡 20～30mg/kg；育成蛋鸡 20～30mg/kg；产蛋鸡 40～50mg/kg；肉仔鸡 40～50mg/kg；鱼类 40～100mg/kg。

4. 过量与中毒

一般动物不会出现泛酸中毒，泛酸中毒只会在饲喂超过需要量 100 倍的大鼠中发现。

（八）维生素 B_4

1. 理化特性

维生素 B_4 又称胆碱，外观为无色粉末，在空气中易吸水潮解，有强碱性，与酸反应生成稳定的结晶盐。

2. 产品规格与形式

生产上胆碱添加剂主要是氯化胆碱，含胆碱 86.8%，商品制剂有液体剂和干粉剂两种。液态氯化胆碱添加剂有效成分为 70%，为无色透明黏稠液体，具有特异臭味，有强的吸湿性。固态的氯化胆碱是以液态氯化胆碱为原料加入脱脂米糠、玉米芯粉、稻壳粉、麸皮、无水硅酸等制成，有效成分为 50% 或 60%。产品形式要求有效成分，水剂 ≥52.0% 或 ≥55.0%；粉剂 ≥37.0% 或 ≥44.0%。

3. 使用量

猪 200～1 300mg/kg；鸡 450～1 500mg/kg；鱼类 400～1 200mg/kg。当用作奶牛饲料时产品应作保护处理。

4. 过量与中毒

在水溶液中，胆碱相对其需要量易中毒，鸡对胆碱耐受量为需要量的 2 倍，猪耐受量比鸡强。胆碱中毒表现为流涎、颤抖、痉挛、发绀和呼吸麻痹。

（九）维生素 B_5

1. 理化特性

维生素 B_5 包括烟酸、尼克酰酸（烟酰胺）等。烟酸为无色针状结晶，味苦，溶于水和乙醇，不溶于丙酮和乙醚。为所有维生素中结构最简单、化学性质最稳定的维生素。烟酰胺为无色针状结晶，味苦，易溶于水，溶于乙醇和甘油。在强酸或强碱中加热时烟酰胺会水解生成烟酸。

2. 产品规格与形式

有烟酸和烟酰胺两种形式。烟酸采用化学方法合成，无臭，味微酸，较稳定但不能与泛酸接触。烟酰胺由烟酸与氨作用后，通过苯乙烯型强碱性离子交换树脂过滤，再经过氨过滤饱和制得，含量在 98% 左右。

3. 使用量

仔猪 20～40mg/kg；生长肥育猪 20～30mg/kg；蛋雏鸡 30～40mg/kg；育成蛋鸡 10～15mg/kg；产蛋鸡 20～30mg/kg；肉仔鸡 30～40mg/kg；奶牛 50～60mg/kg（精料补充料）；鱼虾类 20～200mg/kg。

4. 过量与中毒

烟酸摄入过量导致一系列不良反应，如心搏增加、呼吸增加而导致呼吸麻痹、脂肪肝、生长抑制，严重导致死亡。畜禽及鱼类每千克体重摄入烟酸超过 350mg 可导致死亡。

（十）维生素 B_6

1. 理化特性

维生素 B_6 是易于相互转化的三种吡啶衍生物，即吡哆醇、吡哆醛、吡哆胺的总称。在动物体内，三种物质的生物活性相同。维生素 B_6 易溶于水和醇，为白色晶体，对热和酸稳定，易氧化，易被碱和紫外光破坏。

2. 产品规格与形式

饲料工业一般使用盐酸吡哆醇，外观为白色至微黄色结晶粉末，对热敏感，遇光和紫外线照射易分解。生物活性为吡哆醇的 82.3%。商品规格要求含吡哆醇 80.7%~83.1%。

3. 使用量

饲粮中干物质基础维生素 B_6 为：猪 1~3mg/kg；家禽 3~5mg/kg；鱼类 3~50mg/kg。

4. 过量与中毒

一般认为维生素 B_6 的中毒剂量为需要量的 1 000 倍以上，目前只有在狗和大鼠出现维生素 B_6 中毒报道。

（十一）叶酸

1. 理化特性

叶酸又称维生素 B_{11}，外观为黄至橙黄色晶状粉末，易溶于稀碱、稀酸，溶于水；对热稳定，酸、碱、氧化剂与还原剂对叶酸均有破坏作用。叶酸本身不具有生物活性，只有在体内进行加氢还原反应后生成 5,6,7,8-四氢叶酸才具有活性。

2. 产品规格与形式

叶酸产品有效成分 98% 以上，但因其具有黏性，要进行预处理，如加入稀释剂降低浓度，以有利于预混料的加工。处理后叶酸商品形式含叶酸约为 3% 或 4%。

3. 使用量

干物质基础的饲料中叶酸含量：仔猪 0.6~0.7mg/kg；生长肥育猪 0.3~0.6mg/kg；雏鸡 0.6~0.7mg/kg；育成蛋鸡 0.3~0.6mg/kg；产蛋鸡 0.3~0.6mg/kg；肉仔鸡 0.6~0.7mg/kg；鱼类 1.0~2.0mg/kg。

4. 过量或中毒

一般认为叶酸无毒性。

（十二）维生素 B_{12}

1. 理化特性

维生素 B_{12} 为唯一含金属元素（钴）的维生素，为红色结晶，易溶于水、乙醇，易吸湿，可被氧化剂、还原剂、醛类、抗坏血酸、二价铁盐、香草醛破坏。

2. 产品规格与形式

主要商品形式是氰钴胺、羟基钴胺，外观为红褐色细粉。其商品制剂多为加有载体或稀释剂，含维生素 B_{12}0.1% 或 1%~2% 的预混料粉剂制品。

3. 使用量

饲料中干物质基础维生素 B_{12} 含量：猪 5~33μg/kg；家禽 3~12μg/kg；鱼类 10~20μg/kg。

4. 过量与中毒

目前未见报道，中毒剂量应为数百倍需要量。

（十三）生物素

1. 理化特性

生物素又称维生素 H，是一种含硫的环状化合物，有 8 种同分异构体，其中只有右旋异构体（D-生物素）具有生物活性。长针状结晶粉末，在常规条件下稳定，但能被硝酸、强酸、强碱、氧化剂和甲醛等破坏。

2. 产品规格与形式

商品规格为 D-生物素，熔点 228～232℃，纯品干燥含生物素 98% 以上。由于用量较少，饲用商品制剂一般为含 D-生物素 1% 或 2% 的预混合料。

3. 使用量

饲料中干物质基础含生物素如下：猪 0.2～0.5mg/kg；蛋鸡 0.15～0.25mg/kg；肉鸡 0.2～0.3mg/kg；鱼类 0.05～0.15mg/kg。

4. 过量与中毒

在需要量 4～10 倍的剂量范围内，生物素安全，大多数动物的中毒剂量为其需要量的 1 000 倍以上。

（十四）维生素 C

1. 理化特性

维生素 C 因能治坏血病又称抗坏血酸。维生素 C 以还原型抗坏血酸和氧化型脱氢抗坏血酸两种形式存在，二者的 L-异构体具有生物学活性。抗坏血酸极易氧化，因此可保护其他化合物免被氧化，维生素 C 是所有维生素中最不稳定的维生素，最容易受到氧化破坏。

2. 产品规格与形式

维生素 C 的商品形式包括抗坏血酸、抗坏血酸钠、抗坏血酸钙及包被抗坏血酸。其中包被的产品比未包被的结晶稳定性高 4 倍多。由于维生素 C 的稳定性差，目前饲料工业中使用的产品主要为稳定性维生素 C。

3. 需要量

配合或全价饲料中干物质基础维生素 C 含量：猪 150～300mg/kg；家禽 50～200mg/kg；犊牛 125～500mg/kg；罗非鱼、鲫鱼、鱼苗 300mg/kg；鱼种 200mg/kg；青鱼、虹鳟鱼、蛙类 100～150mg/kg；草鱼、鲤鱼 300～500mg/kg。

4. 过量与中毒

维生素 C 的毒性较低，动物一般不中毒，其耐受量一般为其需要量的数百倍或上千倍的需要量。

除以上维生素外，仍有部分物质被发现具有维生素的属性，称为类维生素，少数动物需要从日粮获得，但还没有证明大多数动物必须由日粮供给，包括肌醇、肉碱等。

二、氨基酸添加剂

组成蛋白质的各种氨基酸都是动物不可缺少的，但并非全都需要由饲料直接提供。只有在动物体内不能合成，或合成量不能满足机体需要量的氨基酸，即必需氨基酸才需要从饲料

108

中提供。饲料或日粮中所需要的必需氨基酸的量与动物所需蛋白质氨基酸的量相比，差别较大的为限制性氨基酸。目前应用较多的氨基酸添加剂主要为限制性氨基酸，主要有赖氨酸、蛋氨酸、色氨酸、苏氨酸、甘氨酸、谷氨酸、精氨酸等。

（一）赖氨酸

赖氨酸是动物生产中应用最普遍的氨基酸，在常用的玉米-豆粕型日粮中，赖氨酸是猪的第一限制性氨基酸。赖氨酸在日粮氨基酸平衡和低蛋白日粮配制，提高动物生产性能，降低环境污染等方面有巨大的作用。

1. 理化性质

赖氨酸化学名 2，6-二氨基己酸，是由两个氨基和一个羧基组成的碱性氨基酸。只有 L 型氨基酸具有生物活性，是白色结晶或结晶状粉末。熔点 224.5℃，易溶于水，难溶于乙醇，易吸收 CO_2。在配合饲料或全混合日粮中添加 0~0.5%。

2. 产品规格与形式

商品用赖氨酸多为 L-赖氨酸盐酸盐，白色或浅褐色结晶粉末，无臭或稍有异味。含 L-赖氨酸 79.24%，盐酸 19.76%。L-赖氨酸受热或长期贮存时易与还原糖类的醛基结合，发生美拉德反应，生成氨基糖复合物，失去活性。L-赖氨酸硫酸盐是高密度无尘的流动性颗粒，呈淡黄色或褐色颗粒。其 L-赖氨酸含量≥51%。

（二）蛋氨酸

蛋氨酸又称甲硫氨酸，为含硫氨基酸，是玉米-豆粕型饲粮中，鸡的第一限制性氨基酸。蛋氨酸具有旋光性，分 D 型和 L 型，L 型易被动物吸收，D 型可在动物体内经酶催化转化为 L 型，生产中常用 DL-蛋氨酸。在饲料中的添加量一般按配方计算后，补差定量供给。

1. 理化性质

L-蛋氨酸为白色片状或粉状结晶，有硫化物的特殊气味，熔点 280~282℃，可溶于水及温热的乙醇中，但不溶于无水乙醇、乙醚、苯等有机溶剂中。

2. 产品规格与形式

（1）DL-蛋氨酸　为白色或浅黄色结晶，可溶于稀酸、稀碱，微溶于95%乙醇，不溶于乙醚，为等量的 D 型和 L 型的外消旋蛋氨酸化合物。一般添加量为 0~0.2%，鸡的最大添加量为 0.9%。

（2）蛋氨酸羟基类似物　为深褐色、有硫化物气味的黏性液体，虽不含羟基，但在动物体内转化为蛋氨酸。含蛋氨酸羟基类似物88%以上。

（3）蛋氨酸羟基类似物钙盐　是由液态羟基蛋氨酸与氢氧化钙或氧化钙中和，经干燥、粉碎、筛分后制得。为浅褐色粉末或颗粒，有特殊臭味。蛋氨酸羟基类似物与蛋氨酸羟基类似物钙盐主要用于猪、鸡、牛，用量分别为 0~0.11%、0~0.21%、0~0.27%（以蛋氨酸羟基类似物计）。

（4）N-羟甲基蛋氨酸钙　为保护性蛋氨酸钙，以 DL-蛋氨酸为起始原料合成，商品名称麦普伦，在反刍动物瘤胃内不易降解，有利于反刍动物的利用。含有效蛋氨酸67.6%以上，主要用于反刍动物，用量在牛上为 0~0.14%。

（三）色氨酸

色氨酸为动物生长的必需氨基酸，为谷物饲料中的第二或第三限制性氨基酸。常用形式为 L-色氨酸。主要参与体内的蛋白更新，并可促进核黄素发挥作用，还有助于烟酸和血红素的合成。色氨酸可生成神经递质 5-羟色胺。对泌乳期母牛和母猪有促进泌乳的作用，添加量一般为 0.02%~0.05%。

L-色氨酸为常用的色氨酸添加形式，为白色或类白色结晶。略有异味，难溶于水，可溶于热乙醇中。常用制备方法包括发酵法、天然蛋白质水解法、化学制备-酶法。合成的色氨酸有 L 型和 DL 型，DL-色氨酸对猪的相对活性是 L-色氨酸的 80%，对鸡是 50%~60%。

（四）苏氨酸

苏氨酸通常是谷物为主的饲料中的第三或第四限制性氨基酸，常用的添加形式为 L-苏氨酸。L-苏氨酸为白色或黄色结晶，熔点 255~257℃，易溶于水，不溶于乙醇、乙醚和氯仿。

饲料级的苏氨酸为灰白色结晶粉末，易于加工处理。在饲粮中的添加量为：畜禽 0~0.3%；鱼类 0~0.3%；虾类 0~0.8%。

（五）甘氨酸

化学名氨基乙酸，为单斜棱晶体，味甜。可溶于水，难溶于乙醇，几乎不溶于乙醚。可用碳酸氢铵加氰化钠制备，也可用丝氨酸催化裂解制得。甘氨酸作为添加剂一般不以氨基酸目的补充，而是利用其甜味，促进食欲。

（六）谷氨酸

谷氨酸为无色或无色柱状结晶或白色结晶状粉末，有异味。虽然谷氨酸对猪、禽不是必需氨基酸，但在雏鸡、高产蛋鸡以及仔猪日粮中添加谷氨酸，可在体内转化为必需氨基酸。在犊牛人工乳配方中加入谷氨酸可促进犊牛生长。

（七）精氨酸

可溶于水，微溶于乙醇，不溶于乙醚，水解蛋白可获得具有生理活性的 L-精氨酸。工业化生产从明胶的水解产物磺酸盐沉淀获得。食品级精氨酸为白色结晶粉末，有效含量不低于 99%。在谷实类、豆类饲料中含有充足的 L-精氨酸，除配制纯合日粮外一般不需要添加。

三、矿物质元素添加剂

矿物质元素是动物机体的重要组成部分，当动物缺少时可导致各种元素比例失调，导致畜禽各种营养性疾病。由于不同饲料或不同产地的饲料中矿物质元素含量差异较大，在集约化饲养条件下，特别是生产性能高的畜禽，必须补充矿物质元素。矿物质元素包括常量矿物质元素和微量矿物质元素。

（一）钙和磷

钙、磷是动物体内含量最高的两种矿物质元素，常用饲料中钙磷一般不能满足动物的需要。钙、磷占动物体重的 1%~2%。动物体内正常钙、磷之比为 2∶1，是构成骨骼和牙齿的重要成分。

1. 功能和作用

（1）钙　是构成牙齿的重要成分，同时参与骨中钙的代谢，对维持血钙水平有重要作用。钙元素还具有参与维持动物体内神经、肌肉的兴奋性，降低毛细血管通透性，参与正常的血液凝固作用。钙还参与多种酶的激活，如卵磷脂酶、抗体致活酶、肌磷蛋白酶等。

（2）磷　除了与钙共同构成骨和牙齿外，还参与体内三大营养物质代谢、能量代谢和体液酸碱平衡的调节。

2. 产品种类

（1）碳酸钙　含钙 40%，白色结晶或粉末，无臭、无味，不溶于水，可溶于稀酸。在 825℃可分解为 CaO 和 CO_2。分为重质碳酸钙和轻质碳酸钙，其中重质碳酸钙采用天然石灰石经精选，多级粉碎制得；轻质碳酸钙采用石灰石煅烧后制得氧化钙，后用水溶解后再通入二氧化碳生成沉淀制得。轻质碳酸钙是优质碳源。

（2）石粉　石灰石、白垩、方解石、白云石均为天然碳酸钙。纯度在 90%以上，含钙 36%~39%，因产地不同可能含有各种有毒有害元素。

（3）蛋壳粉　由蛋壳经洗涤、加热干燥后制得，主要成分为碳酸钙，含钙 30%~40%，磷 0.1%~0.4%，碳酸镁 0.1%~0.2%。

（4）贝壳粉　由牡蛎等贝壳经洗涤、粉碎制得。含钙 32%~35%，主要成分是碳酸钙。贝壳质地坚硬，可分级碾碎用于不同用途，如产蛋鸡 70%通过 1.5mm 孔筛，肉鸡用 60%通过 0.25mm 孔筛，猪用 25%通过 0.3mm 孔筛。

（5）骨粉　是动物的杂骨经过脱脂、脱胶，除去有机物后经干燥、粉碎制成。主要成分是磷酸钙，既可以补磷又可以补钙。根据加工方法不同可以分为蒸制骨粉、骨炭、骨灰和骨质磷酸盐。没有经过高压蒸煮制作的骨粉为生骨粉，含有有机物，容易腐败，质地坚硬，不易消化，不适合做钙磷饲料。

（6）磷酸钙　$Ca_3(PO_4)_2$ 为白色、灰白色或茶褐色粉末，无臭无味。含钙 38.76%，含磷 20%。不溶于水、乙醇，可溶于稀酸。天然磷矿石制得的磷酸钙作饲料时，需要脱氟。

（7）磷酸氢钙　分为无水磷酸氢钙及二水磷酸氢钙，分别含钙 29.6%和 23.29%，含磷 22.77%和 18%。磷酸氢钙由钙盐与磷酸氢二钠作用或由磷酸与石灰乳作用制得。天然磷矿多含氟元素，需要控制磷酸氢钙中氟的含量。

（8）磷酸二氢钙　一般含一个结晶水，含钙 15.9%，含磷 24.59%。微溶于水，可溶于稀酸。

（9）磷酸氢二钠　含磷 21.82%，为白色易吸湿粉末。

（10）磷酸二氢钠　无水磷酸二氢钠含磷 25.81%，含钠 19.85%。易溶于水，不溶于乙醇。

在常用的钙磷添加剂中，碳酸钙和磷酸二氢钙的利用效率较高，常被用作参照钙源或磷源。

3. 使用量

（1）钙　猪 0.4%~1.1%；肉禽 0.6%~1.0%；蛋禽 0.8%~4.0%；牛 0.2%~0.8%；羊 0.2%~0.7%（以配合饲料或全价饲料中干物质基础的 Ca 含量计算）。

（2）磷　猪 0~0.55%；肉禽 0~0.45%；蛋禽 0~0.4%；牛 0~0.38%；羊 0~0.38%；

111

淡水鱼 0~0.6%（以配合饲料或全价饲料干物质基础的 P 含量计算）。

4. 缺乏与过量

（1）缺乏症　钙、磷缺乏，生长缓慢，生产力下降，食欲减退和异食癖，骨骼生长发育异常或骨质病变。常见骨骼病有：幼畜的软骨病、成年动物的骨软症或骨质疏松症和产乳热。

（2）过量　动物对钙磷有一定的耐受力，但过量会导致动物中毒，长期摄入需要量 2~3 倍的磷会引起钙代谢病。高磷导致血钙降低，刺激副甲状腺分泌增加，导致副甲状腺功能亢进。

（二）钠、钾和氯

1. 功能和作用

钠、钾、氯主要分布于体液和软组织中，钠分布于细胞外，大量存在于体液中，少量在骨骼中，钾主要在肌肉和神经细胞中，氯同时在细胞内外。钠、钾、氯与碳酸氢根离子一起作为体内电解质成分，维持内外渗透压。钠与钾是体内神经和肌肉兴奋的重要营养；氯是形成胃酸的主要元素。

2. 产品种类

因为正常饲料中钾含量可满足动物需要，因此一般不添加钾源添加剂。

（1）食盐　即氯化钠，含钠 39.34%，含氯 60.66%，为白色结晶或粉末。生产中动物补充钠、氯主要使用食盐。

（2）硫酸钠　透明、大的结晶或颗粒性小结晶，极易溶于水，含钠 32% 以上，含硫 22.3% 以上。

（3）碳酸氢钠　可补充钠元素，生产中主要用于反刍动物饲料中，既可补钠，又可以调节瘤胃 pH，维护瘤胃内微生物的正常活动。

3. 使用量

（1）氯化钠　猪 0.3%~0.8%；鸡 0.25%~0.40%；鸭 0.3%~0.6%；牛、羊 0.5%~1.0%（以 NaCl 计）。

最高使用量：猪 1.5%；家禽 1%；牛、羊 2%。

（2）硫酸钠　猪 0.1%~0.3%；肉鸡 0.1%~0.3%；鸭 0.1%~0.3%；牛、羊 0.1%~0.4%（以 Na_2SO_4 计）。

最大使用量为 0.5%，因为有致泻作用，反刍动物需要注意维持适当氮硫比。

（3）碳酸氢钠：牛 0~0.75%；蛋鸡 0~0.3%；育肥猪每天 4~5g。

4. 缺乏与过量

（1）缺乏　食欲差、生长慢、失重、生产力下降、饲料利用率降低。奶牛缺钠导致异食癖、被毛粗糙、体重减轻、产奶量、乳脂率下降；猪缺钠出现咬尾或同类相残；鸡缺钠易出现啄癖。

（2）过量　当动物饮水受限或摄入食盐过多会导致食盐中毒，表现口渴、腹泻，产生类似脑膜炎的神经症状，严重导致死亡。

（三）镁

镁在动物体内约占体重 0.05%，其中 60%~70% 存在于骨骼中。

1. 功能与作用

镁是形成动物骨骼和牙齿的重要部分，当钙不足时，镁可补充部分钙，镁摄入较多，又会影响组织骨骼正常钙化。镁也是动物体内多种酶的活化因子或参与多种酶的组成。镁也参与蛋白质的合成、DNA 的合成与分解。镁与钙、钾、钠及阴离子一起维持体内酸碱平衡和神经肌肉正常的兴奋性。

2. 产品种类

（1）氯化镁　分子式 $MgCl_2 \cdot H_2O$，含镁 11.05%，为白色或无色结晶。

（2）氧化镁　由天然菱镁矿精制而得。分子式 MgO，含镁 60.3%。为白色粉末，不溶于水和乙醇。对反刍动物生物效价优于硫酸镁。

（3）硫酸镁　由氧化镁、氢氧化镁或碳酸镁与硫酸反应后制得，无水硫酸镁含镁 20.2%，含硫 26.63%；一水硫酸镁含镁 17.56%，含硫 23.16%；七水硫酸镁含镁 9.86%，含硫 13.01%。均为白色粉末，可溶于水，有轻泻作用。来源广泛，价格低廉，是优良的补镁剂。

（4）碳酸镁　含镁 20.8%~34%，均为白色粉末，不溶于水和丙酮，适口性好，对反刍动物效果优于硫酸镁，有轻泻作用。

氯化镁、硫酸镁来源广泛、价格低廉；碳酸镁适口性好，氧化镁适口性较差。但碳酸镁和氧化镁生物学效价优于硫酸镁。镁添加剂主要用于反刍动物，各种镁添加剂均有轻泻作用，用时需要注意镁和钾的比例。

3. 使用量

（1）氧化镁　推荐量为泌乳牛羊 0~0.5%（以 MgO 计），最高限量 1%（以 MgO 计）。

（2）氯化镁、硫酸镁等　推荐量为猪 0~0.04%；家禽 0~0.06%；牛 0~0.4%；羊 0~0.2%；淡水鱼 0~0.06%（以 Mg 元素计）。

最高限量：猪 0.3%；家禽 0.3%；牛 0.5%；羊 0.5%（以 Mg 元素计）。

4. 缺乏与过量

（1）缺乏　非反刍动物需镁量较低，约占饲料的 0.05%，一般饲料可以满足。反刍动物需要量较高，一般是单胃动物的 4 倍左右，动物缺镁主要表现为厌食、生长受阻、过度兴奋、抽搐，严重的导致昏迷死亡。牛缺镁临床表现的抽搐痉挛类似于缺钙导致的"产乳热"，但通过血液学检测可以区分，因缺镁导致的痉挛血镁下降，而血钙磷正常。

（2）过量　镁含量过高，可引起动物中毒，表现为腹泻，降低采食量，运动失调、昏迷，严重的可导致死亡。鸡中毒出现腿软和腿骨畸形，内脏痛风，内脏有典型的白垩状尿酸盐沉着。

（四）硫

大多数动物体内硫占体重 0.16%~0.23%，随年龄生长而增加。在饲料中，鱼粉、血粉、肉粉等蛋白质饲料是动物体的主要硫源，含硫量较高时可达 0.35%~0.85%。在含硫氨基酸得到满足时，一般不需要补充，但在以尿素等为氮源时需要补充含硫添加剂。

1. 功能与作用

硫在动物体内主要通过含硫的有机营养物质的代谢起作用。硫对反刍家畜利用饲料中的营养物质，特别是粗纤维的消化和氮的利用有重要作用；对绵羊、毛兔和毛皮动物等的毛、皮生长及质量有重要作用。硫可用于合成软骨素基质，如牛磺酸、肝素、胱氨酸及含硫激素等。

2. 添加剂种类

主要为各种硫酸盐，如硫酸钠、硫酸镁等。

3. 需要量

反刍动物对硫的需要量为饲粮 0.2%，单胃动物不需要添加。

4. 缺乏与过量

（1）缺乏　生长停滞、消瘦，角、蹄、爪、被毛生长缓慢，反刍动物利用纤维素能力降低。反刍动物 N：S 大于 10：1（奶牛 12：1）出现硫缺乏。

（2）过量　当用无机硫作添加剂时，用量超过 0.3%~0.5%可使动物产生厌食、失重、便秘、腹泻、抑郁等中毒反应，严重甚至死亡。

（五）铁

动物每千克体重含铁 30~70mg，几乎所有组织都含有铁，但各组织器官间含铁差别较大，动物体内 55%~70%的铁存在于血红蛋白和肌红蛋白中。肉粉、血粉、鱼粉等动物饲料是良好的铁来源，但牛奶含铁较少。

1. 功能与作用

铁的生物学功能如下：① 参与载体的形成，转运和储存营养素。如血红蛋白在体内运载氧气和二氧化碳，肌红蛋白在肌肉中储存氧；② 铁是多种金属酶的成分或为活化某些金属酶所必需的辅助因子，参与体内的物质和能量代谢；③ 参与体内的生理防卫功能。

2. 产品种类

（1）硫酸亚铁　饲料级硫酸亚铁一般为 $FeSO_4 \cdot 7H_2O$，含铁 20.09%，含硫 11.53%。呈浅蓝绿色单斜结晶或结晶性粉末，可溶于水，不溶于乙醇。硫酸亚铁在空气中易被氧化，随之生物学效价降低。

（2）氯化亚铁　分子式为 $FeCl_2 \cdot 4H_2O$，为蓝绿色单斜系透明结晶，易潮解，易溶于水和醇。铁含量 27.3%。

（3）碳酸亚铁　分子式 $FeCO_3$，含铁 48.2%，为灰白色结晶粉状物或固体含有极小的斜方六面体，在空气中稳定，不溶于水，加热变黑。

（4）富马酸亚铁　分子式 $FeC_4H_2O_4$，含铁 32.9%，为微红橙至微红褐色粉末。

（5）柠檬酸亚铁　由氢氧化铁和柠檬酸反应制得，是褐色透明状小片或红褐色粉末，无臭，稍有铁味。含铁 16.5%以上。

（6）乳酸亚铁　含铁 19.39%，为淡绿色或微黄色结晶粉末，微甜，有铁味，可溶于水。在空气中被氧化后色泽变深。

（7）氨基酸螯合铁　商品形式有赖氨酸亚铁、蛋氨酸亚铁、甘氨酸亚铁、DL-苏氨酸铁及亚铁。氨基酸螯合铁的吸收率高但生产成本高。

各种铁源中，无机铁以硫酸亚铁利用效率最高，有机铁源生物学效价均高于无机铁，但价格昂贵。

3. 使用量

配合饲粮或全混合饲粮中的推荐添加量为：猪 40~100mg/kg；鸡 35~120mg/kg；牛 10~50mg/kg；羊 30~50mg/kg；鱼类 30~200mg/kg。

最高限量为：仔猪（断奶前）250mg/（头·d）；家禽 750mg/kg；牛 750mg/kg；羊 500

mg/kg；宠物 1 250mg/kg；其他动物 750mg/kg。

4. 缺乏与过量

（1）缺乏 缺铁典型症状是贫血，血红蛋白低于正常值，仔猪最易出现贫血，最常见于 21 日龄左右。主要表现是食欲下降、生长慢、昏睡、可视黏膜苍白，呼吸频率增加，抗病力弱，严重时死亡率高。

（2）过量 动物对铁耐受量较高，中毒较少见，当铁超出耐受量时，导致造血组织细胞受毒害，慢性中毒导致消化紊乱、生长停滞和磷利用率降低。

（六）铜

1. 功能和作用

① 作为金属酶的组成成分参与体内代谢；② 参与体内的造血过程；③ 参与体内骨骼的形成，是骨细胞、胶原和弹性蛋白的重要元素。此外铜还参与动物被毛生长、色素沉积、繁殖活动和免疫反应等。

2. 产品种类

（1）硫酸铜 存在五水硫酸铜和无水硫酸铜等。五水硫酸铜为蓝色透明的结晶或粉末，含铜 25.44%，硫 12.84%；无水硫酸铜为白色斜方结晶或无定形粉末，含铜 39.81%，硫 20.09%。硫酸铜水溶性好，生物学效价高，是首选补铜剂之一。铜会破坏维生素，因此使用时最好分开预混。

（2）氯化铜 分子式 $CuCl_2 \cdot H_2O$，含铜 37.2%，为蓝绿色斜方晶系结晶，在潮湿空气中易潮解。易溶于水，溶于醇、丙酮和氨水。

（3）其他 如酵母铜、氧化铜、氨基酸铜络合物、蛋氨酸铜络（螯）合物、赖氨酸铜络（螯）合物、甘氨酸铜络（螯）合物等。

3. 使用量

推荐添加量为猪 3~6mg/kg；家禽 0.4~10.0mg/kg；牛 10mg/kg；羊 7~10mg/kg；鱼类 3~6mg/kg（以铜计）。饲料中铜最高限量为仔猪（≤30kg）200mg/kg；生长肥育猪（30~60kg）150mg/kg；生长肥育猪（≥60kg）35mg/kg；种猪 35mg/kg；家禽 35mg/kg；牛精料补充料 35mg/kg；羊精料补充料 25mg/kg；鱼类 25mg/kg。

4. 缺乏与过量

（1）缺乏 反刍动物常出现缺铜，猪、禽一般不出现，但若饲料来自缺铜地区，则动物易出现缺铜症状。动物缺铜表现与缺铁类似贫血症，缺铜的猪、禽易出现骨折和骨畸形。羔羊表现为共济失调，绵羊缺铜导致毛的弯曲度降低或消失。缺铜还可能导致动物繁殖性能降低或腹泻。

（2）过量 高剂量的铜虽有促生长作用，但因铜在体内的蓄积作用，长期导致肝脏铜升高，不利于健康。摄入过量铜可导致铜中毒，如发生血红蛋白尿、黄疸、急性腹痛、腹泻、粪便呈绿色。绵羊、牛、兔、猪、鸡、马和大鼠的日粮铜最大耐受量分别为 25、100、200、250、300、800 和 1 000mg/kg。大量用铜还导致土壤、水质环境的污染。

（七）锌

1. 功能与作用

锌是体内多种酶的合成和活性必需成分，参与维持上皮细胞和皮肤正常形态和健康，同时锌在维持正常繁殖性能、骨骼生长、大脑神经系统发育都有重要作用。仔猪饲料中加入高剂量的氧化锌（2 000~3 000mg/kg）可减轻断奶后的腹泻。锌是胰岛素的组成部分，参与抗氧化酶的形成。

2. 产品种类

（1）硫酸锌　有 $ZnSO_4 \cdot H_2O$，含锌36.4%和 $ZnSO_4 \cdot 7H_2O$，含锌22.7%。两种锌盐都是白色结晶或粉末，味涩，均溶于水，不溶于乙醇。

（2）氧化锌　分子式 ZnO，含锌80.34%。为白色至淡黄白色粉末，不溶于水。

（3）氯化锌　分子式 $ZnCl_2$，含锌48%，为白色六方晶系粒状结晶或粉末。

（4）蛋氨酸锌　指硫酸锌与蛋氨酸锌反应后的产物，含锌17.2%以上。

无机锌源中硫酸锌水溶性好，吸收率高，生物学效价高，其他无机锌源生物学效价相近。有机锌效果高于无机锌。

3. 使用量

（1）硫酸锌　猪 40~110mg/kg；肉鸡 55~120mg/kg；蛋鸡 40~80mg/kg；肉鸭 20~60mg/kg；蛋鸭 30~60mg/kg；鹅 60mg/kg；肉牛 30mg/kg；奶牛 40mg/kg；鱼类 20~30mg/kg；虾类 15mg/kg（以饲料中的锌含量计算）。

（2）氧化锌　猪 43~120mg/kg；肉鸡 80~180mg/kg；肉牛 30mg/kg；奶牛 40mg/kg。

（3）蛋氨酸锌　猪 42~116mg/kg；肉鸡 54~120mg/kg；肉牛 30mg/kg；奶牛 40mg/kg。

最高限量：代乳料 200mg/kg；鱼类 200mg/kg；宠物 250mg/kg；其他动物 150mg/kg。

4. 缺乏与过量

（1）缺乏　表现皮肤和被毛受损，雄性生殖器官发育不良，精子生成停止，母畜繁殖性能降低；皮肤变厚角化，不完全角化症。猪缺锌表现前肢上部、眼、嘴、大腿内侧出现皮炎。鸡缺锌导致生长受阻，骨骼发育畸形。犊牛和羔羊也表现与猪类似的皮炎、脱毛、腿脚僵硬、关节肿大。

（2）过量　过量的锌摄入，不利于铁、铜元素吸收，造成动物贫血，呆滞，消化道紊乱。各种动物对锌都有较强的耐受力。反刍动物比单胃动物敏感。猪、绵羊和牛的耐受量分别为 1 000、300 和 500mg/kg。

（八）锰

1. 功能与作用

锰的主要营养作用是在碳水化合物、脂类、蛋白质和胆固醇代谢中作为酶活化因子或组成部分。锰可维持骨骼的正常生长，与动物的正常繁殖有关。

2. 产品种类

（1）硫酸锰　硫酸锰有三种，包括一水硫酸锰，分子式 $MnSO_4 \cdot H_2O$，含锰32.5%；五水硫酸锰，分子式 $MnSO_4 \cdot 5H_2O$，含锰22.8%，含硫13.3%；七水硫酸锰，分子式 $MnSO_4 \cdot 7H_2O$，含锰19.8%，含硫11.6%。三种都为淡红色结晶，结晶水多的颜色稍深，易溶于水。

（2）氧化锰　黑色无定形粉末，含锰76.6%以上。

（3）氯化锰　含锰27.8%，易溶于水，为玫瑰色单斜晶体。易潮解。

3. 使用量

（1）硫酸锰　猪 2~20mg/kg；肉鸡 72~110mg/kg；蛋鸡 40~85mg/kg；肉鸭 40~

90mg/kg；蛋鸭 47~60mg/kg；鹅 66mg/kg；牛 20~40mg/kg；奶牛 12mg/kg；鱼类 2.4~13.0mg/kg（以全混合饲粮中的锰含量计算）。

（2）氧化锰　猪 2~20mg/kg；肉鸡 86~132mg/kg（以全混合饲粮中的锰含量计算）。

（3）氯化锰　猪 2~20mg/kg；肉鸡 74~113mg/kg（以全混合饲粮中的锰含量计算）。

最大添加量：鱼类 100mg/kg；其他动物 150mg/kg（以全混合饲粮中的锰含量计算）。

4. 缺乏与过量

（1）缺乏　骨异常是缺锰的典型表现，禽类出现滑腱症，症状为腿骨粗短、关节变形、因腓肠肌腱脱出而不能站立，最后导致死亡；还会导致软骨营养障碍；猪出现脚跛、后踝关节肿大和腿弯曲缩短；绵羊和小牛行走困难、关节疼痛、不能保持平衡。山羊出现跗骨小瘤，腿变形。母鸡缺锰产蛋率下降，蛋壳变薄，种蛋孵化率降低。

（2）过量　禽对锰有较好的耐受力，饲料锰含量 0.6g/kg 可导致小鸡生长停滞，当锰达到 4.8g/kg 时，半数以上死亡。猪对锰敏感，只能耐受 400mg/kg，牛羊可耐受 1 000mg/kg。

（九）硒

1. 功能与作用

硒的主要生理作用为参与谷胱甘肽过氧化酶的组成，起抗氧化作用；硒可保证睾酮激素的正常分泌；硒可促进淋巴细胞产生抗体，增强细胞免疫能力。

2. 产品种类

（1）亚硒酸钠　为无色至粉红色结晶粉末，易溶于水，剧毒，对大鼠半数致死量为每千克体重 7mg。含硒 45.7%。

（2）硒酸钠　本品由硒和碳酸钠共热生成，稳定性弱于亚硒酸钠，含硒 21.4%。

（3）酵母硒　优质的有机硒源，吸收率高，通过富硒酵母生物发酵制得，比无机硒安全、稳定、易吸收。

3. 使用量

饲粮中硒的推荐量为：畜禽 0.1~0.3mg/kg；鱼类 0.1~0.3mg/kg。饲粮硒最高含量不超过 0.5mg/kg。

4. 缺乏与过量

（1）缺乏　动物生长受阻，心肌和骨骼肌萎缩，肝细胞坏死，脾脏纤维化、出血、水肿、贫血、腹泻。缺硒可导致动物白肌病、公猪生殖道精子数减少、活力降低、畸形率增加，种鸡产蛋下降，母羊不育，母牛产后胎衣不下。

（2）过量　过量可导致中毒，家禽硒中毒剂量为 10~20mg/kg，猪是 7.5~10mg/kg，反刍动物是 2mg/kg。硒中毒慢性症状是消瘦和贫血，关节僵硬变形、蹄壳变形脱落、脱毛、心肌坏死，肝脏脂肪浸润，机能损害；当一次摄入过多硒可导致急性或亚急性硒中毒，轻者瞎眼、蹒跚，重者死亡，动物呼出气体有蒜味。

（十）碘

1. 功能与作用

碘主要功能是作为甲状腺成分，参与体内物质代谢和能量代谢，对繁殖、生长、发育、红细胞生成和血液循环等起调控作用。

2. 产品种类

（1）碘化钾 分子式 KI，含碘 76.4%，含钾 23.6%，为无色或白色立方结晶，无臭，有浓苦味。易溶于水，溶于乙醇、甲醇、丙酮、甘油等。遇光或空气能析出游离碘而呈黄色，游离碘对维生素、抗生素有破坏作用。

（2）碘酸钙 分子式 $Ca(IO_3)_2 \cdot 6H_2O$，含碘 25.02%；$Ca(IO_3)_2 \cdot H_2O$ 含碘 62.22%；$Ca(IO_3)_2$ 含碘 65.1%。均为白色结晶粉末，比碘化钾稳定。

（3）碘酸钾 含碘 59.3%，为无色单斜晶系结晶或白色性粉末，无臭，溶于水。加热至 500℃ 可分解产生氧气和碘化钾，与可燃气体混合，撞击可产生爆炸。

3. 使用量

推荐饲料中碘含量为：猪 0.14mg/kg；家禽 0.1~1.0mg/kg；牛 0.25~0.80mg/kg；羊 0.1~2.0mg/kg；水产动物 0.6~1.2mg/kg。

最高限量为：蛋鸡 5mg/kg；奶牛 5mg/kg；水产动物 20mg/kg；其他动物 10mg/kg。

4. 缺乏与过量

（1）缺乏 动物缺碘典型症状是甲状腺肿大，此外生长受阻，繁殖力下降，妊娠动物缺碘可导致胎儿死亡或被重吸收，产死胎或新生儿无毛。母牛缺碘发情无规律，甚至不育；猪缺碘为无毛、皮厚、颈粗。

（2）过量 碘过量可导致猪血红蛋白水平下降，鸡产蛋量下降，奶牛产奶量下降，猪、禽、牛、羊和马最大耐受量依次是 400、300、50 和 5mg/kg。

（十一）钴

1. 功能与作用

钴主要作为维生素 B_{12} 的组成部分参与代谢作用，作为多种酶的激活因子。

2. 产品种类

（1）硫酸钴 分子式 $CoSO_4$ 含钴 45.4%；一水化合物分子式 $CoSO_4 \cdot H_2O$ 含钴 34.1%；七水化合物分子式 $CoSO_4 \cdot 7H_2O$，含钴 21%。随结晶水增加，由淡红色变为玫瑰红至棕红色结晶。

（2）氯化钴 分子式 $CoCl_2$ 含钴 45.4%，随结晶水增加，可由淡蓝色逐渐变为浅蓝色、红色或红紫色结晶。溶于水、乙醇、丙酮。

（3）碳酸钴 为红色单斜晶系结晶或粉末，不溶于水。含钴 48.5% 以上。

（4）其他 如乙酸钴、氧化钴、硝酸钴、葡萄糖钴等。

各种钴盐添加剂生物学效价类似。

3. 使用量

钴主要作为反刍动物瘤胃微生物合成维生素 B_{12} 的原料。使用量为牛、羊 0.1~0.3mg/kg，鱼类 0~1mg/kg。猪和鸡一般不需要添加。最高限量为 2mg/kg。

4. 缺乏与过量

（1）缺乏 反刍动物容易出现缺钴症状，影响瘤胃微生物区系组成，出现贫血、食欲衰退、精神不振、消瘦、生长停滞，长期缺乏导致肌肉萎缩、皮肤和黏膜苍白，共济失调，可导致死亡。

（2）过量 非反刍动物表现为红细胞增多，反刍动物表现肝钴含量增高，采食量和体重下降，消瘦和贫血。肉鸡耐受量 70mg/kg，仔猪 150mg/kg，牛羊中毒量 10mg/kg。

（十二）铬

1. 功能与作用

铬可与尼克酸、谷氨酸、胱氨酸和甘氨酸等形成螯合物（–葡萄糖耐受因子），协同胰岛素参与碳水化合物代谢，具有抗应激的作用。

2. 产品种类

（1）烟酸铬　为灰色细小结晶粉末，含铬12%以上。

（2）吡啶甲酸铬　为棕红色粉末，含铬12.1%，家畜利用率10%~15%。

（3）酵母铬　为新型有机铬添加剂，吸收率达到10%~25%。

3. 使用量

主要用于生长育肥猪，饲料中铬含量为0~0.2mg/kg，最高限量0.2mg/kg。

4. 缺乏与过量

（1）缺乏　缺铬可导致动物生长受阻，生命缩短，葡萄糖、脂类、蛋白质代谢紊乱。

（2）过量　中毒可导致鼻中隔溃疡，胃炎，反刍动物瘤胃或周围溃疡。

四、非蛋白氮（NPN）添加剂

非蛋白氮包括以下几类：① 尿素及其衍生物，如尿素、磷酸脲等；② 肽类及其衍生物，如胺、小肽、氨基酸、酰胺等；③ 铵盐类：如硫酸铵、氯化铵等；④ 氨态氮类，如液氨、氨水等。

在非蛋白氮饲料中，尿素成本最低，效果好，使用时间长，被广泛使用。非蛋白氮作为反刍动物的饲料主要原理是：非蛋白氮进入瘤胃后，能够迅速被溶解，被脲酶分解为氨和二氧化碳，瘤胃微生物利用氨和碳水化合物合成微生物蛋白，微生物蛋白再被反刍动物利用。理论上1kg尿素相当于2.62~2.81kg蛋白质。

（一）常见产品种类

1. 尿素

总量1%，可用羟甲基尿素、尿素糖蜜舔砖、淀粉糊化尿素、包被尿素等方式降低尿素氨的释放速度。均可加入饲料中直接使用。舔砖成品可供动物舔食。

2. 磷酸脲

因水溶液呈酸性，可用于青贮，每千克可用于250kg青饲料。饲料中添加时1%~2%用量。

3. 碳酸氢铵

用作秸秆氨化，一般不加入精料，用量不超13%，也可用于青贮。

4. 硫酸铵

0.5%加入青贮饲料。禁止使用工业硫酸铵。氮含量大于或等于21%，含硫24%，砷小于75mg/kg，重金属30mg/kg以下。

5. 液氨＼氨水

青贮中每吨玉米青贮加3~4kg氨。液氨要注入粗饲料堆垛中，并用塑料膜密封，用量3%。

6. 磷酸二氢铵、磷酸氢二铵

制作舔砖或加入青贮饲料、精料中，不可加入饮水中。必须与尿素合用，避免含磷过高，比例 1：（2~2.5）（尿素）。

7. 氯化铵

加入饲料中饲喂，用量不超饲料总氮 1/3。

8. 异丁叉二脲

加入反刍精饲料中，建议 1%~1.5%。

（二）注意事项

1. 饲粮中碳水化合物浓度

只有提供充足的能量和碳架，瘤胃微生物才能合成菌体蛋白，因此饲粮中常加入糖蜜，可改善适口性，提高非蛋白氮利用率。

2. 日粮粗蛋白水平

当日粮粗蛋白水平满足动物需要，则不需要添加非蛋白氮，一般日粮蛋白水平超过 13%，不需要添加尿素等非蛋白氮。一般添加尿素的日粮蛋白水平在 10%~12%。

3. 补充微量元素硫和钴

微生物合成含硫氨基酸需要硫，因此日粮需要补充硫，日粮氮：硫为（10~14）：1，缺钴则影响维生素 B_{12} 的合成。

4. 尿素类非蛋白氮

饲粮饲喂量一般为饲粮 1% 以内，最大不超过 2%，产奶高的牛不要饲喂尿素。

5. 控制氨释放速度

生产中可采用少喂勤添的方法或采用脲酶抑制剂、缓释技术，避免氨释放过快导致氨中毒或非蛋白氮中毒。

五、矿物质元素、维生素的相互拮抗

微量元素、维生素相互间存在协同或拮抗作用，协同作用表现为在吸收过程中相互促进，在代谢过程中协调与增效；拮抗作用表现为彼此抑制，在代谢过程产生彼此不利的影响。

（一）矿物质元素间存在相互间的协同或拮抗作用

各种矿物质元素间存在相互干扰作用，如在蛋鸡饲料配制过程中，需要大量使用钙，而钙影响锌和锰的吸收，因此要增加锌锰的使用量；而锌、铜、锰影响铁的吸收，锌铜之间相互拮抗。高铜时，缺锌、铁则会引起铜中毒，当提高锌、铁添加量则不会引起铜中毒。在反刍动物当钼过高会抑制铜的吸收，需要调高铜的水平才能避免铜缺乏症。在反刍动物中加入钴可促进维生素 B_{12} 的合成。当反刍动物中 N：S 大于 10：1 可引起硫的缺乏。已知的矿物质元素相互拮抗关系如下。

1. 钙与磷

高钙影响磷的吸收，高磷也会影响钙的吸收，二者适宜比例为钙：磷=2：1（不适用于产蛋家禽）。

2. 钙与锌

高钙阻碍锌吸收，增加锌的需要量，锌：钙≥1：100。

3. 钙与锰

高钙抑制锰的吸收，高猛也导致钙磷负平衡。

4. 钙与铜

高钙引起铜不平衡。

5. 铜与铁、锌

高锌和铁可消除铜中毒症状，铜：锌 = 1：10。

6. 铜与钼、硫

饲料钼、硫不足引起反刍动物铜吸收增加，导致铜中毒，铜：钼 ≥ 4：1。

7. 锰与铁

高锰抑制铁的吸收。

8. 碘与砷、氟、钴、钙、食盐

猪对碘需要量随这几种元素提高而增加。

9. 硒与铜、锌、银

硒随后三种元素增加而需要量增加。

10. 磷与铜、锌

高磷增加铜的排泄，干扰锌的吸收，磷：铜 = 1 000：1、磷：锌 = 100：1。

（二）　维生素间的相互作用

1. 维生素 A 受饲料中脂肪、蛋白质含量的影响
2. 维生素 D 促进体内钙磷的吸收
3. 维生素 E 与硒存在协同作用
4. 泛酸钙

烟酸和维生素 C 易使泛酸钙脱氨失活。

5. 泛酸

饲料中能量浓度的增加使动物泛酸需要量增加。

6. 烟酸

色氨酸在多余情况可转化为烟酸，猪用 50mg 色氨酸可转化 1mg 烟酸。

7. 胆碱

当叶酸和维生素 B_{12} 缺乏时，胆碱需要量明显增加。

8. 氯化胆碱

氯化胆碱对维生素 A、胡萝卜素、维生素 D、维生素 B_1 和泛酸钙均有破坏作用，常单独使用。

第二节　非营养性饲料添加剂

非营养性添加剂是指加入饲料中用于改善饲料利用效率、保持饲料质量和品质、有利于动物健康或代谢的一些非营养性物质，主要包括药物饲料添加剂、益生素、酶制剂、中草药及植物提取物、防霉剂、饲料调制和调质添加剂等。

一、药物饲料添加剂

药物添加剂是指为预防或治疗疾病，改善动物产品品质、提高产量而掺入载体或稀释剂的一种或多种兽药的兽药预混料。

（一）抗生素类添加剂

具体种类可以查看农业部公告 168 号文件，整体趋势是抑菌、促生长等用途的抗生素类添加剂逐渐减少，并逐渐过渡到禁用。

（二）驱虫保健剂

驱虫保健剂主要指用于饲料，能防治畜禽寄生虫病，促进畜禽生长、提高饲料利用效率的添加剂。种类多，毒性大。目前批准使用的驱虫保健剂只有两类：一类是驱虫性添加剂，另一类是抗球虫剂。

1. 驱虫性添加剂

批准使用的驱虫剂只有越霉素 A 和潮霉素 B。

（1）越霉素 A   为从放线菌培养液中获得的白色粉末。越霉素 A 对猪蛔虫、猪线虫、猪鞭虫、鸡蛔虫、鸡盲肠虫和鸡毛细线虫有良好驱虫效果。可用于 4 月龄的猪、肉鸡和产蛋前鸡。蛋鸡产蛋期禁止使用。

（2）潮霉素 B   为无定形淡黄褐色粉末，来源于吸水链霉菌培养液。潮霉素 B 可杀死猪体内蛔虫、结节虫和鞭虫，对猪体内寄生虫同样有效。蛋鸡产蛋期禁止使用。

2. 抗球虫剂

（1）莫能菌素   商品名瘤胃素、欲可胖。为微褐色至微橙黄色粉末，有特异性气味。主要抑制球虫，同时对金黄色葡萄球菌、链球菌、枯草杆菌等革兰氏阳性菌有强的抗菌性，当添加超过 240mg/kg，可发生中毒甚至死亡。蛋鸡产蛋期禁用，泌乳奶牛及马属动物禁用，禁止与泰妙霉素、竹桃霉素并用。

（2）盐酸素钠   为白色粉末，有异味，为抗球虫药，同时有促生长、抗应激作用。大鼠半数致死量为 70~100mg/kg（体重）。产蛋期禁用，马属动物禁用，禁止与泰妙霉素、竹桃霉素并用。

（3）拉沙里菌素   又名拉沙洛西钠，为白色至棕色粉末。可造成球虫代谢紊乱死亡，毒性低，不易产生耐药性，但在牛上使用要严格控制剂量，过量使用可致牛死亡。马属动物禁用。

（4）常山酮   白色或灰白色结晶粉末，无臭无味，为广谱抗球虫病，使用量较少，每千克饲粮加 3mg 可杀死全部球虫卵囊。适口性差，影响动物采食量，蛋鸡产蛋期禁用。

（5）氯苯胍   白色或浅黄色粉末，味苦，不溶于水，通过化学合成，主要用于球虫和兔的球虫病，疗效高，毒性小，蛋鸡产蛋期禁用。

（6）二硝脱胺   又名球痢灵，白色结晶，效果较差，但毒性小，不易产生耐药性。蛋鸡产蛋期禁用。

二、酶制剂

酶制剂主要是一种或多种用生物技术生产的酶与载体或稀释剂采用一定生产工艺制成的一种饲料添加剂，主要目的是提高饲料消化利用率，提高动物生产性能，减少环境污染，转化或消除饲料中抗营养因子，充分利用新的饲料资源。

1. 作用

① 补充动物内源酶的不足，激活内源酶的分泌。

② 破碎细胞壁，提高养分利用率。

③ 消除抗营养因子。

④ 降低麦类等饲料中的非淀粉多糖的黏度，提高饲料消化利用率。

2. 种类

（1）植酸酶　分解饲料中的植酸盐，如植酸磷难以被动物消化吸收，还影响其他营养物质利用，通过植酸酶提高饲料原料中磷利用率，降低外源磷的补充。同时提高对钙、镁、锌等的利用率。

（2）蛋白酶　将植物蛋白降解为氨基酸，提高蛋白利用率，主要用于幼龄动物。

（3）纤维素酶、半纤维素酶、果胶酶等　把结构性碳水化合物分解为可利用的单糖，提高饲料利用效率。

（4）α-淀粉酶　用于幼龄动物，提高动物对淀粉的利用率。

（5）脂肪酶　水解脂肪，用于幼龄动物，通过微生物生产。

三、益生素

益生素是改善小肠微生物平衡的饲料添加剂，可以通过饲喂动物并调节肠道微生态平衡达到预防疾病、促进生长和提高饲料利用效率。微生物添加剂可以促进有益菌增殖、抑制有害菌增殖的非消化食物成分。

常见的益生素菌种有：乳酸菌、双歧杆菌、粪链球菌、芽孢杆菌、酵母菌等，也包括多糖或寡糖、辅酶、部分氨基酸和维生素等改善菌群结构的化学物质。

四、酸化剂

酸化剂是指有机酸或无机酸，单独或以混合物形式加入到畜禽饲料中，以降低 pH 的添加剂。酸化剂可补充幼年动物胃酸分泌的不足，激活消化酶；抑制微生物的生长繁殖，减少饲料氧化酸败；杀灭部分有害微生物，改善胃肠道微生物菌群；改善饲料的适口性，提高采食量；直接参与体内的代谢反应。

常用的酸化剂包括单一酸化剂和复合酸化剂，其中单一酸化剂可分为有机酸化剂和无机酸化剂。

（一）有机酸化剂

有机酸化剂具有良好的风味，常被采用。常见的有机酸化剂包括柠檬酸、延胡索酸、乳酸、甲酸、乙酸（醋酸）、丙酸、果酸、戊酮酸、山梨酸等。有机酸可能腐蚀饲料厂或动物饲喂设备，且价格昂贵，过高比例会造成维生素流失，影响适口性，因此目前开始采用有机酸盐饲喂。有机酸盐在胃内可与盐酸反应分离出游离的有机酸，添加量在 1%~2%，可提高日增重。

（二）无机酸化剂

无机酸化剂包括强酸如盐酸、硫酸等，也包括弱酸，如磷酸等。与有机酸相比，无机酸价格便宜，具有较强的酸性，因此成本较低。

（三）复合酸化剂

复合酸化剂使用几种特定有机酸和无机酸复合而成，具有迅速降低 pH，保持缓冲值，同时有可能降低成本。添加量一般在 0.1%~0.5%。

实践中要根据所用酸化剂类型和日粮系酸力来决定酸化剂的适宜添加量。

五、中草药及植物提取物

中草药主要指草本或木本植物的根、茎、叶、皮、籽实等，植物提取物既从上述植物提取的具有生物学功能的成分。中草药添加剂具有非特异性抗菌作用；无药物残留、病原微生物不易产生耐药性、毒副作用低、来源丰富等明显的优点。中草药添加剂对促进动物生长、提高免疫能力、抗氧化等方面有重要作用。常见中草药种类如下。

（一）增食促生长

主要是健胃促消化的中草药，可改善饲料适口性，提高采食量，促进消化液分泌。如山楂、陈皮、苍术、枳壳、麦芽、神曲等。

（二）增产型

可提高动物的产品质量，如促进产蛋的水牛角、沙苑、淫羊藿；催肥的远志、柏子仁、酸枣仁、五味子、山药、松针粉等；促进乳腺发育和乳汁合成的王不留行、四叶参、马鞭草、鸡血藤等。

（三）免疫增强剂

天然中草药具有多种活性成分，增强体内的免疫能力。如：黄芪、党参、白术、茯苓、当归等可增强免疫能力。金银花、连翘、大蒜、鱼腥草等具有抗金黄色葡萄球菌、肺炎双球菌作用。金银花、鱼腥草、大青叶、板蓝根、丹皮等对流感病毒亚甲型有抑制作用。

（四）抗寄生虫剂

如南瓜子、贯众、槟榔、使君子等对蛔虫、绦虫、姜片吸虫有驱逐作用。

（五）抗应激剂

如抗热的柴胡、黄连、栀子、茵陈等；抗惊厥的天麻、白芍、酸枣仁、地龙；镇静催眠的刺五加、臭梧桐、水片等。

六、饲料保存剂

饲料从生产到使用过程需要一定的贮存或间隔时间，此过程受各种因素影响，会导致饲料营养成分受到破坏或产生有毒有害物质，影响动物健康。因此为避免饲料品质降低或饲料产生有毒有害物质需要使用饲料保存剂。饲料保存剂包括防霉防腐剂、抗氧化剂等。

（一）防霉防腐剂

防霉防腐剂主要抑制微生物生长繁殖，防止饲料发霉变质和延长贮存时间的作用。

常用的防霉防霉剂如下。

1. 丙酸及其盐

包括丙酸、丙酸钠、丙酸钙、丙酸铵。丙酸是动物代谢中间产物，毒性低，有较好的抑制细菌的作用，得到广泛使用。

（1）丙酸 为有特异气味的腐蚀性有机酸液体，无色、透明。可抑制霉菌生长、防止霉菌产生毒素，延长贮存期。饲料中添加丙酸一般为 $500 \sim 1\,500mg/kg$，不超过 $3\,000mg/kg$。

（2）丙酸钠、丙酸钙 均为白色晶体颗粒或粉末，无味或略有丙酸气味。添加量 $0.2\% \sim 0.3\%$。

（3）丙酸铵 无色透明液体，有氨味，腐蚀性低于丙酸，优点是降低腐蚀性，添加量 $0.6 \sim 3mg/kg$，尽量不用于猪禽饲料。

2. 富马酸及其酯类

属于酸性防霉剂，防霉效果优于山梨酸和丙酸，包括富马酸（延胡索酸）、富马酸二甲酯、富马酸二乙酯、富马酸二丁酯、富马酸一甲酯。

（1）富马酸 白色晶体或粉末、有水果香味、可燃；无亲水性和腐蚀性；对畜禽无损害、不残留，可改善饲料风味，提高利用率。添加量一般为 $500 \sim 800mg/kg$。

（2）富马酸二甲酯 白色结晶或粉末。抑菌谱广、毒性小，适用范围广。饲料水分含量 14% 以下用 $250 \sim 500mg/kg$，15% 以上时剂量为 $500 \sim 800mg/kg$。

（3）富马单甲酯 白色结晶粉末。抑菌能力强，对黄曲霉菌有强烈抑制作用。

3. 苯甲酸和苯甲酸钠

有一定毒性，使用较少，用量不超过饲料总量 0.1%。

4. 山梨酸和山梨酸钾

对动物完全无害，但价格昂贵，常用于宠物饲料、代乳品、食品中。

（二）抗氧化剂

饲料中有多种易被氧化营养成分，如不饱和脂肪酸、微量元素、维生素等易被空气中氧气氧化。因此在饲料中加入抗氧化剂以提高饲料稳定性，延长保存期。常用种类如下。

1. 乙氧基喹啉

为黄褐色或褐色黏性液体，有异味，是目前首选抗氧化剂。常用作动物油脂、鱼粉、全价料抗氧化剂。鱼粉、脂肪类饲料添加 $0.05\% \sim 0.1\%$；维生素 A、维生素 D 饲料添加剂中使用 $0.1\% \sim 0.2\%$；全价料使用 $50 \sim 150mg/kg$；苜蓿草粉添加 $200mg/kg$。由于乙氧基喹啉黏度高，常加入载体吸附制成 $10\% \sim 70\%$ 干粉剂。

2. 二丁基羟基甲苯

为白色微黄、块状或粉末状晶体，一般对动物无害，对植物油脂有抗氧化效果，用量一般 $60 \sim 120mg/kg$。用量不得超过饲料中脂肪含量的 0.02%。

3. 丁基羟基茴香醚

有特异酚类臭味和刺激性气味，不在畜体内蓄积，使用时可加入适量乙醇或丙二醇提高其抗氧化能力。通常用量 $60 \sim 120mg/kg$。

4. 没食子酸丙酯

为人工合成抗氧化剂，有苦味，白色至淡黄色晶体粉末或白色针状结晶，见光易分解。加工时不能和 Fe^{3+} 的器具或水在一起。配合饲料中不超过 $200mg/kg$。

七、饲料品质改善剂

饲料品质改善剂指为改善饲料色、味，提高提料或畜产品感官质量的饲料调制剂，包括着色剂、香味剂、调味剂等。

（一）着色剂

饲料添加着色剂目的是增加畜禽及水产动物产品色泽，如使牛奶黄油增色；禽蛋蛋黄及肉禽羽毛增色；水产动物体表或肉、卵有更好色泽。着色剂包括改变饲料颜色着色剂和能在动物体内沉积并改变其产品的着色剂。着色剂包括人工合成和天然着色剂。常见着色剂如下。

1. 叶黄素

类胡萝卜素着色剂，存在于绿色植物和玉米籽实中，可通过微生物生产，为黄色着色剂，用于蛋禽饲料改善蛋黄颜色，添加量 20～75mg/kg。

2. β-胡萝卜素

为饲料增色剂，对动物产品一般无着色作用，对光不稳定。禽类饲料用量 200mg/kg。

3. 加丽素

类胡萝卜素产品，为黄色系列着色剂，用于肉鸡皮肤、蛋鸡蛋黄着色，或鱼类和甲壳动物。用量 80mg/kg。

4. 柠檬黄

可使饲料发黄，对动物无饲喂效果。

在着色剂使用中，加入抗氧化剂可提高其效果；饲粮钙含量增加，则着色剂使用量显著增加，当米糠用量超过 30%时影响饲粮饲喂效果。

（二）调味剂

调味剂目的是改善饲料的适口性，提高动物食欲，增加采食量，提高经济效益，包括香味剂、甜味剂、鲜味剂、酸味剂等。

1. 香味剂

香味剂可提高饲料适口性，可掩盖不良气味，有天然和合成两种。常见香味剂有香草醛、肉桂醛、茴香醛、柠檬醛等。

2. 甜味剂

目的是增强饲料的甜味，甜味剂的甜度常以蔗糖作为参考，常见的第一类为高甜度的糖精钠，甜度是蔗糖 500 倍，可产生短效甜味，作用不持久。另一种是增强第一类甜味的浓缩物，与第一类混合使用，以产生更持久甜味。常见甜味剂有糖精、糖精钠、蔗糖、三氯蔗糖、山梨糖醇等。

3. 鲜味剂

常用的是谷氨酸钠，具有增鲜作用，促进采食效果较好，但价格较高，主要用于鱼类和乳猪饲料，用量 0.1%～0.2%。

4. 酸味剂

常见的乳酸、醋酸、甲酸、柠檬酸，加入饲料，提高适口性。

八、饲料调制剂

饲料调制剂主要用于饲料加工过程为改善饲料形状而添加的物质，包括颗粒料制作过程使用的黏结剂、矿物添加剂中防结块的抗结块剂及青贮和粗饲料加工使用的调制剂。

（一）黏结剂

黏结剂又称制粒添加剂，主要目的是增加饲料的黏结性，有助于颗粒成形并保持一定的硬度和耐久性；提高鱼饲料在水中稳定性；减少加工中粉尘。常见黏合剂有 α-淀粉、植物胶、动物胶、糖蜜、膨润土、海藻酸钠、膨润土、阿拉伯胶等。用量不得超过配合饲料的 2%。

（二）抗结块剂

抗结块剂又称流散剂，目的是使饲料和添加剂保持良好流散性，避免结块。抗结块剂包括避免饲料在制粒机上集结、具有润滑性的和改善预混料混合均匀性的添加剂。常见的有二氧化硅（价格低，较常用）、亚铁氰化钾（最大限量 5mg/kg）、硅酸盐、硬脂酸钙、高龄土、沸石、膨润土、硅藻土等。各种抗结块剂用量不超过 2%。

（三）青贮饲料添加剂

青贮饲料添加剂包括为防止青贮霉变、酸败、腐烂而添加的添加剂。包括为提高营养价值而加入的非蛋白氮（尿素 0.3%~0.5%、磷酸脲 0.35%~0.4%）、矿物质元素等；为促进乳酸发酵而加入的乳酸菌、糖蜜（添加量为原料含糖 2%~3%）、纤维素分解的酶制剂等；为抑制不良发酵而加入的甲酸（添加 0.5%）、乙酸（添加 0.3%）、丙酸（添加 0.5%~1%）等。

（四）粗饲料添加剂

粗饲料利用效率低，通过化学添加剂处理，可提高动物的采食量和营养物质消化利用率。常用的粗饲料调制剂包括碱化用的氢氧化钠、生石灰、液氨、氨水、尿素等。

九、其他饲料添加剂

除上述饲料添加剂外，还用到脲酶抑制剂、脱毒剂、除臭剂等。

（一）脲酶抑制剂

非蛋白氮在使用中因氨释放过快易引起氨中毒，因此加入脲酶抑制剂，降低胃内脲酶活性，降低尿素类添加剂的分解速度，提高尿素利用率。

（二）脱毒剂

棉籽饼、菜籽饼等饲料原料含有有毒有害或抗营养物质，饲喂过多影响动物健康，同时降低饲料利用效率。因此常加入脱毒剂处理，降低其毒性。常用的有硫酸亚铁、烧碱或纯碱等。

（三）除臭剂

抑制畜禽粪便臭味排放的添加剂，常用的是丝兰植物提取物。

（四）吸湿剂

主要用于预混料，以控制其水分，避免预混料的变质。常用蛭石，可吸收自身体积50%水分。

（五）缓冲剂

用于反刍动物，以维持瘤胃的 pH 稳定，特别是在高精料饲喂时经常使用。常用的包括碳酸钙、碳酸氢钠、磷酸氢钙等，最安全有效的是碳酸氢钠。

第三节　载体和稀释剂

在饲料添加剂中，部分成分对动物生产虽然需要量微量但作用极为重要，过量使用会导致中毒。因此这些微量成分必须均匀分布在全价料中，否则可能产生负面影响。因此在预混料中需要加入载体或稀释剂，使微量成分能均匀、容易分散到配合饲料中。同时加入载体和稀释剂可将活性成分均匀分开，减少活性成分的酸碱互作和理化反应的发生，保证活性成分的稳定性。

载体与稀释剂的水分含量、粒度、容重、表面活性、吸湿性、流动性、化学稳定性、pH 值、卫生条件都有严格要求，影响添加剂的活性成分。载体和稀释剂分有机和无机两类。有机载体和稀释剂主要是纤维较多的植物和粮食副产物，无机载体和稀释剂主要是钙盐、硅的氧化物。

微量活性成分的特点不同，在制作质量好的预混料时，需要根据添加剂的特点选择适宜的载体或稀释剂。

一、维生素预混料

维生素的稳定性较差，酸碱度会影响其稳定性，一般要求维生素的 pH 值为 6.5～7.5。为降低维生素损失，常采用粒度合适，不易与维生素反应的有机物质作为载体或稀释剂。

脱脂米糠、麸皮的效果较好，奢糠、次粉（面粉与麸皮间的部分）次之，玉米粉较差。常用麸皮、脱脂米糠、奢糠按一定比例混用，水分控制在5%以下，粒度30～80目。为避免结块加入二氧化硅（0.3%～0.5%）增强流动性。

二、氯化胆碱

氯化胆碱是胆碱盐酸盐，易吸湿，水溶液呈弱酸性，因此载体要求含水量低，尽可能接近中性。常用氯化胆碱水溶液均匀喷在载体上，与载体浸渍后干燥制得粉状添加剂使用。由于吸湿氯化胆碱对其他维生素有破坏作用，因此氯化胆碱与其他维生素添加剂分开制作。

常用氯化胆碱载体有小麦麸、玉米芯粉、玉米秸秆粉和稻壳粉，在使用时因以上载体流动性差，因此可加入硅酸盐混合使用。

三、矿物质元素预混料

矿物质元素容重大，因此常用容重相近的石灰石粉、沸石粉、石膏粉、贝壳粉等，避免分级。在使用这些载体或稀释剂时注意微量元素间的平衡。使用时先将添加量小的微量元素，如硒、铬、钴等与载体或稀释剂混合，再与其他矿物质元素加载体或稀释剂混合制成矿物质元素预混料。

四、复合预混料

复合预混料常选用承载能力强的有机载体，如麸皮、砻糠、脱脂米糠、大豆皮壳等，容重大、pH 高的无机载体和稀释剂不宜使用。

添加剂的均匀性直接影响动物实际摄入量与配方规定的供给量不符，造成动物采食过量或不足，严重时可导致动物中毒死亡。因此合适的载体和添加剂对保持预混料的均匀性和稳定性非常重要。

关于畜禽饲料中的添加剂使用种类及剂量，可以参照农业部公告 1224 号文件，生产实际中应及时关注我国政府的相关规定，及时淘汰一些有负面作用的添加剂。

参考文献

［1］　陈代文 . 动物营养与饲料学 ［M］. 北京：中国农业出版社，2005.
［2］　陈代文 . 饲料添加剂学 ［M］. 北京：中国农业出版社，2003.
［3］　单安山 . 饲料与饲养学 ［M］. 北京：中国农业出版社，2006.
［4］　计成 . 动物营养学 ［M］. 北京：高等教育出版社，2008.
［5］　中华人民共和国农业部公告，第 1224 号《饲料添加剂安全使用规范》.
［6］　中华人民共和国农业部公告，第 168 号《饲料药物添加剂使用规范》.
［7］　中华人民共和国农业部公告，第 2045 号《饲料添加剂品种目录（2013）》.

第七章 饲料配方设计技术

第一节 使用电子计算机进行饲料配方设计方法介绍

一、线性规划法

线性规划法（linear programming）又简称 LP 法，是最早采用运筹学有关数学原理来进行饲料配方优化设计的一种方法。该法将饲料配方中的有关因素和限制条件转化为线性数学函数，求解一定约束条件下的目标值（最小值或最大值）。

（一）线性规划法的基本条件

采用线性规划法解决饲料配方设计问题时一般要求如下情况成立。

① 饲料原料的价格、营养成分数据是相对固定的，基本决策变量（x）为饲料配方中各种饲料原料的用量，饲料原料用量可以在指定的用量范围波动；② 饲料原料的营养成分和营养价值数据具有可加性，规划过程不考虑各种营养成分或化学成分的相互作用关系；③ 特定情况下动物对各种养分需要量为基本约束条件，并可转化为决策变量的线性函数，每一线性函数为一个约束条件，所有线性函数构成线性规划的约束条件集；④ 只有一个目标函数，一般指配方成本的极小值，也可以是配方收益的最大值，目标函数是决策变量的线性函数，各种原料所提供的成分与其使用量呈正比；⑤ 最优配方为不破坏约束条件的最低成本配方或最大收益配方。

1. 线性规划法设计优化饲料配方的数学模型

设 x_j（x_1，x_2，x_3，$\cdots$，x_n）为参与配方配制过程的各种原料相应的用量，w_0 为所有饲料原料用量之和（1、100%、100 或 1 000 等），n 为原料个数，m 为约束条件数，a_{ij}（$i = 1$，2，$\cdots$，m；$j = 1$，2，$\cdots$，n）为各种原料所含相应的营养成分，b_i（b_1，b_2，b_3，$\cdots$，b_m）为配方中应满足的各项营养指标或重量指标的预定值，c_j（c_1，c_2，c_3，$\cdots$，c_n）为每种原料相应的价格系数，Z 为目标值，则下列模型成立。

目标函数 $Z_{min} = c_1 x_1 + c_2 x_2 + \cdots + c_n x_n$ 满足约束条件：

$a_{11} x_1 + a_{12} x_2 + \cdots + a_{1n} x_n \geqslant (=, \leqslant) b_1$

$a_{21} x_1 + a_{22} x_2 + \cdots + a_{2n} x_n \geqslant (=, \leqslant) b_2$

$\cdots\cdots\cdots\cdots$

$a_{m1} x_1 + a_{m2} x_2 + \cdots + a_{mn} x_n \geqslant (=, \leqslant) b_m$

130

$x1+x2+\cdots+xn=w0$　$x1$，$x2$，$\cdots$，$xn\geqslant0$ 即求满足约束条件下的最低成本配方。

如果求解最大收益，可将目标设定为求解饲料转换效率与饲料价格之乘积最低，利用饲料转化随代谢能变化的回归关系，筛选最大收益配方，由于最大收益配方涉及因素多，编制模型和计算机软件均有一定难度，目前多用的仍是最低成本配方。

2. 线性规划问题的解法

上述线性规划饲料配方计算模型由于含有多个不等式，实际计算时不太方便，如果将所建立的线性规划模型转化为标准型，则可通过单纯形法或改进单纯形法来求解。

如果引入松弛变量 $xn+i$（$xn+1$，$xn+2$，$\cdots\cdots$，$xn+m$），则可将约束条件下的不等式转化为等式，得到线性规划的标准型：

$Zmin=c1x1+c2x2+\cdots+cnxn$

$a11x1+a12x2+\cdots+a1nxn+xn+1=b1$

$a21x1+a22x2+\cdots+a2nxn+xn+2=b2$

$am1x1+am2x2+\cdots+amnxn+xn+m=bm$　$x1+x2+\cdots+xn=w0$

$xj\geqslant0$ 上述标准型可简化表示如下：目标函数满足约束条件

$x1+x2+\cdots+xn=w0$　$xj\geqslant0$

（1）单纯形法　适用于任意多个变量和约束条件的线性规划求解问题。单纯形法是一个迭代过程，它是根据规划问题的标准型，从可行域中的基本可行解开始，转移到下一个基本可行解，若转移后目标函数值不变小则要继续转移。如有最优解存在，就转移到求得最优解为止。

（2）改进单纯形法　系单纯形法的改进算法。其优点是中间变量少，运算量小，适宜解决变量多、约束多的饲料配方计算问题。一般线性规划的计算机程序大部分采用改进单纯形法设计。

3. 线性规划最低成本配方设计的一般步骤

线性规划法计算饲料配方时可以手工计算，但费时，目前多采用专门的计算机软件求解，用于饲料配方设计的计算机机型和线性规划软件很多，但优化的原理是一样的，方法和步骤也差别不大，饲料配方软件一般的操作步骤如下。

（1）建立和维护饲料原料数据库和饲养标准库　将饲料原料的名称、代码、中国饲料号、原料特性和描述、适应动物、饲料价格（成本）、饲料的营养和化学成分、利用率、效价、能蛋比（或蛋能比）、钙磷比、氨基酸比例（其他氨基酸/赖氨酸）等数据输入饲料原料库，将饲养标准名称、代码、标准编号、标准来源、营养需要量、适应动物、标准描述等数据输入饲养标准库。

（2）制作数学模型数据表　根据产品设计方案从原料库选择相应的饲料原料、从标准库中选择相应的营养标准，设置原料的用量限制和营养需要量的上下限，并产生适当的数学型数据表。目前大多数计算机配方软件可以存储以前输入的数据和建立的相应数学模型，可进行适当修改后用于新的饲料配方设计。

4. 线性规划法设计饲料配方的求解思想

（1）约束条件可分 3 方面考虑　一是预定并保证配方设计要求的营养指标，设定营养指标的上下限；二是对某些非常规饲料或含抗营养因子及毒素而不可多用的原料或资源紧俏的原料规定其用量范围；三是所有饲料用量之和，可以是 1、100%、100 或 1 000。

（2）为使问题达到最优解，可以适当降低某些营养指标、放宽原料用量上下限、扩大

131

原料的选择面等。

（3）对于给定的某一线性规划问题，求解过程存在从一个基可行解到另一基可行解的"旅行"，而且基可行解对应的目标函数值依次严格下降。线性规划法如果有最优解则具有唯一性。若无最优解，则最后一个基可行解最接近目标要求，因此可以利用此理得出"参考配方"。当提供参考解时，可根据营养学知识判别是否可用。

5. 线性规划最大收益饲料配方设计

最低成本配方模型可以实现一定生产水平下的动物单位饲料成本最低，但并不意味着所设计的配方具有最佳的饲料报酬或经济效益。一般饲料价格越低，其营养价值可能越差，追求最低成本往往会导致那些廉价的营养价值较低的原料入选或用量增加，使配方的使用价值降低。要防止这种情况发生，就要给予比较严格的限制条件，从而不易得到最优解。

最大收益配方主要针对特定的养殖场，考虑饲料成本的投入与养殖经济效益的产出最佳，最大收益可以指生产单位畜产品的饲料费用最低，畜产品质量要求及饲料的利用效率将是关键决定因素之一。最大收益配方仍以线性规划求目标函数极小值为基础，所不同的只是目标不再是最低成本，而是饲料转换效率与饲料价格之乘积最低。最大收益配方不仅要选择适当的求索目标，还要给出目标函数与营养需要之间或肉、蛋、奶等产品及性状之间的关系，而这些关系往往需要通过大量的饲养试验取得，再加以分析整理而得。目前由于动物营养与饲料科技水平的限制，难以得到最大收益配方，需要许多科学模型的完善。

动物生产的经济效益主要取决于饲料。饲料品质的好坏、成本的高低直接影响动物生产的经济效益。而饲料配方是配合饲料生产的核心，要优化配方设计，必须同时解决以下三个问题：① 营养需要问题，由营养学家研究修改制定，满足营养标准就是线性规划求解的主要约束条件之一，即营养性限制；② 合理组合原料，不同原料的合理搭配，才能满足动物的营养需要，是约束条件之二，即原料性限制；③ 价格最低，在符合条件①、② 的基础上，采用成本最低的原料配比就是求解的目标，即最低成本目标函数。

数学模型优选最佳饲料配方的数学原理是线性规划法，就是求某一目标函数在一定的约束条件下的最大值或最小值。约束条件和目标函数均可用线性方程组或线性不等式表示。线性规划最低成本配方优化的数学模型可表示为：

目标函数：Min $S = C_1X_1 + C_2X_2 + \wedge + C_nX_n$ （求最小值）

约束条件：$a_{11}x_1 + a_{12}x_2 + \wedge + a_{1n}x_n \geqslant b_1$ （或 =， $\leqslant b_1$）

$a_{21}x_1 + a_{22}x_2 + \wedge + a_{2n}x_n \geqslant b_2$ （或 =， $\leqslant b_2$）

$\vdots \quad \vdots \quad \vdots \quad \vdots$

$a_{m1}x_1 + a_{m2}x_2 + \wedge + a_{mn}x_n \geqslant b_m$ （或 =， $\leqslant b_m$）

$x_j \geqslant 0$ （$j = 1, 2, \cdots, n$）

其中：x_1, x_2, $\wedge$, x_n 为决策变量，即各种原料在配方中的数量；

a_{ij} （$i = 1, 2, \wedge, m$; $j = 1, 2, \wedge, n$）为技术系数，即各种原料相应的营养成分；

b_1, b_2, $\wedge$, b_n 为约束值，即配方中应满足的各项营养指标或重量指标；

C_1, C_2, $\wedge$, C_n 为成本系数，即每种原料的价格系数；

m 为约束条件个数；

为配方原料个数。

二、饲料配方设计的计算机程序

由于生产实际中，组成配合饲料的原料种类数往往超过 6 个，而且需要考虑满足的营养指标也在不断增加，为了解决此种类别的饲料配方设计问题，如果仍用单纯形法笔算，简直无法进行。这时就需要将饲料配方问题先抽象为线性规划标准模型，利用高级计算机编程语言编制出求解线性规划的程序，并通过计算机来求解。这样就方便设计畜禽饲料配方。

最早期的计算机编程语言主要是 BASIC 和 qBASIC 语言等，后来陆续产生了 Fortran 和 C 语言等。近年来，随着计算机操作系统的不断更新，新的计算机编程语言还在不断涌现。目前应用比较普遍的是 Java 语言。有关这些编程语言的知识，大家可去查找有关的专门书籍。下面，我们打算通过编制计算饲料配方的计算机程序时应该考虑的几个主要问题的介绍之后，再向大家推荐一个用早期的 BASIC 语言编制的电子计算机筛选饲料配方的程序，并对这个程序的特点与使用方法作必要的说明，目的是想让大家对计算机语言在配方设计程序中的具体应用有个初步的印象，并为大家在自己制作饲料配方设计程序时提供一些参考。

（一）建立饲料配方数学模型的原则

数学模型就是描写生产实际问题的数学表达式，此处也就是把一个饲料配方问题编制成一个标准的线性规划问题。数学模型的繁简，即要求饲料配方中列入的营养指标数目的多少，完全取决于对预期饲料配方全价性的期望值。一般情况是，模型越细，越全面，最终配制出的饲料配方营养的全价性越好，但对这种模型的求解过程也就会越复杂。模型过粗固然不好，但过细也往往会因小失大而造成线性规划问题的无解。为此，在建立饲料配方的数学模型时应当要掌握一些基本的原则。

1. 限量或另外添加的原料应不列入约束条件

对于在动物营养需要中限定用量的—些营养指标或在常规生产中有规定的某些该限制用量的饲料原料，如食盐等，可不列入数学模型中；维生素和除钙、磷之外的矿物质营养成分等，大多采用另外的方式添加，所以也不必列入数学模型中。经过这样处理后，就可大大压缩约束方程的数目。

2. 选择主要营养指标

在建立饲料配方数学模型时，要根据动物的特点，抓住影响该种动物的关键性营养因素，舍掉次要因素，目的也是为了减少约束方程数。以为家禽设计饲料配方为例，在影响家禽营养和与家禽饲料转化效率密切相关的各种营养指标中，主要的有代谢能、粗蛋白质、粗纤维等，所以在设计数学模型时，首先应把这些指标的限额列上，其次是反映蛋白质质量的限制性氨基酸，如赖氨酸、蛋氨酸和色氨酸等指标也应列入约束方程；矿物质通常只标明钙和磷。总之，对于营养指标的确定，主要取决于对配合饲料全价性的要求。如果要求全价性高，则需要选择较多的营养指标，设计时要求包含的饲料原料种类也较多，此时无论是设计配方还是生产加工都比较复杂；相反，如果要求配合饲料的全价性较低，则可少选择些营养指标。一般情况下，在对饲料的全价性要求不是很高时，可以不考虑饲料中氨基酸的量。在为草食家畜设计饲料配方时，也可不考虑其饲料中氨基酸的量。这样，整个配方问题的约束条件就可大大减少，从而简化配方的设计与计算过程。

3. 约束条件的确定

为了使设计出的饲料配方既经济实用，又符合动物的营养需要，还要便于加工，就必须要对组成配方的原料用量提出约束。对于这些约束条件的确定应当考虑以下一些因素。

（1）注意饲料原料的特性　主要是考虑饲料原料的适口性和有毒物质的含量，如有怪味的饲料应限制用量，含有毒素的棉籽饼、菜籽饼等要控制在经验用量以内。饲料原料的来源、库存数量、质量和价格的高低及饲料原料是否能保证全年均衡供应等，有时也应作为饲料配方设计的约束条件来加以考虑。

（2）营养指标约束　有一些营养指标在营养学上常给定一个需要量的范围。如某动物对其饲料中代谢能的要求在≥11.29MJ 或 ≤11.70MJ。对此一般采用一端约束，即大于标准下限或等于标准；对营养上的限制性指标如粗纤维等则采用小于标准下限。对于钙和磷的约束，应略低于动物营养需要量的规定，这将有利于保证饲料配方中能量和蛋白质的含量水平尽快地达到动物营养需要量的要求。

（3）为反刍动物配制日粮时　需设置干物质和粗饲料干物质约束　目的在于保证日粮中的粗纤维和维生素的量，以满足瘤胃微生物发酵的生理要求和提高泌乳动物乳中的含脂率。以泌乳奶山羊为例，干物质的采食量最多不应超过体重的 4%，而由粗饲料提供的干物质要占其食入干物质总量的 50%以上。

（4）原料用量约束　根据线性规划的模型要求，各种原料的用量应为非负值，即应大于或等于零。不过一般在初期运算时并不加入这一约束，只是在调整运算结果时，才根据情况对部分原料（变量）加上该约束条件。

保证用量是指对于某些有特殊意义而必须保证其在配方中有一定含量的饲料原料，或者因为某些原料的单价较高，或者是因为一些原料的营养成分含量较低。按最低成本目标运算时，该原料可能要被落选淘汰，所以，需要将其设置最低用量，即保证用量作为一个约束条件列出。

限定用量是指某些原料由于某种原因，如有一定的蓬性等，在配方设计时，要对这些原料加上限定用量，作为一个上限约束条件。

（5）配合饲料的总量约束　进行总量约束时，应当以各种饲料原料在配方中的比例和原料的价格系数均能合适显示为原则。这一方面涉及饲料加工工艺中计量设备的精度，另一方面也与计算过程中需要保留的小数位数有关。如果对配方的比例要求保留一位小数（即0.1%），加工设备中计量系统的静态误差为千分之一，此时配合饲料的总量约束就可以定为1 000。如果考虑到要在配成的饲料中添加食盐及其他的添加剂等，就可将总量约束改为1 000减去食盐和添加剂用量后的剩余值。

（6）配合饲料的种类约束　为了简化配合饲料加工工艺过程，提高配合饲料生产的效率，在选择组成配合饲料的原料种类时，在能够充分发挥各种原料养分互补的前提下，尽可能减少一些饲料原料的使用，要考虑待配料仓的数量及后续加工工艺，一般以 10 种以下为宜。

（二）配方的调整及优选

在已经建立起来的饲料配方数学模型和数据表的基础上，经过上机试运行，得出一些结果。这些结果可能有两种情况：得出计算配方，提示无解或显示出错信息。这时就需要掌握一些调整与优选饲料配方的方法。下面就来讨论有关这方面的问题。

1. 无解的情况及处理方法

应用编制好的程序上机实际运行试算配方后，出现无解主要有以下几种情况。

① 可能由于输入原料本身的营养成分之和达不到营养指标的最低限定量，而且又不能以单一营养物质来补充时，即有可能使计算结果无解。

② 可能由于选择的原料种类不理想。例如，猪的浓缩料通常蛋白质在 30% 左右，而优化配方的原料仅选择了麸皮、次粉和米糠粕等蛋白质较低的原料，必然会导致配方无解。此时，在原料中勾选豆粕、玉米蛋白粉等高蛋白原料，配方就可运算成功。

③ 可能由于原料的约束条件过于苛刻。例如，玉米用量限制在 ≥50、≤52，豆粕的用量限制在 ≥20、≤22。像这种情况，每种原料用量约束过于苛刻，必然会使计算机无法选择和优化处理。

④ 可能由于其些约束条件相互矛盾。几个约束条件之间表现为相互矛盾，有时是比较直观的，一分析即会看出。而有时则比较隐含，例如，如果在设计育肥羊饲料配方时，一方面要求代谢能水平较高，另一方面又要求精粗比控制在 4:6 至 5:5，要求粗纤维的水平也较高，在原料已定的情况下，就显得两个约束条件相互矛盾，使计算机无法优化。

一旦出现无解的情况，就要从上述这些方面查找原因，有针对性地解决。或者是调整原料，或者是放宽某些原料的用量约束，对一些明显相互矛盾的约束条件应果断去掉。再试算配方，往往能比较顺利地获得一个初步的饲料配方。

2. 原料优选淘汰顺序的确定

计算机优选和淘汰各种原料，是通过判断各种原料的营养成分含量和价格高低来进行的，只要留心是可以感知这种优选与淘汰顺序的。在设计饲料配方基本数学模型，上机计算原始饲料配方时，可先不对单一原料加约束条件，经运算后，查看哪些原料被选上，哪些原料被淘汰。然后再对原始配方中用量较多的且是想限制的原料用量进行限制，再上机运行，查看这次调整配方中又有哪些原料被选上，哪些原料被淘汰。接着再对此配方中用量较多的且仍要限量使用的原料加以限制，并再次上机运算，通过如此反复且是一种渐进的调整过程，即可了解到各种原料依次被淘汰和优选的过程。在配方设计过程中，确定原料的淘汰和优选顺序是很有用的。一旦确定了这一顺序，在调整配方时就可以做到心中有数。例如，想让配方中出现某一原料，就可以把这种原料的用量限制在大于该原料在配方中出现时的数量上，从而设计出带要包含该原料的饲料配方。

3. 从需要的角度调整配方

对于一个建立好的饲料配方初始数学模型，在上机计算后得出的饲料配方中，可能会出现某个原料的用量为零，而实际上我们又不希望该原料为零，这时该怎样调整呢？直观地理解，只需在约束条件中加上一个该原料用量大于某一数值的约束就可以了，而事实上这样往往行不通，起码在某些情况下是如此。因为这与计算机的优化方向不一致，既然现在的优化结果为零，你仍在迫使它大于零。可行的办法是从另一个角度进行约束调整，姑且称为"绕道走"的办法，即撇开该原料，不使用该原料大于某值的约束，而去限制在初步优化结果中用量较多的原料或与该原料同类（或营养特性相近）的其他原料的用量，经过这样调整就有可能使希望使用的原料进入配方中。

4. 两种原料间配比的调整

某些营养特性相近，但有共同缺点的两种原料间，需要有一个适宜的配比。例如，棉籽饼与菜籽饼都属于含有抗营养因子的饼类，在二者总用量不变的情况下，配合使用比单一使

135

用的效果好。一般情况下，如果总量按 10% 使用，原料优选顺序在前的可按 6% 使用，在后的则按 4% 使用。再如，玉米蛋白粉和花生饼都是蛋白质含量较高的原料，但二者共同的缺点是用量多了畜禽难以消化吸收，氨基酸也难以达到平衡，为此二者搭配使用也会比单一使用的效果好。这些都说明在初始配方的基础上，仍需要调整一些原料间的配比，才能使设计出的配方更适合生产实际。

5. 调整高能量原料的用量

在设计 5 周龄以上肉鸡料和乳猪料时，必须要保证所设计的饲料配方有较高的能量水平。使用动（植）物油脂固然可以提高饲料的能量水平，但油脂的用量不能太多；大量使用玉米生产浓缩料，饲养户又难以接受。为此只能通过调整其他能量水平较高原料的用量，放宽对它们的约束条件。例如，可考虑调整花生饼和使用整粒炒或膨化大豆的用量。

6. 适度降低某些营养指标的动物营养需要量

这属于一种特殊情况。在一些饲养管理水平较低的地区，饲养户会向饲料厂提出要求：配合饲料的价格要稍便宜些，动物的生产水平能达到一般水平即可。为了满足这种需要，就有必要适度地降低 1~2 个营养指标，使之稍低于动物的营养需要量。按此思路设计出的饲料配方比较适合于那些饲养管理比较粗放的饲养户使用，也易得到这些地区饲料厂的响应。

在饲料配方的调整与优选问题上，列举了以上多种情况。但在具体的配方设计过程中，以上这些情况往往不会同时出现。多数时候只是出现其中的一两种情况，饲料配方的设计者应根据出现的具体情况调整和优选，以保证设计出既符合生产与实际，质量又是较高的饲料配方。

第二节　Excel 在饲料配方设计中的应用

在当今饲料行业，饲料企业间竞争空前激烈，而这种竞争又主要是饲料配方的竞争。只有依靠优质的配方，以节约成本，提高性价比，才能使饲料企业生存发展壮大。所以饲料配方设计在饲料公司的生产经营中占了举足轻重的地位。为了节约饲料生产成本、提高配方设计的效率与准确性，很多饲料厂都早已放弃手工配方设计，而采用电脑配方。在大型饲料企业，主要是使用专业的配方设计软件。而其他的中小型饲料企业及一些规模养殖场因为资金问题，则宜于采用 Microsoft Excel 的"规划求解"功能设计其配方。

一、用 Excel 设计饲料配方

Microsoft Excel 2000 及其后续版本的"规划求解"功能，可以很好地解决中小型饲料厂及一些规模养殖场因为价格高昂不愿购买专业配方设计软件问题。

线性规划是应用数学中解决资源合理调配问题的一个分支，它是通过满足线性等式或不等式的约束条件来求解线性目标函数的最大值或最小值。

Excel "工具"菜单"加载宏"选项中有"规划求解"一项，可以解决各种线性规划任务。用 Excel 线性规划对饲料配方任务求解时，不必使用其他软件，仅需要在 Excel 界面下，通过鼠标或键盘的操作，即可得出饲料配方最低成本的最优解，而且约束条件不受限制，适用于各种中小型饲料厂、规模养殖场。

"规划求解"一般安装在"工具"菜单中，显示为"规划求解"选项。

如果"工具"中无"规划求解"选项，通常是由于"加载宏"中没选该选项。在这种情形下，可先鼠标依次选择"工具"菜单"加载宏"选项，出现图 7-1 所显示的对话框。

在可用"加载宏"选项中选择"规划求解"，如图 7-1 所示。然后单击确定，在稍候片刻后一般即可加载成功"规划求解"工具。

如果在图 7-1 的可用加载宏中未有"规划求解"选项，说明有可能是以下情况。

① 这台电脑在安装 Office 时没选择加载宏的"规划求解"。这时，可以重新运行 Office 安装文件，选择 Excel 选项，在加载宏区段中选择"规划求解"，重新安装。安装完毕即应该可以出现"规划求解"选项。

② 所用 MS Excel 是盗版，建议使用正版。

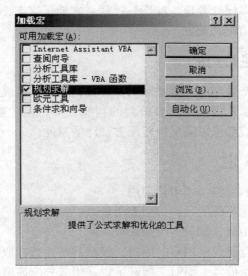

图 7-1　"加载宏"对话框

利用 MS Excel"规划求解"工具，可对 Excel 工作表上与目标单元格中的公式有直接或间接联系的一组单元格的数值调整，最终为目标单元格中的公式找到优化的结果。

运用 MS Excel"规划求解"工具时的一些术语如下。

可变单元格：需要重新确定数值的自变量所在单元格。简而言之，就是说规划求解中可修改其数值的单元格。在"规划求解"操作后，最优值就会代替了可变单元格中的初始值。

目标单元格：即公式结果（因变量）所在单元格。配方时，规划求解即是要求解其取预期的最优值时可变单元格的取值。

约束条件：在规划求解配方时根据想要得到的目标配方所提出的一些条件。

绝对引用：随着公式的位置变化，所引用单元格位置不变化的一种引用。

二、Excel 设计饲料配方特点

用 Excel 设计饲料配方优点：简单、经济、快速、高效、便利。Excel 作为常用的办公软件之一，其操作简单流畅，界面美观大方，易于为各种学历人士掌握其基本操作。而使用 Excel 去设计饲料配方，其操作也并不复杂，与 Excel 常用操作方法并无多大本质区别。所以，利用 Excel 设计饲料配方是多数人都可以学习掌握的技能。利用 MS Excel"规划求解"工具来优化饲料配方，大大减轻了设计饲料配方的工作量，明显提高了设计饲料配方的效率，提高了配方设计的准确性。使用 Excel"规划求解"工具计算饲料配方极为快速，只要输入了配方的原料品种、价格、配比以及要求的约束条件，Excel可在几乎瞬间给出计算的结果，显示于计算机显示屏上。而且，利用该方法设计的饲料配方，可以随时方便地进行各种调整。比如调整饲养标准、原料成分或价格，可有助于适应市场变化的需要。用MS Excel"规划求解"工具优化饲料配方，与数学手工计算原理无异，但却可以高速高效率进行，反映了科技的强大力量。

（一）Excel 设计最佳饲料配方的关键

利用Excel设计最佳饲料配方的最关键之处不是输入公式求解之类，而是在于制作准确及时的数据库。只有数据库设计合理、准确、可信，才能依靠Excel的规划求解功能，设计出理想的有较高经济价值的饲料配方。

（二）对配方成本进行约束

比如可以依据饲料生产盈利的目标数额来计算出相应的饲料成本，从而作为一个配方成本约束条件进行规划求解，从而满足饲料公司的利润目标。在"规划求解"中可以最多指定500个约束条件。这一般都可以满足饲料配方设计的需要。

（三）约束条件的确定

饲料适口性：有怪味的原料必须限量使用。

原料可消化性：消化性不佳的原料应限制用量。

毒性原料：必须限定用量，如规定上限用量。

在饲料标准中以一个范围规定用量的原料，根据其特性选择取用高限还是低限，如钙可取低限，磷、食盐等也可用低限，而对于粗纤维以及粗灰分应该取高限。这样取值，是为了利于保证能量和蛋白质等的优先满足。

组成饲料配方的原料种类越少越好，一般情况下，饲料配方中使用的饲料原料种类不宜超过15种。

当使用动植物油脂时，因为油脂过多时不宜加工，而且会影响颗粒饲料质量，使配合饲料不易于保存，易于霉变。所以，一般油脂用量应控制在3%以内。

饲料配方的总质量一般是按1kg设计，这样有利于使用。

尽量少用等号约束，因为等号约束项易于导致无解情况。如必须要使用，可尝试运用同时使用上限、下限的两端约束。

限制大体积原料的用量，否则有可能无法满足畜禽的营养需要。

（四）利用 Excel 设计浓缩饲料配方

浓缩饲料即是全价配合饲料扣除能量饲料后的剩余部分。所以，设计浓缩饲料的配方可以有两种办法。

① 先设计出全价配合饲料配方，然后扣除能量饲料，余下的再折合成百分比含量，即成浓缩饲料的配方。

② 根据用户能量饲料的特性与数量，确定浓缩饲料与能量饲料的比例，结合饲料标准确定浓缩饲料中各种养分应达到的水平，即浓缩饲料的质量标准，最后根据这个标准设计出浓缩饲料配方。

事实上，许多的技术操作都仅仅是一个熟能生巧的东西——只要做得多了，自然就会变得精通，变为专家。对于运用 Excel 设计饲料配方更是如此，因为这个过程，并无需什么复杂的计算机操作，也没有什么深奥的原理让人必须理解。而对于饲料配方设计中，曾经的最困难部分——规划求解最低成本配方，在如今，借助电脑，依赖程序，早已经不必要配方师亲自动手去计算、检查。于是，对于在应用数学中深奥的规划理论，在此，借助电脑的帮助，人脑早已经不必去理解。配制配方所要做的，就是输入正确有用的原始数据，然后单击确定，就这么简单。

第三节　应用 Excel 进行全价配合饲料配方设计的实例

奶牛是一种高产动物，泌乳期间对饲料的营养成分需求明显增加，而且对饲料的质地和组成要求比较严格，日粮的组成力求多样化。供应的粗饲料应有两种以上，如干草和秸秆；2~3 种青绿多汁饲料，如青贮饲料、农作物秧蔓或块根块茎等；精饲料 3~4 种。多种饲料有利于营养成分的平衡，也能增进食欲，保证奶牛稳产高产。由于营养需要增加，精饲料的供给量也相应增加，生产中往往会造成奶牛的粗饲料采食不足，导致牛消化机能尤其是瘤胃功能出现障碍。因此，除日常管理中注意日粮饲料的搭配外，还需要在饲料中供给一些调节瘤胃环境和促进瘤胃微生物生长的营养或非营养成分，如缓冲剂、硫元素、烟酸、泛酸和维生素等。

奶牛的日粮应以粗饲料和青绿多计饲料为基础，营养物质不足部分再用精饲料补充。因此，粗饲料的供应状况直接影响着日粮的组成和供给量。我国目前的奶牛饲养普遍存在粗饲料供应不足或质量低劣，主要依靠精饲料提高产奶量，造成奶牛消化代谢性疾病增多，利用年限缩短，乳脂率下降，生产成本升高等问题。

一、应用 Excel 设计全价配合饲料配方步骤

（一）构建标准生成工作表

1. 在标准生成工作表的左上方，根据 VBA 模块要求，左侧一列设置奶牛各项参数。相邻列为参数输入域，按照配方对象奶牛条件逐一输入参数值（图 7-2）。右侧二列是参数单位和范围的规定提示。

2. 表下方有一个"确定"椭圆命令按钮，当参数输入检查无误后，鼠标左击进入 VBA 程序计算，生成的标准自动填入 G 列相应单元格中，同时也填入配方规划工作表的 27 行对应位置中。

3. 生成标准列的右侧是配方规划结果反馈，列出供直观对比检查。

奶牛营养需要数学模型和 VBA 程序模块，这里就不一一介绍了。

（二）构建配方规划工作表

1. 激活配方规划工作（图 7-3），在（A）列输入饲料名，（B）列放变量名，（C）列的 C4：C23 为可变单元格，留作存放配方解（Xi），D 列存放饲料原料的单价。余下（E~K）各列存放饲料营养指标数据。L 列为计算粗料占日粮比例用（DM）。

2. 工作表的第 2 行输入对应各列的题头和营养指标英文缩写名，分别是：Price=单价，

	A	B	C	D	E	F	G	H	I	J	K
1		奶牛营养需要参数输入					标准	满足	营养浓度分析		
2						营养指标	营养需要量	配方满足量	全日粮中	干物质中	精料中
3	参数	值	单位	范围		单位	d^{-1}	d^{-1}	kg^{-1}	kg^{-1}	kg^{-1}
4	体重	600	kg	250~750		DM　kg	20.47	20.97	0.72	1.00	0.87
5	日产奶量	25.0	kg/d	0~100		NEL　MJ	139.21	139.22	4.81	6.64	7.21
6	乳脂率	3.5	%	2.5~5.5		NEL　Mcal	33.27	33.27	1.15	1.59	1.72
7	体日增重	0.2	kg/d	-0.2~0.8		CP　g	2952.88	2952.88	102.09	140.83	167.41
8	妊娠增重	0.4	kg/d	0.2~0.8		DCP　g	1889.67				
9	产次	2.0		1~8		IDCP　g	1581.28				
10	环境温度	10.0	℃	-10~30		Ca　g	160.48	160.48	5.55	7.65	10.81
11	放牧行程	1.0	km	0~5		P　g	106.50	106.50	3.68	5.08	7.41
12	放牧速度	1.5	m/s	1.0 或 1.5		NaCl　g	45.99	45.99	1.59	2.19	3.30
13	妊娠月份	8.0		0~10		Vit　kIU	45.90				
14	粗料/日粮比	50	%	30~70 (DM)		Premix　g		120.00	4.15	5.72	8.62
15	营养调控强度	1.0		0.9~1.1		粗料/日粮比%	50.00	42.21			

图7-2　标准生成工作表

DM=干物质，NEL=产奶净能，CP=粗蛋白，Ca=钙，P=磷，NaCl=食盐，Premix=预混料。第3行放其对应的单位。为了后续工作方便和个人习惯，单位可以变换：如%换成g/kg，同时数据小数点相应移位。第4行起到第23行，（D）列输入各饲料原料的单价；L列用于存放日粮粗精比例；（F~K）列则对应为各营养指标含量。

	A	B	C	D	E	F	G	H	I	J	K	L	M	N	O
1						规划求解工作表									
2	饲料名称	变量	配方解	单价	DM	NEL	CP	Ca	P	NaCl	Premix	粗料/日粮	约束条件		
3			(kg)	(¥/kg)	(%)	(Mcal/kg)	(%)	(%)	(%)	(%)	(%)	(%)DM	>=	=	<=
4	苜蓿干草	X1		0.80	90.10	1.12	15.20	1.43	0.24						
5	羊草	X2	1.00	0.50	91.60	1.00	7.40	0.37	0.18			1.00			
6	玉米青贮	X3	6.00	0.15	25.00	0.29	1.40	0.10	0.02			粗料DM	6.00		
7	甜菜	X4	1.00	0.30	13.50	0.24	0.90	0.03	0.04			kg	1.00		
8	玉米秸	X5	0.70	0.10	90.00	0.90	6.50					8.85	9.00		
11	玉米	X8	9.00	1.00	86.00	1.84	8.70	0.02	0.27				9.00		
12	大豆粕	X9	1.50	2.00	87.00	1.98	44.00	0.32	0.61			精料DM	1.50		
13	棉仁粕	X10	1.40	1.20	88.00	1.77	42.00	0.24	0.97			kg	1.00		
14	小麦麸	X11	1.33	0.80	87.00	1.49	15.00	0.11	0.92			12.12	1.00		
15	尿素	X12	0.04	0.80	98.00		280.00								
16	磷酸氢钙	X13	0.26	2.20	99.00			21.00	17.00						
17	碳酸钙	X14	0.24	0.10	99.00			36.00							
18	食盐	X15	0.05	0.70	99.00					99.00		日粮DM			
19	维微预混料	X16	0.12	1.50	96.00						100.00	kg	0.12		
20	米糠	X17		1.80	90.20	1.62	12.10	0.14	1.04			20.97			
25	日粮指标单位		(kg)	(¥)	(kg)	(Mcal)	(g)	(g)	(g)	(g)	(g)	(%)			
26	日粮配方指标		28.92	17.973	20.97	33.27	2952.88	160.48	106.50	45.99	120.00	42.21			
27	奶牛饲养标准				20.47	33.27	2952.88	160.48	106.50	45.99		50.00			
28															
29	约束条件	>=			19.97	33.27	2952.88	160.48	106.50	45.99		40.00			
30		=		Min											
31		<=			20.97							60.00			

|◀ ◀ ▶ ▶|\ 参数输入 \ 配方规划 / 配方结果 / ◀|

图7-3　配方规划工作表

3. D26 即目标单元格，备放日粮的最低成本，由（C）列配方解与（D）列对应单元格的饲料原料价格相乘，累加，并进行单位换算而得出，D26=SUMPRODUCT（C4：$

C＄23，D4：D23）。

4. F26–L26 各单元格存放日粮的营养指标值（bi），可选定 D26 用鼠标+符左键拖过各单元格方式拷贝公式，再分别因饲料与日粮的同名指标单位不同而校正换算生成。例如：

F26＝SUMPRODUCT（＄C＄4：＄C＄23，F4：F23）/100；

G26＝SUMPRODUCT（＄C＄4：＄C＄23，G4：G23）＊10。与此类推。

5. 第 27 行存放配方对象（奶牛）的饲养标准，其格式与饲料营养指标格式对应一致。

6. 第 29～31 行设置针对各项营养指标的约束值，约束条件有三种：大于等于（＞＝）、等于（＝）、小于等于（＜＝），各行各项指标的约束下限、约束等值、约束上限，分别按对象动物对营养指标的要求来确定，供约束操作时直观选定。

7. （M），（N），（O），各列与第 29～31 各行对应类似，设置日粮配方解（Xi）的约束条件限量值。

8. （L）列存放饲草 DM 占全日粮 DM 比例的有关计算结果。

饲草 DM 单元格 L8＝SUMPRODUCT（＄C＄4：＄C＄10，D4：D10）/100；

日粮 DM 单元格 F20＝SUMPRODUCT（＄C＄4：＄C＄23，D4：D23）/100；

9. 饲草 DM/日粮 DM 单元格 E26＝L8/L20＊100。

10. V、W、Q 列用于按"归一"方法延伸计算精料补充料配方。第 R、S、X、Y 列对日粮配方作出原料成本分摊情况分析（图 7-4）。

	P	Q	R	S	T	U	V	W	X	Y
1				配方成本分析						
2										
3	粗料	配方 %	成本 元	成本 %		全日粮	配方(kg)	配方 %	成本 元	总成本 %
4	苜蓿干草					苜蓿干草				
5	羊草	6.67	0.50	20.83		羊草	1.00	3.46	0.50	2.78
6	玉米青贮	40.00	0.90	37.50		玉米青贮	6.00	20.74	0.90	5.01
7	甜菜	6.67	0.30	12.50		甜菜	1.00	3.46	0.30	1.67
8	玉米秸	46.67	0.70	29.17		玉米秸	7.00	24.20	0.70	3.89
9	合计	100.00	2.40	100.00		粗料	15.00	51.86	2.40	13.35
10	精料补充料	配方 %	成本 元	成本 %						
11	玉米	64.64	9.00	57.79		玉米	9.00	31.12	9.00	50.07
12	大豆粕	10.77	3.00	19.26		大豆粕	1.50	5.19	3.00	16.69
13	棉仁粕	10.03	1.68	10.78		棉仁粕	1.40	4.83	1.68	9.33
14	小麦麸	9.55	1.06	6.83		小麦麸	1.33	4.60	1.06	5.92
15	尿素	0.26	0.03	0.19		尿素	0.04	0.13	0.03	0.16
16	磷酸氢钙	1.85	0.57	3.65		磷酸氢钙	0.26	0.89	0.57	3.16
17	碳酸钙	1.69	0.02	0.15		碳酸钙	0.24	0.82	0.02	0.13
18	食盐	0.33	0.03	0.21		食盐	0.05	0.13	0.03	0.16
19	维微预混料	0.86	0.18	1.16		预混料	0.12	0.41	0.18	1.00
20	米糠					米糠				
21	合计	100.00	15.57	100.00		精料	13.92	48.14	15.57	86.65
22						总计	28.92	100.00	17.97	100.00
23	预混料	5.003								
24										
25		日　粮　分　析								
26		干物重	自然重	价格						
27	粗料　kg	8.85	15.00	2.400						
28	精料　kg	12.12	13.92	15.573						
29	日粮　kg	20.97	28.92	17.973						
30	粗/粮　比%	42.21	51.86							

图 7-4　饲料配方的原料成本分析

（三）规划求解的具体操作过程

1. 调用加载宏的规划求解

鼠标点选工具菜单中的加载宏，在对话框中选规划求解，确定（图7-5）。已调用过规划求解时，可直接由工具菜单点选规划求解。

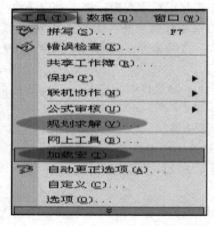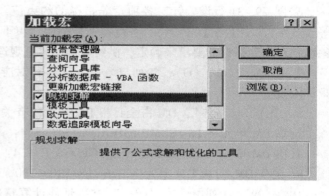

图7-5　工具菜单，加载宏对话框和规划求解选定

2. 工具菜单中激活规划求解：弹出规划求解参数对话框（图7-6 a），鼠标单击D26单元格，选定目标单元格，显示为加 $ 的单元格的绝对地址 $ D $ 26；选定等于行内的最小值；鼠标单击选项按钮，弹出规划求解选项对话框（图7-6 b），只选定假定非负一项，其余为默认，确定，返回规划求解参数对话框。

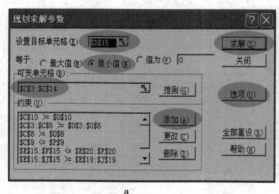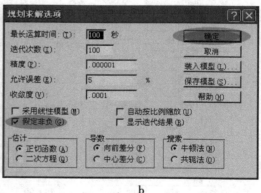

a　　　　　　　　　　　b

图7-6　规划求解参数及规划求解选项对话框

3. 在可变单元格框内，用鼠标左键拉过C4-C23填入，确定结构变量的输出单元格，即配方结果的输出位置，显示出 $ C $ 4；$ C $ 23。

4. 鼠标单击约束栏的添加按钮，弹出添加约束对话框（图7-7），各项营养指标和各种饲料原料的限量约束，因营养要求和原料性质以及库存数量而定，可按预定的约束条件用鼠标点击设定。本例的约束设置有：C11：C14>=M11：M14；C19>=M19；C4：C10>=M4：M10；E26<=E31；E26：J26>=E27：J27；L26<=L31。

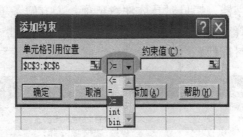

图 7-7　添加约束对话框

5. 约束设定完毕，返回规划求解选项对话框，再用鼠标左键单击求解，则出现对话框（图 7-8），显示规划求解找到一解，可满足所有的约束及最优状况（图 7-8），单击确定，配方结果即可显示在配方工作表上，同时也反馈到标准生成工作表中。如鼠标选取对话框中的三份报告，则可同时生成运算结果、敏感性和极限值三份报告。如果显示规划求解找不到有用的解，则应单击取消，重新检查并修改约束条件的设定。

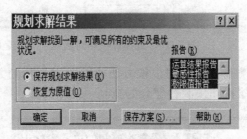

图 7-8　规划求解结果对话框

6. 在日粮配方基础上可进一步延伸计算饲料成本的分摊情况（图 7-9），供经营管理人员分析参考。

	P	Q	R	S	T	U	V	W	X	Y
1				配方成本分析						
2										
3	粗料	配方 %	成本 元	成本 %		全日粮	配方(kg)	配方 %	成本 元	总成本 %
4	苜蓿干草					苜蓿干草				
5	羊草	6.67	0.50	20.83		羊草	1.00	3.46	0.50	2.78
6	玉米青贮	40.00	0.90	37.50		玉米青贮	6.00	20.74	0.90	5.01
7	甜菜	6.67	0.30	12.50		甜菜	1.00	3.46	0.30	1.67
8	玉米秸	46.67	0.70	29.17		玉米秸	7.00	24.20	0.70	3.89
9	合计	100.00	2.40	100.00		粗料	15.00	51.86	2.40	13.35
10	精料补充料	配方 %	成本 元	成本 %						
11	玉米	64.64	9.00	57.79		玉米	9.00	31.12	9.00	50.07
12	大豆粕	10.77	3.00	19.26		大豆粕	1.50	5.19	3.00	16.69
13	棉仁粕	10.03	1.68	10.76		棉仁粕	1.40	4.83	1.68	9.33
14	小麦麸	9.55	1.06	6.83		小麦麸	1.33	4.60	1.06	5.92
15	尿素	0.26	0.03	0.19		尿素	0.04	0.13	0.03	0.16
16	磷酸氢钙	1.85	0.57	3.65		磷酸氢钙	0.26	0.89	0.57	3.16
17	碳酸钙	1.69	0.02	0.15		碳酸钙	0.24	0.82	0.02	0.13
18	食盐	0.33	0.03	0.21		食盐	0.05	0.16	0.03	0.18
19	维微预混料	0.86	0.18	1.16		预混料	0.12	0.41	0.18	1.00
20	米糠					米糠				
21	合计	100.00	15.57	100.00		精料	13.92	48.14	15.57	86.65
22						总计	28.92	100.00	17.97	100.00
23	预混料	5.003								

图 7-9　配方的原料分摊成本分析

7. 如要求配方以书面文字存档时，则每完成一个配方，要将结果拷贝到另一打印输出工作表内，以便打印成文存档。拷贝时具体注意事项：配方解各单元格有的存放公式，应在编辑或右键菜单中选中选择性粘贴，再选定数值；而配方营养指标值单元格（D26：L26）存放的全是公式，又是横向排列，所以选择性粘贴时还要加选转置（图7-10）。

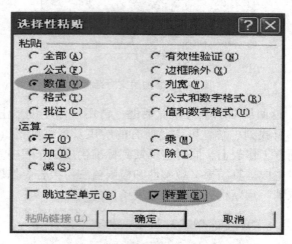

图7-10 选择性粘贴对话框

8. 同时拟制精料补充料配方，则可以很方便地按"归一"的方式计算出配方来。同理，可推及除去玉米组分的浓缩料和预混料配方的拟制（图7-11）。

	A	B	C	D	E	F	G	H	I	J
1	奶牛饲料配方及营养价值表（以饲喂状态计）									
2	精料部分				粗料部分				混合饲粮	
3	48.14%				51.86%				100.00%	
4	原料	比例,%	养分	含量	原料	比例,%	养分	含量	养分	含量
5	玉米	64.64	成本, ¥/kg	1.118	苜蓿干草		成本, ¥/kg	0.16	成本, ¥/kg	0.621
6	大豆粕	10.77	DM, %	87.03	羊草	6.67	DM, %	59.01	DM, %	72.49
7	棉仁粕	10.03	NEL, Mcal/kg	1.72	玉米青贮	40.00	NEL, Mcal/kg	0.62	NEL, Mcal/kg	1.15
8	小麦麸	9.55	CP, %	16.74	甜菜	6.67	CP, %	4.15	CP, %	10.21
9	尿素	0.26	Ca, %	1.08	玉米秸	46.67	Ca, %	0.07	Ca, %	0.55
10	磷酸氢钙	1.85	P, %	0.74			P, %	0.02	P, %	0.37
11	碳酸钙	1.69	NaCl, %	0.33			NaCl, %		NaCl, %	0.16
12	食盐	0.33	Premix %	0.86			Premix %		Premix %	0.41
13	维微预混料	0.86								
14	米糠									
18	合计	100.00			合计	100.00				
21	配制奶牛浓缩料配方及成本（占补充料1/3）						人工调整后精料混合料（玉米占2/3）			
22	原料	比例,%	养分	含量			原料	比例,%	养分	含量
23	玉米						玉米	66.67		
24	大豆粕	33.00	成本, ¥/kg	1.381	Hrw:		大豆粕	11.00	成本, ¥/kg	1.127
25	棉仁粕	31.50	DM, %	89.04	调整成S%预混料可以如左:		棉仁粕	10.50	DM, %	87.01
26	小麦麸	20.50	NEL, Mcal/kg	1.52	Ca, P, NaCl, 和尿素。		小麦麸	6.83	NEL, Mcal/kg	1.73
27	尿素	0.78	CP, %	33.02	调整玉米占2/3,		尿素	0.26	CP, %	16.81
28	磷酸氢钙	5.56	Ca, %	3.20	浓缩饲料部分占		磷酸氢钙	1.85	Ca, %	1.08
29	碳酸钙	5.08	P, %	1.64	1/3。配方如左。		碳酸钙	1.69	P, %	0.73
30	食盐	1.00	NaCl, %	0.99			食盐	0.33	NaCl, %	0.33
31	维微预混料	2.59	预混料	2.59			维微预混料	0.86	预混料	0.86
32	米糠									
33	预混料(5%)	15.01					预混料(5%)	5.00		

图7-11 配方的延伸计算：浓缩料和预混料

（四）几点注意

1. 可在本工作表下方建立"饲料数据备用库"和"饲养标准备用库"，便于调换饲料

（图 7-12）原料和饲养标准，进行另外的配方拟制工作（图 7-12）。

	A	B	C	D	E	F	G	H	I	J	K	L
34	**奶牛饲料原料表**											
35	饲料名称			单价	DM	NEL	CP	Ca	P	NaCl	Premix	
36				(¥/kg)	(%)	(Mcal/kg)	(%)	(%)	(%)	(%)	(%)	
37	稻草			0.10	90.00	0.78	2.70	0.11	0.05			
38	胡萝卜			0.30	12.00	0.22	1.10	0.15	0.09			
39	...			...	...	...	...	...	...	...	...	
40	菜籽饼			1.20	92.20	1.82	42.00	0.24	0.97			
41	米糠			0.80	90.20	1.62	12.10	0.14	1.04			
42	预混料			1.50	96.00						100.00	
43												
44	**奶牛饲养标准表**											
45	奶牛类别			单价	DM	NEL	CP	Ca	P	NaCl	Premix	
46				(¥/kg)	(%)	(Mcal/kg)	(%)	(%)	(%)	(%)	(%)	
47	体重=600kg ；产奶=25kg											
48	乳脂=3.5% ；妊娠=8个月				20.47	33.27	2952.88	160.48	106.50	45.99		50.00
49	体重=500kg ；产奶=20kg											
50	乳脂=3.5% ；妊娠=6个月				15.98	26.34	2303.75	123.52	83.89	37.39		50.00
51												
52	......											...
53												
54	...											

图 7-12　备用饲料数据库及备用饲养标准库示例

2. 奶牛饲养标准不必再查表计算，可由自带的按数学模型编就的 VBA 模块自动计算产生。

3. 一般数据保留 2 位小数，即够用，多取则会增大列宽，一屏显示受限，不便观察和操作。

4. 计算和拷贝过程，引用绝对地址单元格时，行、列前都要加 $，可选中后按 F4 键切换选取。

5. 单元格 C26＝SUM（C4：C23），是日粮配方解的自然重量总和，不必设置约束。

6. 配方规划结果生成的三份报告，有必要时可察看灵敏性报告中有关内容作为参考。

二、育肥猪全价配合饲料设计

（一）前期准备

在进行配方设计之前应确保计算机安装有 Excel 以及"规划求解"宏；选择"工具"菜单"加载宏"选项，进入"加载宏"对话框确认是否安装有"规划求解"。如没有"规划求解"，则下载安装，具体方法本节前文有述。

（二）表格设计和原料营养参数、饲养标准数据输入

以 35～60kg 生长肥育猪全价饲料配制为例。将饲养标准和所选取的原料营养参数输入到 Excel 表格中，见图 7-13。单元格 B3：G3 为配制饲料所需达到的营养标准，可以参照国家标准、企业标准或其他相关标准，也可以根据自己的经验调整具体参数。单元格 B17：G17 为实际配方的营养指标合计。单元格 B16：G16 和 B5：G5 为约束实际配方营养指标的下限和上限。单元格 K17 为配方的最低成本（元/kg）。I6：I15 是实际配方百分比含量，H6：H15 和 J6：J15 是约束各原料使用的最小用量和最大用量。K6：K15 是各原料的市场

价格。

	A	B	C	D	E	F	G	H	I	J	K
2	35-60kg生长肥育猪全价饲料配方										
3	营养需要标准	3.2	16.4	0.82	0.53	0.55	0.2				
4	营养成分	DE	Cp	Lys	M+C	Ca	aP	Min	Percent	Max	Price
5	配方上限	3.26	16.73	0.84	0.54	0.56	0.20	%	%	%	元/Kg
6	玉米GB2	3.40	8.50	0.24	0.36	0.02	0.12	0.00		70.00	2.00
7	豆油	8.80	0.00	0.00	0.00	0.00	0.00			2.00	4.50
8	大豆粕GB1	3.10	45.00	2.80	1.30	0.31	0.17	0.00		25.00	3.00
9	麸皮	2.24	15.7	0.58	0.39	0.11	0.24	2.00		10.00	2.00
10	L-赖氨酸	0.00	0.0	78.80	0.00	0.00	0.00			1.00	22.00
11	DL-蛋氨酸	0.00	0.0		99.00	0.00	0.00			1.00	21.00
12	石粉	0.00	0.00		0.00	35.00	0.00			5.00	0.09
13	磷酸氢钙	0.00	0.00		0.00	23.20	16.50	0.00		3.00	1.40
14	食盐(饲料级)				0.00			0.25		0.35	0.80
15	复合预混料				0.00			0.30		0.30	10.00
16	配方下限	3.2	16.4	0.82	0.53	0.55	0.2	原料用量合计			配方成本
17	实际配方										

图 7-13　35~60kg 生长肥育猪全价饲料配方

（三）函数输入

函数的出现使人们不再编写公式，能够自动产生结果外，还能使比较复杂的问题简单化，降低工作强度。在此次配方设计中我们主要牵扯到 SUMPRODUCT （） 函数和 SUM （）函数，SUMPRODUCT （） 函数是用来求解相应数据或区域乘积的和，SUM （） 函数是用来计算单元格区域中所有数值的和。

在 B17 中输入 "=SUMPRODUCT（B6：B15，\$ I6：\$ I15）/100" 回车，同理 C17 至 G17 可以依次输入，也可以通过拖动填充序列至 C17：G17 单元格中。如果是手动依次输入，可以不加 "\$"，如果拖动填充至 C17：G17 单元格，则要加表示绝对引用的符号"\$"，在这里它表示引用的列不随拖动的变化而变化。

在 I17 中输入 "=SUM（I6：I15）" 回车。

在 K17 中输入 "=SUMPRODUCT（I6：I15，K6：K15）＊10" 回车。

（四）约束条件确定与输入

在实际生产中，我们要根据本地的实际情况和经济条件以及饲料的特性决定饲料的使用量，在饲料配方软件中我们就要设置一些约束条件来控制。约束条件的确定要遵循以下几条原则。

1. 饲料适口性

有怪味的原料必须限量使用。

2. 原料可消化性

消化性不佳的原料应限制用量。

3. 毒性原料

必须限定用量，如规定上限用量。

4. 动植物油脂

因为油脂过多时不宜加工，而且会影响颗粒饲料质量，使配合饲料不易保存，而是易于霉变。所以，一般油脂用量应控制在3%以内。

本例将约束条件输入到 H6：H15 和 J6：J15。比如本次试验采用的是3%的复合预混料，在约束条件中我们就将最小值（Min）和最大值（Max）均设为3%，电脑运算时就强制使用3%计算。

（五）线性规划求解

调出规划求解对话框，如图7-14所示。具体步骤："数据" "规划求解"。最后出现"规划求解参数"对话窗口，见图7-15。

图7-14

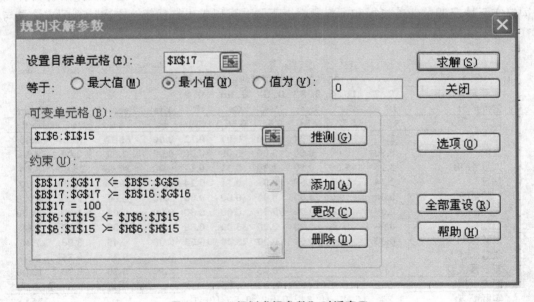

图7-15　"规划求解参数"对话窗口

1. 在图3"设置目标单元格"中输入"＄K＄17"，或用用鼠标点击单元格右边红箭头按钮后选择"K17"即可。选择"等于"项目为最小值，表示目标单元格为最低成本饲料配方。

2. 在"可变单元格"为各原料的百分配比，填入"＄I＄6：＄I＄15"，或点击单元格右边红箭头按钮，拖动选择即可。

3. 设置"约束"条件。在"约束"中，点击右边"添加"分别输入5个约束条件。操作步骤：首先点击"添加"，出现"添加约束"对话框，如图7-16所示。在"单元格引用位置"框手动输入"＄B＄17：＄G＄17"，也可点击"单元格引用位置"框右边红箭头，按住鼠标左键从单元格 B17 拖到 G17；中间符号选择＜＝；在"约束值"框手动输入"＄B＄5：＄G＄5"，也可点击"约束值"右边的红箭头按钮，按住鼠标左键从单元格 B5 拖到 G5；最后点击"确定"，约束条件＄B＄17：＄G＄17≤＄B＄5：＄G＄5建立完毕。其他约束条件建立同上，本例有 5 个约束条件。

图 7-16

4. 设置完毕后点击"求解"，会找到一解，如果有符合满足条件的，按住 ctrl＋左键连续点击"规划求解结果"里边"报告"中的"运算结果报告""敏感性报告"和"极限值报告"，然后确定，Excel 会出现运算结果和 3 个表格报告：运算结果报告、敏感性报告和极限值报告，3 个报告用来分析得出的配方。如果没有满足条件的，可适当根据动物营养知识和饲料实际情况调节营养指标和饲料原料上下限，可以求出最优解，本次计算配方结果与配方营养含量见图 7-17。

	A	B	C	D	E	F	G	H	I	J	K
2				35-60kg生长肥育猪全价饲料配方							
3	营养需要标准	3.2	16.4	0.82	0.53	0.55	0.2				
4	营养成分	DE	Cp	Lys	M+C	Ca	aP	Min	Percent	Max	Price
5	配方上限	3.26	16.73	0.84	0.54	0.56	0.20	%	%	%	元/Kg
6	玉米GB2	3.40	8.50	0.24	0.36	0.02	0.12	0.00	65.16	70.00	2.00
7	豆油	8.80	0.00	0.00	0.00	0.00	0.00	0.00	2.00	2.00	4.50
8	大豆粕GB1	3.10	45.00	2.80	1.30	0.31	0.17	0.00	20.65	25.00	3.00
9	麸皮	2.24	15.7	0.58	0.39	0.11	0.24	2.00	10.00	10.00	2.00
10	L-赖氨酸	0.00	0.0	78.80	0.00	0.00	0.00	0.00	0.06	1.00	22.00
11	DL-蛋氨酸	0.00	0.0	0.00	99.00	0.00	0.00	0.00	0.00	1.00	21.00
12	石粉	0.00	0.00	0.00	0.00	35.00	0.00	0.00	1.08	5.00	0.09
13	磷酸氢钙	0.00	0.00	0.00	0.00	23.20	16.50	0.00	0.40	3.00	1.40
14	食盐(饲料级)				0.00			0.25	0.35	0.35	0.80
15	复合预混料				0.00			0.30	0.30	0.30	10.00
16	配方下限	3.2	16.4	0.82	0.53	0.55	0.2		原料用量合计		配方成本
17	实际配方	3.26	16.40	0.84	0.54	0.56	0.20		100.00		2264.30

图 7-17 生成的配方及营养含量

（六）猪常用饲料配方示例

以下是不同阶段猪使用 3% 复合预混料配制饲料时常见的大料配方（表 7-1）。不同区域可根据当地饲料原料的情况采用不用的原料及配比。熟悉和掌握动物生理特点、营养需要以及原料营养成分消化代谢特点是从事饲料配方的基础；原料质量的稳定性，以及测定和收集的原料营养参数的准确性是影响饲料配方的关键，也是配制饲料配方的基础和难点。至于具体运算和方法熟悉后自然就简单了。

表 7-1　同阶段猪使用 3% 复合预混料配制饲料时常见的大料配方（kg）

原料	乳猪料	保育料	大猪料	妊娠料	哺乳料	公猪料
玉米	300	660	660	590	620	620
膨化大豆	29	—	—	—	—	—
豆粕（46%）	228	216	176	160	260	210
麸皮	—	86	126	200	60	100
鱼粉	—	—	—	20	20	20
膨化玉米	358					
乳清粉（低蛋）	25					
蒸气鱼粉（65%）	20					
大豆油	10	8	8		20	20
复合预混剂	30	30	30	30	30	30

第四节　预混料配方设计技术

添加剂预混合饲料（添加剂预混料）是由一种或数种微量组分组成并加有载体或稀释剂的混合物质。添加剂预混料可分为单一型添加剂预混料和复合型添加剂预混料。单一型添加剂预混料，是指生产纯度不一的单一品种的制剂。例如，维生素 E 制剂（50%）、微生物 B_{12} 制剂（1%）等。复合型添加剂预混料一般又分为同类和综合型添加剂预混料。例如，维生素添加剂预混料、微量元素添加剂预混料；维生素、微量元素、氨基酸、药物等组分的综合添加剂预混料。

一、单一型添加剂预混料配方设计

饲料添加剂的使用量相对固定，预混料配方的设计过程比全价饲料简单，一般方法和步骤如下。

1. 根据饲料标准和饲料添加剂使用指南确定各种饲料添加剂原料的用量

饲养标准是确定动物营养需要的基本依据。为计算方便，通常以饲养标准中规定的微量元素和维生素需要量作为添加量，还可以参考确实可靠的研究和使用实践进行权衡，修订添加的种类和数量。氨基酸的添加量需按下式计算：某种氨基酸的添加量＝某种氨基酸的需要量－非氨基酸添加剂和其他饲料提供的某种氨基酸量。

2. 原料选择

综合原料的生物效价、价格和加工工艺的要求，选择微量元素和维生素原料。主要查明微量元素、维生素有效成分含量。

3. 计算原料量

根据原料中微量元素、维生素及有效成分含量或效价、预混料的需要量计算在预混料中所需要商品原料量。

其计算方法如下：

$$纯原料量 = 某微量元素需要量 ÷ 纯品种元素含量（\%）$$
$$商品原料量 = 纯品料量 ÷ 商品原料有效含量（或纯度）$$

4. 确定载体用量

根据预混料在配合饲料中的比例，计算载体用量。载体用量为预混料量与商品添加剂原料量之差。

5. 列出预混料的生产配方

二、复合饲料添加剂预混料配方设计

（一）添加剂用量的概念与选择

配合饲料由各种饲料原料和饲料添加剂按合理比例及用量组合而成，体现的是全面的动物营养和饲料科学知识及实践经验。科学的配方是保证动物生产性能及产品品质的前提之一。全价配合饲料配方设计包括主原料和预混料两方面。由于主原料的营养成分、价格经常波动，故用量比例也进行相应的调整，借助计算机优化饲料配方软件可以快速决策。而饲料添加剂中除氨基酸外，其他添加剂原料用量相对固定，不需要采用计算机优化，只要按规定用量安排到配方中即可。

添加剂的添加量要根据动物品质、生长阶段、生理特点、生产水平、饲养条件等因素，参考国内外的研究成果确定。

1. 营养性添加剂添加量的确定

营养性添加剂预混料产品设计要以饲养标准为依据。首先根据饲养标准确定动物对氨基酸、维生素和微量元素的需要量。饲养标准中规定的氨基酸、维生素、微量元素的需要量是在试验条件下（比较理想的环境条件）得出的数据，是动物的最低需要量，而实际生产条件下各种制约因素远远超过了试验条件下所控制的范围，使动物对微量元素的实际需要量高于饲养标准的推荐量。因此，通常在饲养标准基础上增加一个安全系数（保险系数）作为动物的实际需要量，以保证满足大多数动物在实际生产条件下对营养物质的需求。安全系数的具体数值取决于实际条件，为 10%~100% 不等。

动物对微量元素的需要量主要由两部分来满足：一是基础饲料中的含量；二是需要由添加剂提供的量。基础饲料中的含量可根据饲料配方和饲料微量养分含量来计算，后者通常来自于营养价值表。饲料营养价值表中各种养分的含量是许多同名饲料养分含量的平均值，而准确含量因饲料产地、收获时间、加工条件的不同而异。因此，要知道饲料中微量养分的准确含量，必须直接测定饲料原料。

氨基酸、维生素、微量元素的添加量是设计营养性添加剂预混料产品的直接依据，确定的原则是基础饲料缺什么补什么、缺多少补多少。因此，准确的添加量应等于动物的实际需要量与基础饲料含量之差，而不是饲养标准规定的需要量。例如，产蛋鸡饲养标准中规定锰的需要量为每千克饲料 50mg，若安全系数考虑为 100%，则实际用量为每千克饲料 100mg；基础饲料中锰的含量经测定为 20mg/kg，则营养性添加剂预混料应为全价饲料提供的锰量为每千克饲料 80mg。若该添加剂预混料在配合饲料中的用量为 1%，则锰在预混料中设计水平应为每千克预混料 8 000mg。

2. 非营养性添加剂添加量的确定

对饲用抗生素、化学合成药、益生素、酶制剂、有机酸等非营养性添加剂，必须以药理学、药物学、病理学、毒理学、动物生理学、动物生物化学等学科的原理为指导，以国家的有关法律法规为依据来确定其添加量。

在药物计量学上有"量"和"量段效应的理论"，所谓"量段效应"，是指在特定的时间内，不同剂量的药物作用于动物体内时会出现多种不同的效果，如正常作用、中毒、死亡等，它对药物性添加剂预混料产品设计具有重要意义。所谓"量"是指药物性添加剂使用的数量。一般来说，药物性添加剂在一定的时间和特定的剂量范围内，其作用的强度与其添加的剂量成正比，即剂量越大，效力越强。但是当超过这个特定的时间和特定的剂量范围时，就发挥不了应有的作用，甚至会起反作用或不良作用。

计量学上将量段效应划分为如下几类：① 常用量：即药用量的最低有效量。在药物添加剂使用上就是发挥正常功能或满足动物机体正常需要时的剂量。② 极量：即药用量的最高允许量，在药物添加剂使用上相当于常用量的最高限用量。③ 中毒量：即应用这个量段可发生中毒。④ 致死量：即应用这个量段可导致死亡。添加剂预混料配方设计的基本步骤如下。

第一步：确定配方的使用对象及用量。

第二步：确定活性成分的种类及添加量。

第三步：选择适宜的原料，计算出配方中原料比例。

第四步：选择适宜的载体和稀释剂，将配方平衡至100%。

第五步：列出配方并注明有关事宜。

（二）复合添加剂预混料配方设计原则

所谓添加剂预混料产品的设计，是指根据不同用途，对各种添加剂原料、载体和稀释剂进行选择、组合、定量等，最后形成科学的、能用于生产的添加剂预混料的配方的过程。在设计添加剂预混料产品时，必须掌握一定的原则和方法。

1. 有效性

有效性原则是指设计出来的添加剂预混料产品在畜禽饲养过程中必须有确实的实际效果。

添加剂预混料产品具有组分复杂、性质各异、计量低等特点，要保证产品的有效性，在设计时就需充分考虑设计的目的、所选原料、加工工艺、销售运输、贮存条件等因素。

营养性添加剂预混料产品的设计要以动物营养学为理论指导，以饲养标准为依据，充分考虑营养性添加剂在补充营养和平衡日粮方面的作用。要注意各个营养素之间错综复杂的相互关系，调整各营养素之间的比例，以发挥营养性添加剂最大的作用。

非营养性添加剂预混料产品的设计较复杂，其设计的理论因种类不同而异，如抗生素类添加剂预混料产品的设计一般以药理学和病理学为理论指导；酶制剂等则以生物化学、生理学等为理论指导。

添加剂预混料产品组分的稳定性、均匀性也是保证其有效性的重要因素。因此在设计时，要充分考虑各组分之间的相互影响，防止各组分之间不利的化学反应以及在贮存和运输时的物理化学变化对稳定性、均匀性的影响。

2. 先进性

添加剂预混料产品设计要有科学依据，要运用现代动物营养和饲料科学的成果和方法来设计和制作产品，使主要的营养指标和卫生指标能够反映营养学和饲料学的最新知识和科研成果，能充分保障或提高动物生产性能，同时又符合国家饲料法规和质量标准。

3. 安全性

安全性是指设计的添加剂预混料产品必须安全可靠。安全性包括三个方面：一是要保证对动物安全，添加剂品种的选择和剂量的使用，不会造成动物的急性、亚急性和慢性中毒；二是对畜产品的食用安全，设计、生产、使用添加剂预混料产品中的药物、重金属以及有毒有害物质在畜产品中的残留量应符合食品卫生标准，人食用畜产品后对健康无害；三是要考虑添加剂预混料产品使用对环境的影响，一个优良的产品使用后应将其对环境的影响降到最低。

产品的安全性是第一位的。任何一种添加剂预混料产品，如果没有安全性就谈不上有效性。在设计添加剂预混料产品时，无论是在原料的选择，还是剂量的确定都必须慎重。所选用的原料必须国家允许使用，禁止使用国家明文规定不能使用的添加剂品种，而且要杜绝选用发霉、变质、有毒和被污染的原料。

4. 经济性

所谓经济性原则就是指出产品在满足某种使用目的的前提下，尽可能地降低成本。预混料成本占配合饲料成本的 5%~10%，占动物生产总成本的 3.5%~7%。预混料的成本直接影响企业与用户的经济效益。因此，在产品设计时，要根据高效、低成本的原则来选用添加剂原料。同时考虑到合理的价格，适应市场需要，使用户的经济效益最佳。随着维生素、氨基酸等添加剂的工业化生产规模与生产技术的发展，生产成本在不断变化；另一方面，动物的生产经济性能也在随着育种技术的改进而变化，因此预混料配方设计必须及时体现着两方面的变化。

5. 方便性

为了方便使用并充分发挥预混料的供能，要尽量设计出多样化、系列化的产品来适应不同用户与不同生产水平的需要。预混料的效果要通过配合饲料来体现，因此要考虑与基础饲料的配套性。对各种系列的预混料产品不仅要提出明确的有效成分的保证值，而且应推荐基础饲料的参考配方，这对于组分复杂的复合预混料更有必要。

在浓度与添加量的包装设计上，要充分考虑配合饲料厂或养殖户加工设备与管理的特点及对预混料的特定要求，尽量做到与用户的混合机与计量设备匹配。例如，针对无预混工段的中小饲料厂，若混合机容量为 500kg，则可将 1% 规格的复合预混料按 5kg/包进行包装，饲料厂每生产一次，就添加预混料一包。总之，既要保证配合饲料的质量，又要方便使用，把使用中的麻烦降到最小。

6. 精准性

近年来提出的精准动物营养的概念已逐渐在添加剂预混料的配方设计中应用。精准动物营养就是日粮营养水平在满足动物遗传潜力需要的同时，既保证动物最优生产性能，同时营养素浪费又最小，为动物提供恰好满足其营养需要的日粮。添加剂预混料的精准设计就是根据动物所处生理阶段、健康状况、饲养环境、饲喂方式等确定营养需要量，并根据基础饲料的各种营养成分设计出精准的添加剂预混料配方。

（三）添加剂原料的选择

设计添加剂预混料应选用什么原料是设计的重要内容。选用原料除了考虑动物的需要外，还应考虑以下问题。

1. 原料的价格、来源和特性

首先考虑添加剂原料能否在当地或其他地方购买得到，价格在当时时候经济以及本厂库存的情况等。此外，还要注意原料的特性，包括水溶性、吸潮性、静电荷、颗粒大小、水分含量等。

2. 适口性

所选原料不仅不能影响动物的采食量，而且应有利于动物采食量的提高。这一点对猪，特别是仔猪预混料的设计尤其重要。

3. 化学稳定性

选用添加剂原料时首先要考虑其稳定性。许多微量添加成分可能不稳定，当某种饲料添加剂加入到预混料或各种饲料中时，它的效价可能受稳定性的影响。选用原料时需要考虑微量成分的纯度、商品形式或在配合料中可能的损失，认识其局限性。对不稳定的添加剂需要明确规定使用的范围，注意影响稳定性的因素，注意添加剂的保质期与有效期。

4. 生物学利用率

添加剂的不同化合物形式，其在动物体内的吸收、代谢以及排泄的过程不同，其生物利用率也不同。了解各种添加剂产品的生物学利用率，特别是了解影响其利用率的因素等知识有助于有效地设计配方。

5. 毒性、残留、耐药性

选择的添加剂原料不得使畜禽产生急性或慢性中毒，不得导致组织细胞癌变和遗传变异等。动物食入添加剂后，其有害成分向肉、奶、蛋等畜产品的转移和残留量不得超过国家规定。在药物添加剂的选择上，应考虑所选用的品种不应导致病原微生物产生耐药性。

6. 添加剂原料间的配伍性

一种添加剂最终都将与许多微量成分混合并稀释于配合饲料中，因此，需要从化学性质上考虑是否存在一种添加剂对另一种添加剂稳定性或功效的影响。如果一种添加剂干扰另一添加剂的稳定或效果的发挥，则二者存在配伍禁忌。在配制添加剂预混料时要了解和避免添加剂间的配伍禁忌。同时，还应注意载体或稀释剂与添加剂间的配伍禁忌。

（四）添加剂预混料配方的设计方法

1. 维生素添加剂预混料配方设计步骤

（1）确定预混料的品种和浓度　品种是指通用型或专用型；浓度是指预混料在配合饲料中的用量，一般是占配合饲料风干重的 0.1%~0.2% 或浓度更高添加量更小剂型。

（2）确定添加维生素的种类和数量　专用型维生素预混料有单一的、复合的，根据其用途确定添加维生素的种类；通用型维生素预混料一般都是按照饲养标准规定的种类设计，即 4 种脂溶性维生素和除胆碱以外的 8 种水溶性维生素。因氯化胆碱呈碱性，与其他维生素添加剂一起配合时会影响到其他维生素的效价，所以它一般不预混合在内，而是单独添加。

维生素数量的确定基本上是依据饲养标准中的建议用量，并结合考虑维生素的稳定性、常用饲料中维生素的含量、维生素制剂的价格、畜禽所处的环境条件、饲料的加工工艺和饲料贮存的条件和时间等。从维生素的稳定性上看，维生素 A 和维生素 D_3 制剂比其他维生素易失去活性，即使已采用包囊技术，也亦失去活性，而且常用饲料中不含有维生素 A 和维生素 D_3。维生素 A 和维生素 D_3 供给要比需要量高出 5~10 倍。在常用饲料中维生素 B_1、维生素 B_6 和生物素含量较丰富，为了降低复合维生素成本，这三者的用量可以比需要量降低一些或不添加。维生素 B_2 对防止生长雏鸡腿病和提高逆境因素（如高温、寒冷、疾病、接种疫苗等）影响的情况下，比较容易继发维生素 A、维生素 D、维生素 K、烟酸、叶酸、生物素以及维生素 C 的缺乏症，因此配合饲料中维生素的补给量，通常应高于标准需要的 1~10 倍。在颗粒饲料的制作过程中，会有大量的维生素 A、维生素 B 和生物素等因受高温的影响而被破坏；随着饲粮保存时间的延长，其中的维生素 A、维生素 B、维生素 B_{12}、维生素 E、维生素 C 等将受各种理化因素的影响而被破坏，所以维生素添加剂中各种维生素的含量往往都高出标准需要量的 1~10 倍。

（3）维生素添加剂预混料配方的确定　① 选择各种维生素原料；② 将需要添加的维生素折算为商品原料量；③ 根据对预混料浓度的要求，计算载体的用量；④ 折算出维生素添加剂的生产配方。

2. 配方设计示例

为笼养产蛋鸡设计维生素添加剂配方，见表 7-2。

表 7-2　笼养蛋鸡维生素添加剂配方

维生素名称	饲养标准（每千克饲料含量，mg）	拟定添加量（每千克饲料含量，mg）	原料规格（%）	原料用量		
				每千克饲料中（mg）	每吨饲料中（g）	每吨预混料中（kg）
维生素 A	4 000IU	8 000IU	50 万 IU/g	16	16	8
维生素 D_3	500IU	650IU	50 万 IU/g	1.3	1.3	0.65
维生素 E	50IU	10IU	50	20	20	10
维生素 K_3	0.5	0.6	96	0.625	0.625	0.3125
维生素 B_1	0.8	1	96	1.04	1.04	0.52
维生素 B_2	2.2	4	80	5	5	2.5
维生素 B_6	3.0	2	96	2.08	2.08	1.04
维生素 B_{12}	0.009	0.012	1	1.2	1.2	0.6
泛酸钙	2.2	10	98	10.2	10.2	5.1
烟酸	10	20	100	20	20	10
叶酸	0.25	0.5	98	0.51	0.51	0.255
生物素	0.1	0.15	2.5	7.5	7.5	3.75
载体	—	—	—	1 914.545	1 914.545	957.2725

（五）微量元素添加剂预混料配方设计方法

1. 微量元素添加剂预混料配方设计步骤

① 添加种类的确定　一般是以饲养标准中规定的种类为基本依据，同时考虑地区性，

如某元素的缺乏或高含量区。常常需要考虑添加的微量元素都是铁、铜、锌、锰、硒、碘。

② 添加量的确定　目前是以饲养标准中建议的数量为基本依据。综合考虑地区缺乏或高含量的程度；某些元素的特效作用，如高剂量铜促进幼猪生长；需要生产高锌蛋、高碘蛋等；元素之间的干扰和比例平衡的需要，如配方中铜的用量加大了，那么为了微量元素比例的平衡，铁和锌的用量也应相应增大。饲料中原微量元素含量被视为安全阈量。

③ 原料的选择　一般应选用生物效价高、稳定性好、便于粉碎和混合、价格比较低廉的原料。一般铜、铁、锰、锌都以硫酸盐为好，货源充足，畜禽对其利用率高，且价格便宜。为了保证微量元素预混料中水分含量达到产品要求，可选用含一个结晶水的硫酸盐。从国内目前情况看，由于畜禽对有机微量元素和氨基酸螯合物微量元素的吸收较好，所以用量也在上升。

（4）添加剂预混料在配合饲料中用量的确定　根据原料的粒度、混合设备、特效元素的加入量、配合饲料厂家的特殊要求等考虑。目前通常生产 0.2%、0.5%、1% 和 4% 的预混料产品。

2. 配方设计示例

为 20~60kg 体重生长育肥猪设计微量元素添加剂预混料配方详见表 7-3。

表 7-3　20~60kg 生长育肥猪微量元素预混料配方计算表

元素名称	每千克饲料中添加量（mg）	原料	原料中元素含量（%）	原料纯度（%）	每千克饲料中原料用量（mg）	生产 1 吨预混料用量（kg）
铜	200	$CuSO_4 \cdot 5H_2O$	25.5	98	800.32	160.06
铁	120	$FeSO_4 \cdot H_2O$	32.9	90	405.27	81.05
锌	150	$ZnSO_4 \cdot H_2O$	36.4	90	457.88	91.58
锰	10	$MnSO_4 \cdot H_2O$	32.5	98	31.40	6.28
碘	0.15	KI	76.4	99.5	0.2	0.04
硒	0.2	Na_2SeO_3	45.6	99.5	0.45	0.09
载体	—	沸石	—	—	3 304.48	660.9

注：在配合饲料中添加量为 0.5%。

（六）综合性预混料配方设计方法

1. 综合性预混料配方设计步骤

① 确定综合性预混料在配合饲料中的用量，一般以占配合饲料重的 1%、2%、4%。

② 确定综合性预混料中各组分的种类及各组成的配合饲料中的用量。比如复合维生素在全价配合饲料中的用量为 0.02%，微量元素用量为 0.2% 等。

③ 综合性预混料中各组分实际用量的计算。

2. 配方设计示例

肉用仔鸡预混料配方见表 7-4。

表 7-4　肉用仔鸡预混料配方

添加剂种类	全价配合饲料中用量（g/t）	生产 1 吨综合性预混料用量
复合维生素	2 000	100
复合微量元素	5 000	250
杆菌肽锌	350	17.5
抗球虫添加剂	500	25
抗氧化剂	500	25
沸石粉	11 650	582.5

注：在全价配合饲料中用量为 2%

第五节　浓缩料配方设计技术

浓缩饲料由蛋白质饲料、矿物质饲料、添加剂预混料按一定比例混合而成。在不同的国家或地区，浓缩饲料的名称不同，如美国叫平衡用配合饲料，东欧一些国家称为蛋白质-维生素补充料，有些国家和我国部分地区称为精料。浓缩饲料是饲料厂生产的半成品，不能直接饲喂动物，必须与能量饲料混合才可制成全价配合饲料。在生产实践中，由于生产需要的不同，浓缩饲料的概念也逐渐扩大，它既可以不包括蛋白质饲料的全部，又可以把一部分能量饲料包括在内。浓缩饲料中各种原料配比随原料的价格、性质及使用对象而异。一般蛋白质含量占 40%~80%（其中动物性蛋白质 15%~20%），矿物质饲料占 15%~20%。添加剂预混料占 5%~10%。

一、浓缩饲料配制的原则

（一）依据动物种类

对于不同的单胃畜禽和反刍家畜，以及不同的生长期、不同的生产水平和不同的生产目的应生产出各自相应的浓缩饲料。通用型不合理，因为那样在营养上难以达到配套平衡。

（二）原料的选择

生产浓缩饲料的原料，除蛋白质饲料、常量矿物质饲料、微量元素及维生素外，一般还应考虑加入适量的防腐剂、抗氧化剂药物成分等。

（三）应控制浓缩饲料的含水量

一般成品含水量粉料应低于 14%。如果能低于 6%，较易保存。因为浓缩饲料蛋白质含量高，本来就容易发霉、发热、结块，如果水分含量再高就更容易发霉、发热和结块，致使产品的营养价值降低或变质。

（四）依据动物特点

依据动物种类、生长阶段、生理特点和生产产品的要求设计不同的浓缩料。通用性在初

156

始的推广应用阶段，尤其在农村很重要，它使用方便、减少运输、节约运费等，但组成比例不尽合理，所以，最好具有针对性地生产。

（五）质量保护

浓缩料的质量保护，除使用低水分的优质原料外，防霉剂、抗氧化剂的使用及良好的包装必不可少，水分应低于12.5%。

（六）注意外观

一些感官指标应受用户的欢迎，如粒度、气味、颜色、包装等都应考虑周全。

二、浓缩料在配合饲料中所占的比例

按一定比例与当地能量饲料混合后，在营养水平上要达到或接近所喂养畜禽的饲养标准。或者在主要营养标准上达到所规定的配合饲料的质量标准，如能量、蛋白质、钙、磷、盐、限制性氨基酸、地方性缺乏的微量元素等。

猪与禽类的浓缩饲料在全价料中所占比例以20%~40%为宜。而且为方便使用，最好使用整数，如20%、40%，而避免诸如25.8%之类小数的出现。

所占比例与应用的蛋白质原料、矿物质及维生素等添加剂的量有关。当比例太低时，需要用户配合的原料种类增加，浓缩料生产厂家对终产品的质量控制范围减小。而比例太高时，如50%以上，又失去了浓缩的意义。因此，应本着有利于保证质量，又充分利用当地资源、方便群众和经济实惠的原则确定比例。

建议的浓缩比例：仔猪（15~35kg）30%~45%，生长猪（35~60kg）30%，育肥猪（60kg以上）20%~30%；育成鸡（7~20周）30%~40%，产蛋鸡40%（含贝壳粉或石粉）或30%（不含贝壳粉或石粉）。肉鸡40%（肉鸡很少用浓缩料，因需要压粒，但北欧也有压粒的浓缩料，再加整粒或破碎小麦的做法）；牛、羊精料或浓缩料，占全饲粮干物质的15%~40%。

三、浓缩饲料配方的设计方法

浓缩饲料配方的设计方法有两种：一种是根据动物的饲养标准及饲料来源、营养价值和价格设计出全价配合饲料配方，把能量饲料从配方中抽出，余下的再折合成百分含量，即为浓缩饲料配方；第二种是根据用户所具有的能量饲料种类和数量，确定浓缩饲料和能量饲料的比例，结合动物饲养标准确定浓缩饲料各养分所应达到的水平，计算出浓缩饲料的配方。

（一）第一种方法

1. 基本步骤

（1）根据饲养标准设计全价配合饲料配方

（2）确定浓缩饲料在全价配合饲料中应占的比例

（3）计算浓缩饲料的生产配方

（4）标明浓缩饲料的名称、规格、使用对象和使用方法

2. 实例：为生长育肥猪设计浓缩饲料配方

第一步，根据饲养标准设计出全价配合饲料配方（表7-5）。

表7-5　全价配合饲料配方为

原料	含量	原料	含量	原料	含量	原料	含量
玉米	38%	豆粕	6%	芝麻饼	5%	L-赖氨酸盐酸盐	0.34%
麸皮	18%	菜粕	5%	贝壳粉	1%	复合添加剂预混料	1%
甘薯干	20%	棉粕	5.42%	食盐	0.24%	—	

该配方能达到的养分含量见表7-6。

表7-6　配方能达到的营养含量

营养成分	含量	营养成分	含量
消化能	12.89MJ/kg	苏氨酸	0.51%
粗蛋白质	16.37%	异亮氨酸	0.5%
赖氨酸	0.78%	钙	0.6%
蛋氨酸+胱氨酸	0.66%	磷	0.5%

第二步，和饲养标准比较，基本相符，具体设计方法如前。大料占的比例为76%，浓缩饲料占的比例为24%。

第三步，确定浓缩饲料的生产配方。浓缩饲料的生产配方根据下面的公式计算。

$$某饲料在浓缩饲料中的配合率（比例）= \frac{全价配合饲料中该饲料的配合率（比率）}{浓缩饲料占配合饲料的比例}$$

计算的结果见表7-7。

表7-7　浓缩饲料配方　　　　　　　　　　　　　　　　　（%）

原料	含量	原料	含量	原料	含量
豆粕	25.0	芝麻饼	20.83	L-赖氨酸盐酸盐	1.42
菜粕	20.83	贝壳粉	4.17	复合添加剂预混料	4.17
棉粕	22.58	食盐	1	—	

第四步，标明浓缩饲料的名称、规格和使用方法。

生长育肥猪浓缩饲料每千克内含营养成分见表7-8。

表7-8　浓缩饲料中的营养成分含量

营养成分	含量	营养成分	含量
消化能	≥11.51MJ/kg	磷	0.6%~0.9%
粗蛋白	≥37.28%	食盐	0.8%~1.2%
钙	2%~2.5%	赖氨酸	≥2.5%

使用方法：混合能量饲料后才可使用，能量饲料混合方法如下：浓缩饲料24%，能量

饲料 76%（其中玉米 38%，麸皮 18%，甘薯干 20%）。

（二）第二种方法

1. 基本步骤

（1）查出饲喂对象的饲养标准

（2）确定能量饲料和浓缩饲料的比例

（3）确定能量饲料，并计算出能量饲料所能达到的营养水平

（4）和饲养标准比较，计算出浓缩饲料应达到的营养水平

（6）确定浓缩饲料原料种类，并查出养分含量

（7）按照试差法计算该浓缩饲料配方

（8）写出使用说明

2. 实例

实例一：为 0~8 周龄罗曼蛋用雏鸡设计浓缩饲料配方

第一步，查饲养标准，见表 7-9。

表 7-9　0~8 周龄罗曼蛋用雏鸡饲养标准

代谢能 (MJ/kg)	粗蛋白 (%)	钙 (%)	磷 (%)	赖氨酸 (%)	蛋氨酸 (%)	蛋氨酸+ 胱氨酸（%）	食盐 (%)
11. 51	18. 5	1. 0	0. 7	0. 95	0. 38	0. 67	0. 37

第二步，确定浓缩饲料和能量饲料的比例，假定 35∶65。

第三步，确定能量饲料，并计算出能量饲料能达到的营养水平。根据经验能量饲料全部使用玉米。查饲料成分表，并计算出它能达到的营养含量。

第四步，计算浓缩饲料应达到的营养水平，见表 7-10。

表 7-10　能量饲料已达到的营养水平和浓缩饲料应达到的营养水平

项目	代谢能 (MJ/kg)	粗蛋白 (%)	钙 (%)	有效磷 (%)	赖氨酸 (%)	蛋氨酸 (%)	蛋氨酸+ 胱氨酸（%）
玉米提供 养分	13.56×0.65 $= 8.8725$	8.7×0.65 $= 5.655$	0.02×0.65 $= 0.013$	0.12×0.65 $= 0.078$	0.24×0.65 $= 0.156$	0.18×0.65 $= 0.117$	0.38×0.65 $= 0.247$
与营养标准 比，浓缩料 应提供的养分	2. 6375	12. 845	0. 987	0. 372	0. 794	0. 263	0. 423
浓缩料应达到 的营养水平	$2.6375/0.35$ $= 7.54$	$12.845/0.35$ $= 36.7$	$0.987/0.35$ $= 2.82$	$0.372/0.35$ $= 1.06$	$0.794/0.35$ $= 2.27$	$0.263/0.35$ $= 0.75$	$0.423/0.35$ $= 1.23$

第五步，确定浓缩饲料原料种类，并查出养分含量，见表 7-11。

表 7-11　饲料原料及养分含量

项目	代谢能 (MJ/kg)	粗蛋白 (%)	钙 (%)	有效磷 (%)	赖氨酸 (%)	蛋氨酸 (%)	蛋氨酸+ 胱氨酸（%）
豆粕	9. 62	44	0. 32	0. 31	2. 56	0. 64	1. 3

（续表）

项目	代谢能（MJ/kg）	粗蛋白（%）	钙（%）	有效磷（%）	赖氨酸（%）	蛋氨酸（%）	蛋氨酸+胱氨酸（%）
菜粕	7.41	37	0.65	0.42	1.3	0.63	1.5
花生饼	11.63	44.7	0.25	0.31	1.32	0.32	0.77
棉粕	7.32	42.5	0.24	0.33	1.59	0.45	1.27
磷酸氢钙	—	—	23	16	—	—	—
石粉			35				

第六步，按照试差法计算出该浓缩饲料配方（表7-12）。

表7-12　浓缩饲料配方

原料	含量	原料	含量	原料	含量
豆皮	50.00%	花生饼	6.44%	食盐	1.06%
菜粕	14.00%	磷酸氢钙	4.80%	赖氨酸	0.60%
棉粕	15.00%	石粉	4.00%	蛋氨酸	0.24%

1%添加剂预混料2.86%

该配方能达到的营养水平见表7-13。

表7-13　浓缩饲料营养水平

代谢能（MJ/kg）	粗蛋白（%）	钙（%）	有效磷（%）	赖氨酸（%）	蛋氨酸（%）	蛋氨酸+胱氨酸（%）
7.77	36.8	2.81	1.06	2.27	0.75	1.23

第七步，写出使用说明。

罗曼蛋用雏鸡浓缩饲料，

饲喂对象：适用于0~8周龄雏鸡

本浓缩饲料含：粗蛋白≥36.5%，钙2.5%~3%，有效磷0.8%~1.2%，赖氨酸≥2.2%，蛋氨酸≥0.75%。

使用方法：35kg浓缩料+65kg玉米。

实例二：反刍动物浓缩饲料的配制

（1）以常规蛋白质饲料制作反刍动物浓缩饲料　配制时其配方组成基本与单胃动物相同，为了保证瘤胃的正常活动，浓缩饲料中应含有常量元素和微量元素，还应含有维生素A和维生素D等。常量元素如钙、磷、钠、钾、氯、镁、硫等，微量元素如铁、铜、锰、锌、碘、硒、钴、钼等。由于瘤胃对高铜饲料较敏感，不考虑像单胃动物那样使用高铜。

某牛场用10%浓缩饲料确定的规格见表7-14。

按照表7-14所示规格，可选用豆粕（或饼）、鱼粉、棉籽粕、菜籽粕等蛋白质饲料作为氮源饲料，加上其他常用的石粉、磷酸氢钙、食盐、微量元素等物质配合即可成为浓缩饲料。如表 7-14 所示浓缩饲料以 10%的配比用在牛的混合精料内，则可形成牛配合饲料（表7-15）。

表 7-14　牛用 10%浓缩饲料规格

营养指标	含量	营养指标	含量	备注
粗蛋白质（%）	≥40.0	磷（%）	≥2.3	
粗脂肪（%）	≥8.0	食盐（%）	≥7.5	
粗纤维（%）	≤2.5	维生素 A（1 000IU/100kg 料）	≥10.0	微量元素含锰、锌、铁、铜、碘、硒、钴、钼，少量抗氧化剂
消化能（MJ/kg）	≥8.5	维生素 B（1 000IU/100kg 料）	≥2.0	
钙（%）	≥7.5			

表 7-15　浓缩饲料配成精料混合料的方法

	奶牛用		肉牛用	
浓缩饲料（kg）	100	100	100	100
大豆粕（kg）	70	150	70	—
玉米（kg）	—	500	580	—
大麦（kg）	580	—	—	600
小麦麸（kg）	250	250	250	300
共计（kg）	1 000	1 000	1 000	1 000
粗蛋白质（%）	16.0	18.0	15.2	14
粗纤维（%）	6.3	5.0	4.7	6.5
粗脂肪（%）	2.5	3.6	3.7	2.6
消化能（MJ/kg）	10.9	11.3	11.4	10.8

（2）非蛋白质类含氮化合物浓缩饲料　当使用非蛋白质类含氮化合物配制反刍动物浓缩饲料时，应考虑把这类化合物的含氮量折算成粗蛋白质的量，还应考虑其进入瘤胃后分解释放出氨的速度，应与其他原料（包括浓缩料本身或精料混合料中原料）相匹配，即考虑能提供氨基酸合成的碳架的化合物组分。这就需要设法延缓非蛋白氮释放氨速度，选用能较快提供碳架的碳水化合物或脂肪类饲料。

使用非蛋白质类含氮化合物主要是借助于瘤胃内微生物的作用来进行氨基酸和蛋白质的合成，因此在饲料配合时应首先考虑增强微生物活动所需的条件，并适当补充必需的营养素，如硫、磷、钙、维生素 A、维生素 D 等。

兹介绍某种不用谷粒饲料作载体，相当于含粗蛋白质为 64%的高尿素浓缩饲料（表 7-16）。

表 7-16　反刍动物浓缩饲料配方示例（含粗蛋白质 64%）

原料	用量（kg）	备注
饲用尿素（含氮 45%）	200	
玉米糖蜜	140	
脱水苜蓿粉（粗蛋白质 17%）	510	添加剂预混料 10kg，其中含有维生素 A 4 400 万 IU，氧化锌 2 756g，碳酸钴 8.8g，脱水苜蓿粉 7kg
脱氟磷酸氢钙	105	
碘化食盐	35	
添加剂预混料	10	
共计	1 000	

表 7-16 中浓缩饲料的用量可占到精料混合料的 10%，按相当于粗蛋白质量计算，约占整个蛋白质量的 1/3，可安全饲喂。

（3）非蛋白质类含氮化合物液体浓缩饲料　反刍动物的液体浓缩饲料主要是利用各种水溶性或可在水中弥散的物质充分混合而成。液体浓缩饲料配制有严格的投料顺序，否则将有可能形成胶胨状或发生盐析现象。

一般投料可按如下顺序进行。

① 在温水中溶解含氮化合物使之成为溶液。含氮化合物为干的或液状的尿素、磷酸二铵、聚磷酸铵等。

② 投入温热的糖蜜。糖蜜作为能源之一可使用甜菜糖蜜、甘蔗糖蜜、玉米糖蜜、高粱糖蜜、柑橘糖蜜、木糖糖蜜等。一般温热糖蜜的温度在 45℃左右。

③ 加入磷源。磷源饲料采用水溶性聚磷酸铵、磷酸二铵、磷酸钠、磷酸等。

④ 投入钙质和食盐。钙源用乙酸钙或氯化钙。

⑤ 添加易溶于水的微量元素和硫酸钠。微量元素以用水溶性好的硫酸盐为宜。

⑥ 添加可在水中弥散的维生素 A 棕榈酸酯。

⑦ 加入在水中稳定的抗生素。

⑧ 可加上其他水溶性促生长未知因子，如酒精滤液、苜蓿可溶物等。

液体浓缩饲料充分拌匀后再脱去水分，可用膨润土粗粉作载体生产成片剂或粒剂。为防止酸败或霉变可加入适量的抗氧化剂和防霉剂等，水分含量最好不超过 12.5%。

第六节　饲料配方的优化

各种饲料的营养价值虽然有高有低，但没有一种饲料的养分含量能完全符合动物的需要。对动物来说，单一饲料中各种养分的含量，总是有的高，有的低。只有把几种饲料合理搭配，才能获得与动物需要基本相似的饲料。饲料配方的好坏，对产品品质、成本高低有很大的影响，是养殖业中不可忽视的重要环节。一个好的饲料配方，应做到如下几点。

一、原料选择

在考虑是否选用某种饲料原料时，饲料厂的决策者不仅要考虑饲料原料的营养价值，还需要综合考虑它的适口性、抗营养因子、可获得性、市场包容性、原料价格以及适用的动物等因素。

　　动物实际摄入的养分，不仅决定于配合饲料的养分浓度，而且决定于采食量。饲料适口性直接影响采食量。养分全面、充足、平衡的配合饲料如果适口性差，动物采食少，仍会造成营养不良。通常影响配合饲料适口性的因素有：味道（例如甜味、某些芳香物质、谷氨酸钠等可提高饲料的适口性）、粒度（过细不好）、矿物质或粗纤维等。应选择适口性好、无异味的饲料、菜粕（饼）、棉粕（饼）、芝麻饼、葵花粕（饼）等，特别是为妊娠动物设计饲料配方时更应注意。对适口性差的饲料，如菜籽饼、棉籽饼、血粉等不宜多用，可采用适当搭配适口性好的饲料或加入甜味剂以提高其适口性，促使动物增加采食量。乳猪开食料中不仅要避免使用适口性不好的原料，通常还需要添加一些蔗糖、甜味剂以及诱食剂，以提高乳猪的采食量。哺乳母猪的配方思路一般是促使母猪达到采食量最大化，以保证母猪充足优质的泌乳量，因此，在哺乳母猪料中应减少适口性较差的原料使用。

　　对于含有抗营养因子的原料，在确定饲料原料的用量时，还应在配方中设置抗营养因子的上限，以避免其对动物造成潜在的危害。例如，菜籽饼粕中含有可以造成甲状腺肿大和其他代谢障碍的物质——硫代葡萄糖苷及其降解产物、芥酸；棉籽饼粕中含有能引起代谢障碍的棉酚和使鸡蛋变质的环丙烯类似物；大豆饼粕中含有能引发仔猪腹泻的过敏原；鱼粉中常含有使肉仔鸡肌胃糜烂的肌胃糜烂素；高粱中含有较多能影响养分消化的单宁酸；大麦、小麦等含有能增加小肠内容物黏度而妨碍养分消化吸收的非淀粉多糖等。这些抗营养因子在配合饲料中含量多时就会造成不良后果。

　　可获得性是指该原料是否可以稳定供应，即使不能长期稳定供应，只要能满足一个产品少量批次生产的需要也可考虑应用。

　　市场包容性是指采用了该原料后用户是否会接受，如果用户不能容忍饲料中加入该原料后的饲料，也不能使用；适用动物因素就更加复杂，对于同一种原料在不同动物上应用，其营养素的可利用性不一样，有些原料又必须使用，如：乳清粉用于哺乳仔猪。

二、产品定位

　　设计配方时必须明确产品的定位。例如，应明确产品的档次、客户范围、现在与未来市场对本产品可能的认可与接受前景等。农区与牧区、发达与不发达和欠发达地区、南方与北方、动物的集中饲养区与农家散养区，产品的特性应有所差别。

　　发达与中等发达的国家都建立有自己的饲养标准。在发达国家许多著名育种公司的饲养手册上，又有自己的一套标准。所以就标准而言，已使配方设计者无所适从，但又必须作出选择。美国 NRC、英国 ARC、法国 AEC、日本、苏联、澳大利亚还有欧共体国家（如丹麦），以及我国的标准都有值得参考的方面，特别是 NRC 更为世界所认同，但没有任何企业会直接照搬 NRC 标准。设计者还经常遇到不同标准中生长、生理阶段的不同划分，这又增加了选择的难度。市场上饲养的动物品种多种多样。在企业的目标市场上，有长白猪又有北京黑猪、约克夏或杜长大杂交猪。蛋鸡有北京白鸡，又有海兰褐鸡。对于固定的饲养场，可针对品种设计配方。然而对覆盖面较广的饲料企业，很难做到针对每家养殖场的每一个品系（品种）进行饲料生产。配方营养指标的确定可以依据以下几种方法。

　　对有明确的市场、明确的动物种类、生理阶段，又有相应品种的推荐量标准，尽量以其标准为参考。如 AA 肉鸡有其自己的标准，迪卡猪也有建议的营养供给量。育种公司提供的建议水平通常较高，所以一般不再加安全系数。一些国外品种建议的高水平只是为保证发挥其品种的遗传潜力，从而达到促销的目的，并未以最大经济利益为目标；在达不到营养标准的情况下，养殖场找不到借口责怪其品种。最好是针对目标市场上每个品种、每个品系进行相应的设计。

对于广泛而零散的市场，用户较多，品种不一，可进行大致分类，找出主体部分（如外三元杂交猪、北京白鸡饲料、广东地区的黄羽肉鸡、褐壳蛋鸡饲料等），制定相应的营养标准。

适当考虑环境因素的影响，例如，蛋鸡寒冷与温暖季节采食量相差 $8 \sim 15g/d/h$，冬季（11 月底至翌年 4 月初）可将日粮中粗蛋白、氨基酸、钙、磷、食盐、微量元素等下降 $6\% \sim 8\%$，对于考虑诸多因素的营养需要估测模型，只有参考意义。

能量蛋白比在确定蛋白质时有重要作用。饲料受原料条件或成本的影响较大，执行标准的能量与饲养标准中常有差异，一般依蛋能比及氨基酸能量比折算。如肉鸡后期能蛋比要求 165，设定能值为 13.39MJ/kg 时，蛋白质为 19.4%；而当能值为 12.56MJ/kg 时，蛋白质为 16.5% 即可。同样，氨基酸的数值也按类似方法折算。现行的饲养标准基本已经包含了能量蛋白比、能量氨基酸比以及理想氨基酸模式等思想内容，多数配方优化系统提供按比例自动调整功能。

普遍遵循的一条原则是：对于以饲喂效果为导向的高端产品，应该以质定价，对于以市场为导向的低端产品，要以价定质。

饲料业同质化竞争越来越激烈，差异化功能性产品的开发越来越重要。几年前，以开发教槽料、仔猪料为主的公司优先从当时还普遍以预混料和普通全价料为主的饲料行业中脱颖而出，占得先机，成就了双胞胎、安佑、金新农和英伟等行业典范。如何在市场中做出特色产品，是未来饲料企业发展的一个新方向。

三、符合实际生产

配方在原材料选用的种类、质量稳定程度、价格及数量上都应与市场情况及企业条件相配套。产品的种类和阶段划分应符合养殖业的生产要求，还应考虑加工工艺的可行性。有些饲料原料尽管营养价值丰富且适口性好，例如，方便面渣、枣粉和糖蜜等适合于养殖场直接使用，如果进入饲料配方当中，必须考虑其加工工艺中带来的问题；另外，使用的原料种类越多，在配方设计时，用电子计算机就可以方便地计算出应用多种原料、价格最优的饲料配方。但实际上，饲料原料（非添加剂部分）种类过多，将造成加工成本提高的缺点。还有，虽是尽可能使用多种原料，但由于库存、购入、价格关系等因素的影响，常常限制了某一原料使用的可能性。所以，在配方设计时，掌握使用适度的原料种类和数量，非常重要。不断提高产品设计质量和降低成本是配方设计人员的责任，长期的目标自然是为企业追求最大收益。

此外，为了提高微量养分在全价饲料中的均匀度，原则上讲，凡是在成品中的用量少于1% 的原料，均首先进行预混合处理。如预混料中的硒，就必须先预混。否则混合不均匀就可能会造成动物生产性能不良，整齐度差，饲料转化率低，甚至造成动物死亡。

四、经济性

经济性即考虑合理的经济效益。饲料成本占养殖业总成本的 70% 以上。饲料成本对养殖业的效益影响很大。饲料厂能否生产出质量好而价格又较低的饲料，是产品有无竞争力的重要因素。设计饲料配方时不但要考虑生产效果，还必须考虑经济效益。饲料产品的总成本包括配方成本、生产成本和销售成本三部分。其中配方成本最直观，就是配方中所有原材料的成本求和。生产成本包括生产费用（水、电、汽、人工）、编织袋及标签、装卸费、管理费、场地费、设备折旧费等，管理费依管理效率的不同是可变的，也与销量的均摊有关，如果有银行贷款，利息也算在管理费中。场地费与设备折旧固定，加上管理费构成保本点销量计算的主要参数。销售成本包括业务员基本费用、业务员提成和运输费（如果签订送料合同），销售费用里面的学问最大，不同地区不同厂采取的销售政策千差万别，必须根据本地区市场和本厂具体情况制定相对合理的政策。简单来说计算公式如下：每吨饲料的纯利润＝销售净价－（配方成本＋生产成本＋销售成本）。

五、安全性

按配方设计出的产品应严格符合国家法律法规及条例，如营养指标、感官指标、卫生指标、包装等。尤其违禁药物及对动物和人体有害物质的使用或含量应强制性遵照国家规定。有的规定不太合理或落后于科学，虽可以利用合理渠道与方法超越限制，但在一些关键性的强制性指标上必须注意执行，故产品要接受质量监督部门的管理。企业标准应通过合法途径备案并遵照执行。市场出售的配合饲料，必须符合有关饲料的安全法规。选用饲料时，必须安全当先，慎重从事。这种安全有两层含义：一是这种配合饲料对动物本身是安全的；二是这种配合饲料产品对人体必须是安全的。作安全性评价必须包括"三致"，及致畸、致癌和致突变。因发霉、污染和含毒素等而失去饲喂价值的大宗饲料及其他不符合规定的原料不能使用。设计饲料配方时，某些添加剂（如抗生素）的用量和使用期限（停药期）要符合安全法规。实际上，安全性是第一位的，没有安全性为前提，就谈不上营养性。值得注意的是，随着我国饲料安全法规的完善，避免了法律上的纠纷。这里的安全性还有另外一层意思，即如何处理饲养标准与配合饲料标准之间的关系问题。如为使商品配合饲料营养成分（指标）不低于商标上的成分保证值，在制作时，应考虑原料成分变动，加工制造中的偏差和损失，以及分析上的误差等因素，必须比规定的营养指标稍有剩余。随着社会的进步，饲料生物安全标准和法规将陆续出台，配方设计要综合考虑产品对环境生态和其他生物的影响，尽量提高营养物的利用效率，减少动物废弃物中氮、磷、药物及其他物质对人类、生态系统的不利影响。

参考文献

［1］ 艾景军，翟云峰，朱丽. 饲料配方优化及成本控制技术［J］. 饲料与畜牧，2010（2）：39-43.

［2］ 薄涛. 关于奶牛 TMR 饲养技术的探讨［J］. 当代畜禽养殖业，2008（2）：6-9.

［3］ 崔畅. 浓缩饲料配方设计浅谈［J］. 饲料研究，1985，9：19-20.

［4］ 邓君明，曾广厅. 利用 Excel 线性规划设计饲料配方［J］. 饲料广角，2003（17）：15-18.

［5］ 刁其玉. 牛羊饲料配方技术问答［M］. 北京：中国农业科技出版社，2000.

［6］ 董国忠. 哺乳母猪采食时的重要性［J］. 动物营养学报，2007（19）：446-453.

［7］ 费前进. 后备母猪的营养需要及日粮配制技术［J］. 中国畜牧兽医文摘，2014，10：107-108.

［8］ 韩仁圭，李德发，朴香淑. 最新猪营养与饲料［M］. 北京：中国农业大学出版社，2000.

［9］ 韩友文. 奶牛饲养标准自动生成及用 Excel 的"规划求解"拟制奶牛饲料配方［J］. 饲料博览，2007（6）：22-28.

[10]　姜懋武. 饲料产品配方设计技术与实践之五—预混料与浓缩料 [J]. 饲料工业, 1997, 11: 1-2.

[11]　李德发. 猪的营养 [M]. 北京: 中国农业科学技术出版社, 2003.

[12]　李同洲, 臧素敏. 猪饲料手册 [M]. 北京: 中国农业大学出版社, 2007.

[13]　林长光. 母猪能量需要和营养策略 [J]. 福建畜牧兽医, 2003, 5: 56-57.

[14]　刘琴等. 利用 Excel 设计饲料配方 [J]. 当代畜牧, 2006, 08: 37-38.

[15]　罗海玲. 羊常用饲料及饲料配方 [M]. 北京: 中国农业出版社, 2004.

[16]　奶牛的营养需要 (第 7 次修订版) [M]. 北京: 中国农业大学出版社, 2002.

[17]　石晓琳. 能量来源对后备母猪初情启动及一胎繁殖性能的影响 [D]. 四川农业大学, 2013.

[18]　王海荣. 饲料配方设计 [M]. 呼和浩特: 内蒙古农业大学, 2013.

[19]　王克健, 滚双宝. 猪饲料科学配制与应用 [M]. 北京: 金盾出版社, 2010.

[20]　熊本海. 奶牛营养参数与典型日粮配方 [M]. 北京: 中国农业科学技术出版社. 2003.

[21]　阎萍, 卢建雄. 反刍动物营养与饲料利用 [M]. 北京: 中国农业科学技术出版社. 2004.

[22]　杨在宾. 新编仔猪饲料配方 600 例 [M]. 北京: 化工工业出版社, 2009.

[23]　于会民, 刘国华, 常文环. 猪饲料配方技术问答 [M]. 北京: 中国农业科技出版社, 2000.

[24]　张乃锋. 猪饲料调制加工与配方集萃 [M]. 北京: 中国农业科学技术出版社, 2013.

[25]　张振斌, 林映才, 蒋宗勇. 母猪营养研究进展 [J]. 饲料工业, 2002 (9): 12-17.

[26]　中华人民共和国农业行业标准 (NY/N 65—2004): 猪饲养标准, 2004.

[27]　中华人民共和国农业行业标准 (NY/T 34—2004) 奶牛饲养标准.

[28]　中华人民共和国农业行业标准 (NY/T 815—2004) 肉牛饲养标准.

[29]　周明. 饲料学 [M]. 合肥: 安徽科学技术出版社. 2007.

[30]　周平. 不同能量水平和来源对后备母猪体成分、初情日龄和发情率的影响 [D]. Diss. 2007.

第八章 配合饲料加工工艺及品质管理

第一节 饲料加工工艺

近年来，随着养殖业迅速发展和人们对畜禽产品高质量的需求，使得养殖业对动物饲料的要求越来越高。在整个养殖过程中，饲料成本约占养殖总成本的70%，配合饲料质量是饲料工业发展的基础，直接关系着养殖业的生产效益。好的饲料产品不仅取决于优质的饲料原料和合理的饲料配方，还取决于适宜的饲料加工技术。采用不同的加工工艺得到不同品质的饲料，选择合理的饲料加工工艺不仅能充分发挥饲料的营养价值，还能提高产品质量的饲养效果，提高养殖业经济效益。饲料加工过程是指饲料原料处理和饲料产品生产的过程，包括原料清理、粉碎、配料、混合、制粒和包装等工序。其中，粉碎、混合、制粒和膨化这4种主要加工工艺对饲料营养成分和动物生产性能的影响较大。本章节主要探讨对粉碎、混合、制粒和膨化等4种加工工艺以及其对饲料营养成分及动物生产性能的影响，为合理选择饲料加工工艺提供理论依据。

一、粉碎工艺

粉碎是饲料厂的主要工序之一。粉碎质量直接影响到饲料生产的质量、产量和电耗等综合成本，同时也影响到饲料的内在品质和饲养效果。

（一）粉碎工艺对饲料营养成分的影响

粉碎工艺是利用机械方法克服固体物料内部凝聚力而将其分裂的一种加工工艺，其物理形态发生较大改变，化学性质并未变化，饲料的营养成分含量并未受到很大影响。饲料原料粒度由大变小，饲料原料表面积增加，相应地在动物肠道中饲料原料与消化液中的消化酶、肠道黏膜表面接触的面积增大，饲料原料消化吸收率提高。

饲料粉碎加工后颗粒变小，既方便动物采食又能增加饲料原料与动物肠道中消化酶和微生物的接触面积，促进动物对饲料中营养物质的消化和吸收。但粉碎粒度并非越细越好。李清晓等（2006）研究显示，豆粕粉碎粒度分别为529、449、334、210μm时，饲料能量代谢率、干物质、粗蛋白质及主要氨基酸消化率不同，其中，豆粕粉碎粒度为449μm的日粮上述营养物质消化率最高。段海涛等在生长猪上的研究发现，随着粉碎粒度的增加，淀粉糊化程度显著增加的同时原料粉碎能耗也逐渐增加，平均日增质量、料重比、颗粒硬度和粗蛋白质体外消化率均不同，筛片孔径为2.0mm时颗粒饲料质量最好，能显著提高生长猪生产性能。孟艳莉等（2013）在蛋鸡上的研究也显示，小麦粉碎过4mm筛配制的日粮比过2mm和6mm筛配制的日粮粗蛋白质消化率高。造成上述试验结果的原因：一方面是因为饲料原料粉碎后，在肠道内与消化酶、肠黏膜表面接触面积变大导致消化率提高；另一方面也与较大粒度饲料在动物肠道内能够通过机械刺激促进肠道发育有关，所以饲料原料并非粉碎粒度越小，营养物质消化吸收率提高越大，而是有一定的适宜范围。

综上，粉碎粒度并非越细越好，过粗粉碎会降低颗粒饲料稳定性，过度粉碎会增加较多能耗，增加饲料生产成本，引起动物胃肠道上皮损害，导致动物生产性能降低。特别是在家禽饲料加工过程中，饲料原料粉碎过细会严重损伤家禽肌胃，引发胃肠功能衰竭甚至死亡。因此，适宜的粉碎粒度在饲料加工过程中显得极为关键。

（二）粉碎工艺对动物生产性能的影响

粉碎粒度是指饲料原料粉碎后颗粒的大小，其在饲料加工过程中起着关键作用，直接影响动物生产性能。任守国等（2012）通过对断奶仔猪研究发现，豆粕粉碎粒度从 150μm 降至 30μm 可显著提高断奶仔猪蛋白质消化率，提高断奶仔猪生长性能，随着豆粕粉碎粒度的减小，断奶仔猪腹泻率明显降低。段海涛等（2015）研究豆粕粉碎粒度对生长猪生产性能的影响，结果发现，随着豆粕粉碎粒度的增加，原料粉碎能耗和淀粉糊化程度都显著升高；626μm 粒度组粗蛋白体外消化率显著高于 856μm 粒度组，626μm 粒度组生长猪的平均日增质量显著高于 595、758 和 856μm 粒度组，料重比显著低于其他组。试验结果表明，豆粕粉碎粒度为 626μm 时，颗粒饲料质量最好，生长猪的生长性能最佳。梁明（2013）通过比较450、540、683 和 827μm 粉碎粒度的豆粕对平均体质量约 18kg 仔猪养分消化率和生产性能的影响，发现粒度对颗粒饲料的干物质和有机物质的消化率均无影响，但对蛋白质和能量消化率影响明显。结合饲料质量和成本最优化考虑，仔猪颗粒料中豆粕最佳粉碎粒度为540μm，试验还发现，随着粉碎粒度的增加，仔猪粪便中干物质和含氮量都逐渐减少，利于对环境的保护，更适应当前畜牧业的发展。综上所述，在动物不同生长阶段，饲料原料最佳粉碎粒度不同，主要是动物肠道对不同粉碎粒度饲料的消化吸收能力不同造成的。生长猪相比仔猪，肠道发育基本完善，较大颗粒的饲料既能减少能耗，降低生产成本，还有助于动物肠道健康。然而猪在断奶阶段，由于肠道上皮细胞的吸收机制尚未发育完善，对饲料的粉碎粒度比较敏感，加上断奶应激会阻碍动物对食物的摄取及肠道对营养物质的吸收，因此较细的粉碎颗粒更有利于断奶仔猪对营养物质的消化吸收，促进断奶仔猪的健康生长。

目前，饲料原料粉碎粒度对家禽生产影响的研究主要集中在肉鸡上，对蛋鸡的研究较少。王卫国（2001）研究报道，肉鸡采食粉碎粒度为 0.874mm 饲料比 1.681mm 饲料体重显著增加。但也有不同的研究报道。李清晓等（2006）比较了肉鸡日粮中 529、449、334、210μm 等 4 种粒度粉碎豆粕对肉鸡养殖效果的影响，结果显示各组肉鸡日增重无显著差异，但 334μm 组肉鸡饲料转化率最高，显著高于 529μm 组肉鸡饲料转化率。孟艳莉（2013）在蛋雏鸡上的试验同样显示分别利用过 2、4、6mm 筛孔的小麦配置日粮对蛋雏鸡体重、耗料、日增重等指标均无显著差异。张亮等研究表明，肉鸡在 18~21 日龄阶段，饲喂粉料时养分利用率随粉碎粒度的增大而增大，饲喂颗粒料时养分利用率随粉碎粒度的增大反而降低，肉鸡在 38~42 日龄阶段，不同的粉碎粒度对肉鸡的养分消化率没有影响。可见，饲料粉碎粒度对家禽生产性能的影响与饲料的形态和肉鸡动物的日龄有关。Ebrahimi 等（2010）研究发现，在粉料中，粉碎粒度对生产性能的影响较大，而在颗粒料或颗粒破碎料中，饲料粉碎粒度对家禽生产性能的影响较小。

二、混合工艺

（一）混合工艺对饲料营养成分的影响

混合是指在外力作用下，各种物粒经过相互掺和过程，使各种物粒在容器里均匀分布，保证饲料营养全价性的一种加工工艺。混合均匀度是衡量饲料混合工艺完善的重要因素，其中，混合时间对混合均匀度影响较大，过短的混合时间会导致饲料混合不充分，过长的混合时间不仅会增加能耗，还会引起饲料分级，影响饲料的均匀度。因此，对于不同的饲料原料要选择适宜的混合时间以达到最佳混合均匀度。美国堪萨斯州立大学通过饲料混合均匀度对肉鸡生产性能的研究，发现与饲喂混合中等或混合充分的雏鸡料相比，肉鸡采食混合差的雏鸡料，生产性能降低，采食均匀度极差饲料，不仅生长速度和饲料转化率下降，病死率也会升高。原因可能是饲料混合不均匀。但在运输和储存等过程中出现分级的饲料被动物采食后，直接影响饲料利用率和动物对营养物质吸收，特别是某些添加量很少但对动物生长影响很大的活性成分，若混合不均匀没有被动物摄取，会导致动物的生产性能严重下降，甚至死亡。因此，作为饲料加工过程中最关键的工序之一，在饲料生产过程中，要确保饲料混合均匀，保证动物对营养物质的全面吸收和利用。

（二）混合工艺对动物生产性能的影响

为确保动物在采食饲料时获得全面和足够的养分，生产中规定配合饲料的变异系数（CV）≤10.0%，预混合料 CV≤5.0%。Traylor 等（1998）分别研究不同混合均匀度的饲料对平均体质量为 5.50kg 仔猪和 56.40kg 育肥猪的影响。结果表明，在仔猪阶段，当 CV 值从 106.5%降至 28.4%时，平均日增质量提高 41.0%，饲料转化率提高 18.5%；在育肥阶段，当 CV 值从 53.8%降至 14.8%时，平均日增质量仅提高 0.03kg，对饲料转化率和背膘厚度的影响不明显。周岩民通过在肉仔鸡和育肥肉鸡上的研究也取得相似研究成果，在肉仔鸡日粮中，当 CV 值从 40.5%降至 12.1%时，肉鸡日增质量提高 27.0%，饲料转化率提高 6.0%；在育肥鸡日粮中，饲料混合均匀度与肉鸡日增质量和日采食量无显著影响。由此可见，饲料混合均匀度对幼龄动物的影响较大，对成年动物没多大影响，原因可能是动物在不同生长阶段采食量不同，幼龄动物采食量小，一旦饲料混合不均匀，某些微量成分就不能被摄入，导致动物生产性能下降，而育肥动物采食量大，摄入各种养分的概率大，饲料混合均匀度对其生产性能影响较小。

三、制粒工艺

（一）制粒工艺对饲料营养成分的影响

制粒工艺是指混合后的粉状原料通入蒸汽进行水热处理后在颗粒机机械挤压作用下制成颗粒饲料的过程。高温高压使淀粉糊化，蛋白质变性，物料变软，有利于提高颗粒饲料的质量和效果，同时还可改善适口性，提高饲料的消化率。糖类是饲料中的主要成分，其中的淀粉在加热过程中易遇水膨胀而糊化，随着淀粉糊化度的增加，淀粉和能量消化率显著提高。邓君明和张曦（2001）报道，颗粒料的蛋白质消化率比粉料提高 13.3%。Pickford（1992）报道，与未制粒粉料相比，80℃以下制粒，氨基酸消化率下降约 2%，在 110℃下挤出，再在95℃下制粒，氨基酸消化率下降4%。刘梅英等（2000）报道，粉料制粒后淀粉糊化程度可提高10%~15%。动物对蛋白质的利用受温度、压力和水分的影响。在高温高压作用下，蛋白质分子内部结构被破坏，引起其空间结构发生改变，导致蛋白质变性。邓君明等（2001）研究发现，颗粒料组相比粉料组蛋白质消化率提高13.3%，主要是因为蛋白质变性后肽链结构变疏松，与酶的接触面积扩大，从而提高饲料的消化率。制粒温度一般控制在70~90℃，压力一般为0.1~0.3MPa，因此对氨基酸的影响不大。维生素在制粒过程中易受制粒温度和蒸汽压力等的影响，其中，维生素C被称是最为敏感的维生素。Michael（2001）研究结果显示，随制粒温度的上升及持续时间的延长，各种维生素的存留量随之下降；其次，不同维生素由于自身结构的不同，受制粒工艺破坏的程度不同。

王红英等（2004）研究调质温度和蒸汽压力对维生素活性的影响，发现维生素C的损失率与调质温度呈正相关，调质温度从60℃上升至90℃，维生素C的损失率达16%；随着蒸汽压力的升高，维生素C的保存率先下降再上升再降低，当压力为0.55MPa时，保存率达最低，为60%。王红英等（2004）研究发现，长时间高温对饲料中维生素损失严重。因此，在饲料加工过程中要控制适宜的调质温度、时间和蒸汽压力，确保维生素不损失。杨海锋等研究发现，随着调质温度的升高，酶活性显著下降；当调质温度从60℃上升到85℃时，饲料中β-葡聚糖酶活和纤维素酶活保存率分别降低54.5%和32.2%，由此可知，在饲料中使用酶制剂一定要经过稳定化处理。制粒工艺还会影响饲料中粗脂肪含量，加速不饱和脂肪酸氧化分解。Behnk（1999）研究发现，制粒过程中高温可以杀死沙门菌，热过程中热压作用可杀灭许多微生物，对有毒有害的成分也有消除和缓解的作用。

制粒工艺能够影响家禽饲料中粗脂肪的含量，这主要是因为水热处理能够加速不饱和脂肪酸的氧化分解，因此当家禽饲料中添加的油脂含有较多不饱和脂肪酸时，应当添加一定量的抗氧化剂，以防止制粒工艺对脂肪成分的破坏；粗纤维成分通常对热处理较为稳定，因此制粒工艺难以影响饲料中粗纤维的含量，但是制粒工艺能够破坏粗纤维结构，从而促进动物对其消化利用；另外，制粒对饲料中矿物质及微量元素影响的研究较少，通常认为其不受制粒工艺的影响。综上所述，在生产中，要结合饲料原料的固有特征，选择适宜的温度、湿度和压力等，提高饲料适口性和营养全价性，进而提高饲料消化率，促进动物的生长。

（二）制粒工艺对动物生产性能的影响

在制粒过程中，由于水分、温度、压力和摩擦等作用，使饲料原料间发生理化反应，导致淀粉糊化，蛋白质变性，物料变软，饲料适口性增加，营养价值更全面，能显著提高动物采食量，从而提高动物生产性能。Traylor等（1998）研究表明，与粉状饲料相比，采食颗粒料的哺乳仔猪饲料转化率提高4.0%，其中，在0~5日龄期间采食颗粒料的仔猪平均日增重和饲料转化率分别提高25.0%和36.0%；29日龄至育肥期猪的蛋白质消化率提高13.3%，动物增重速度和增质量效率提高6.0%~7.0%，而生长速度不受饲料形态的影响。Quentin等（2004）研究结果显示，在慢速生长肉鸡上，颗粒料和粉料对肉鸡体重、采食量、料重比的影响无显著差异。但更多的研究结果显示，相同日粮营养浓度条件下，颗粒料与粉料相比更能够提高肉鸡采食量、日增重、出栏体重及料重比（Amerah等，2007）。饲料制粒后能够改善家禽生产性能与多种因素有关。首先，饲料制粒后一定程度提高了饲料中主要营养物质的利用率，如一定程度提高了粗蛋白质消化率、提高了日粮表观代谢能。其次，肉鸡采食颗粒饲料过程中饲料浪费更少所致。

Wondra 等（1995）在育肥猪上研究发现，与粉料相比，饲喂颗粒料平均日增质量提高4%，料重比下降6%，但摄入量不受饲料形态的影响。张亮等通过研究粉料和颗粒料对18日龄肉鸡养分利用率的影响，结果发现，不同年龄阶段，肉鸡对粉料和颗粒料的利用效率不同；在18~21日龄，肉鸡对粉料的利用率要高于颗粒饲料，在38~41日龄，肉鸡对颗粒饲料的利用率要显著高于粉状饲料。其原因可能与肉鸡消化道的发育情况有关。肉仔鸡消化道发育不完善，颗粒料在消化道的停留时间少，缩短动物肠道对营养物质的吸收，从而降低动物养分利用率，而日龄较大的鸡消化道各功能发育较完善，颗粒饲料的作用得以发挥；试验发现，与粉状饲料相比，饲喂颗粒饲料的肉鸡在各个阶段的采食量和日增质量都显著增加，料质量比降低。刘海凤等报道，与粉料相比，饲喂颗粒料的家禽和猪饲料转化率可提高10%~12%。育肥猪平均日增质量提高4%，料肉比降低6%；肉鸡料肉比降低3%~10%。

四、膨化工艺

（一）膨化工艺对饲料营养成分的影响

膨化工艺是指将物料进行加温和加压处理，并挤出模孔或突然喷出压力容器，在极短时间内降压体积增大的一种工艺，具有适口性好和致病微生物杀灭量大等特点，能有效破坏饲料中抗营养因子，提高动物对营养物质消化吸收。刘梅英等（2000）通过比较在制粒工艺与膨化工艺过程中淀粉糊化程度，发现膨化后淀粉糊化度相比制粒时上升10%~50%。因为膨化温度比制粒时高，饲料中淀粉糊化程度相应也就更强，有利于被动物消化吸收。甘振威等（2009）和杨国明等（2002）通过比较饲料膨化前后各常规营养成分的损失情况，发现膨化后饲料水分损失7.06%~11.14%，而干物质增加0.82%~2.06%，水分的损失导致饲料中食盐浓度增大而影响饲料的适口性；粗蛋白、粗脂肪和粗纤维也有不同程度的损失，分别为4.26%~8.62%、1.28%~5.48%和4.05%~9.35%。粗纤维含量下降使可溶性膳食纤维增加，有助于动物肠道消化。甘振威等（2009）研究结果显示，饲料经湿、热、压等膨化处理后粗蛋白质、粗脂肪、粗纤维含量显著降低，损失比率分别为6.44%、3.38%、6.70%。由于蛋白质在膨化过程中可与饲料中的还原性糖或其他羰基化合物发生美拉德反应，造成蛋白质损失；另外，脂肪的降低可能是因为脂肪在挤压膨化过程中发生部分水解，产生的甘油和游离脂肪酸容易与淀粉、蛋白质形成复合物有关；膨化过程中，纤维在挤压膨化过程中，不断地被摩擦、剪切，产生的高温高压使饲料的细胞间和细胞壁内各层间的木质素融化，部分氢键断裂，纤维素、半纤维素等发生高温水解，增加了可溶性成分的含量，从而导致粗纤维含量降低。金征宇等研究发现，膨化后大豆的蛋白质、氨基酸及粗脂肪消化率都显著提高，高温高压的瞬间作用使淀粉快速糊化，物料软化，大豆油细胞破裂，从而提高饲料消化率。膨化处理对维生素含量也有不同程度的损失，与脂溶性维生素相比，对水溶性维生素影响更大，尤其是维生素 B_1、维生素 B_2、维生素 B_6 和叶酸，几乎全部损失，膨化加工对微量元素影响不大。膨化过程中温度和压力比制粒过程要高，高温高压能有效降低并消除饲料中抗营养因子，还可杀死饲料中有害微生物和致病菌等。挤压膨化也是物料熟化的过程，更有利于动物的消化利用。

（二）膨化工艺对动物生产性能的影响

使用膨化工艺加工家禽饲料或饲料原料的目的主要包括两方面：一是提高饲料或饲料原

料营养物质消化率；二是消除饲料原料中的抗营养因子，降低其对家禽生产性能的影响。邱树武等（2000）研究了膨化豆粕替代普通豆粕对肉鸡蛋白质消化率及生产性能的影响，结果显示肉仔鸡日粮粗蛋白质消化率提高 11.5%，31～49 日龄肉鸡平均日增重提高 15.9%。姜秋水等研究发现，用 5% 的膨化大豆部分代替普通大豆日增质量显著提高 7.54%，料肉比下降 6.95%，日均采食量变化不显著，断奶仔猪日粮中添加膨化大豆可明显降低仔猪的腹泻率，因膨化处理后大豆中极性较强的抗原物质明显减少，增强仔猪的免疫力，腹泻率下降。张爱婷等（2012）研究了膨化棉籽粕在商品蛋鸡上的应用效果，结果显示蛋鸡日粮中添加 8% 膨化棉籽粕对蛋鸡生产性能、蛋品质及血清生化指标无明显影响，表明棉籽粕膨化处理能有效降低游离棉酚对蛋鸡生产性能产生的不利影响，进而提高蛋鸡对棉籽粕的利用能力。章红兵等研究膨化玉米和普通玉米对断奶仔猪肠道形态和腹泻的影响，发现膨化处理后的饲料能有效降低断奶仔猪的腹泻率。程宗佳等在断奶仔猪上的研究发现，断奶活仔数、断奶质量和日增质量显著提高，干物质、氮和总能的消化率也有所提高。因此与颗粒饲料和粉料相比，膨化饲料具有更高的消化率。膨化处理后的饲粮可改善猪的生长性能，特别是仔猪的日增质量和饲料效率，是因为仔猪肠道上皮细胞发育不完善和内源性酶分泌不足，不能很好地消化固体饲料，而膨化后的饲料淀粉糊化更强，物料变软，既可增强饲料的适口性，也可提高动物对饲料的消化。严念东等（2012）研究了膨化菜籽在肉鸡上的应用效果，结果显示肉鸡日粮中添加 6% 膨化菜籽显著增加了肉鸡日增重和日采食量，降低了肉鸡料重比，而对肉鸡血清白蛋白、尿素氮等生化指标无显著影响。邱树武等研究膨化豆粕替代普通豆粕对肉鸡蛋白质消化率及生产性能的影响，结果表明肉仔鸡日粮粗蛋白质消化率提高 11.5%，31～49 日龄肉鸡平均日增质量提高 15.9%。上述研究表明，对饲料或饲料原料进行膨化处理能提高动物对饲料的利用率，降低饲料中抗营养因子产生的不利影响，改善动物的生产性能。

第二节　成本控制关键技术

　　饲料对动物健康状况、生产性能、产品品质等具有非常重要的作用。饲料成本是动物生产的主要成本项目，可占总成本的 50%～70%。近年来，由于工业用粮的增加及可耕地的有限性，导致饲料原料供应日趋紧张，价格不断攀升。因此，控制饲料成本对于提高养殖业的经济效益重要性不言而喻，也成为养殖与饲料行业的关注焦点。

　　动物生产的最终目的是为社会提供优质的畜禽产品，获得最大的经济及社会、生态效益。我们所追求的最低成本饲料，不能简单地理解为最低价格的饲料，应该是指使用这种饲料，能满足动物的营养需要，使其能达到一定的生产性能，获得最佳生产效益，且饲料配方的成本最低。不论饲料企业，还是养殖场，抑或"饲料-养殖"一体化企业对最低成本日粮的要求是一致的。不一样的是饲料企业提供的产品是大路货，品种有限，仅可满足大多数用户的普遍要求。养殖企业，通常是中小型企业，它们对饲料的要求是使用方便，价格便宜。饲料-养殖联合企业，追求高生产性能，不特别强调日粮的低成本，但要求产品的最佳效益，就饲料品种而言，它可以做到精确饲养，比如仔猪，从断奶到体重 20kg 之间，可以生产出 3～4 种配合饲料，其后，体重每增加 10kg 就可以换一种配方。在猪鸡生产中，饲料占其总成本的 85% 以上，饲料对猪鸡的生产性能、健康状况、环境保护等起着重要的作用。降低成本的途径可以从以下几个方面入手。

一、精确设定待配日粮的营养水平

设计最低成本日粮首先要考虑的问题是待配日粮的营养水平，其基本依据是饲养标准或当时、当地典型日粮的营养水平当量值。精确设定待配日粮的营养水平，使之尽量贴近动物的营养需求，把保险系数降低到临界点，这并不容易。营养需要受多种因素的制约，设计配方时，都要加以考虑，尤其是品种类型、生产性能、饲料原料供应和饲养管理条件等。饲料配方设计，在很大程度上取决于对营养需要的"理解和经验"，它不是简单的计算机运作。这种"理解和经验"有时很难准确量化。比如，产蛋前期蛋重太小，后期蛋重太大、肉仔鸡的营养代谢病等，很难完全通过饲料手段加以控制。实践中，应特别注意观测"动物对营养浓度变化的量化反应"，不断积累这方面的资料。除考虑上述内容外，还要充分了解可供选择饲料原料的种类及其相应的常规营养指标、生物学指标、价格等，以及市场对畜禽产品的一般或特殊性需求。

二、调动动物自身的采食量调节机制配制低能量浓度日粮

动物自身内环境的稳定性与其对外环境的适应性乃生物界在系统发育或个体发育中发生、发展和衰亡的奥秘。采食饲料是营养的稳定调节机制之一，是动物应答外环境与内环境差别的一种本能，动物为能而食，为蛋白质-氨基酸而食，即是这一机制的典型反映。元素的回收利用，矿物质、脂肪的贮存和动用，酶和激素对物质和能量代谢的调节作用，都是动物为生存、生长而保证其内环境相对稳定性的需要。然而，这一调节作用有限量，当外环境超越了动物自身的适应能力时，动物会减缓生长以保护自我，进而代谢紊乱。饲养实践中采用的日粮营养总体稀释或等比例稀释，即是利用了上述调节能力。通常就代谢能而言，蛋鸡不可低于 2.5Mcal/kg，肉鸡不低于 2.7Mcal/kg。稀释材料可以是营养性的，亦可以是非营养性的，但是它的使用不可对饲料的物理性能和营养平衡产生不良影响。

从谷类加工业观点来看，给猪饲喂低能量日粮可能从两个主要方面极大地影响到猪的生产性能。首先，低能量日粮降低猪的饲料转化率，或同样要达到市场需要的上市体重，每头猪需要消耗更多的饲料。因此，要饲养同样数量的猪，需要生产更多的饲料。其次，低能量日粮降低了日粮的容重，容重的大小变化很大程度上决定了饲料怎样加工和运输。低能量日粮将会增加需要运输的体积，并且需要贮藏同样多的饲料量（t）。例如，多数饲料加工厂发现 3t 含 30%~40% 加工副产品（例如 DDGS 和小麦带麸粗粉）的日粮在容量为 3t 的搅拌机中无法混合均匀。装载饲料的卡车通常无法按照卡车的最大载重量装载饲料，因为按最大载重量装载饲料无法全部塞入车厢，且容重影响了饲料的可运输性能（流动性）。一旦向农场运输，饲料流动性差可能会导致饲料产生大量的储运损耗。决定是否要对高纤维饲料原料进一步处理的研究正处于起步阶段，譬如减小饲料粒度将会增加饲料的饲用价值，这些成本也将占用评估高纤维饲料原料营养价值的费用。

当日粮能量降低时，在营养成分变化较大的原料中增加小麦带麸粗粉或者 DDGS 会对屠宰率（胴体重/活体重×100）有一定的负面影响。低能量日粮和高纤维原料两种直接原因均对屠宰率有重要的影响。首先，日粮中高纤维会导致猪上市时大肠重量增加，并增加大肠中食糜滞留量。由于在取出内脏后这一部分重量会立即损失掉，这会使得胴体重下降较为明显；另外，给猪饲喂低能量日粮通常会减少背膘，这会导致出肉率更低。

三、充分利用非常规饲料原料配制日粮

常规的蛋白、能量饲料资源的短缺、价格高涨，增加了生产成本，严重制约着我国畜牧业的发展。开发非常规饲料是缓解饲料资源不足、降低畜禽饲养成本、提高经济效益的重要途径。非常规饲料包括非常规蛋白原料（棉粕、菜粕、花生粕、DDGS、向日葵粕、玉米蛋白粉、芝麻粕、胡麻粕、亚麻籽粕、亚麻仁粕、椰子粕、肉骨粉、羽毛粉、血粉、味精菌体蛋白、氨基酸副产物、啤酒酵母等）、非常规能量原料（米糠、糖蜜、甘蔗汁、木薯、马铃薯、甘薯、甜菜渣、黑小麦、玉米皮渣、玉米油饼、酒糟、酱油糟、醋糟、玉米淀粉工业下脚料、果渣、柠檬酸滤渣、甘蔗渣、菌糠等）。

DDGS 是谷物（玉米、高粱、大麦、小麦等）在生产食用酒精、工业酒精、燃料乙醇的过程中经过糖化、发酵、蒸馏除酒精后的残留物及残液再经干燥处理的产物。DDGS 为蛋白质、脂肪、维生素和矿物质的良好来源，含蛋白质 18%~45%，脂肪 8.0%~13.7%，粗纤维 7.1%~8.0%，钙 0.2%~0.4%，磷 0.6%~0.8%。其中，蛋氨酸和胱氨酸含量稍高，色氨酸、赖氨酸明显不足。DDGS 的亚油酸含量较高，可达 2.3%，是必需脂肪酸亚油酸的良好来源。DDGS 含有大量水溶性维生素和维生素 E，并且在发酵蒸馏过程中形成未知生长因子。DDGS 以其高蛋白、高有效磷、价格低廉、产量大、安全性好的特性已成为国内外饲料生产企业广泛应用的一种蛋白原料，在畜禽及水产配合饲料中通常用来替代豆粕、鱼粉，添加比例最高可达 30%，并且可以直接饲喂反刍动物。

非常规饲料原料的通病：可利用能低（ME，DE）；氨基酸构成不平衡；消化利用率低；适口性差；普遍存在各种不同的抗营养因子；对饲料的加工调制有不良作用。

（一）以非常规能量饲料取代或部分取代玉米

以小麦取代玉米为例，小麦的蛋白质是玉米的 1.8 倍、赖氨酸是 1.3 倍、蛋氨酸是 1.7 倍、色氨酸是 2.5 倍。但其代谢能仅为玉米的 95%，其主要原因是小麦含有较高的非淀粉多糖（即所谓 NSP，由 β-葡聚糖、阿拉伯木聚糖、纤维素、果胶和甘露糖等组成），单胃动物没有分解 NPS 的内源消化酶。不仅其本身不能消化，其高黏稠性和持水性还阻碍了消化酶与养分的接触，减缓了食糜的流速，进而降低了淀粉、蛋白、脂肪、矿物质、氨基酸、VD 等的吸收，最终导致 ME 降低。NPS 的这一特性还招致消化道有害微生物的滋生、环境的恶化、发病率增加，并影响肉鸡的色素沉着，最终降低其生产性能。其解决办法有两种：一是控制小麦用量在 15% 以下；二是代替玉米的 1/2~2/3，但需添加以木聚糖酶和 β-葡聚糖酶为主的酶制剂，添加效应受酶活和添加方法的影响，因为酶对温度、pH、贮存时间十分敏感。如要制粒，小麦的粉碎粒度不可过细，以免影响制粒效果；以粉料形式饲喂时，碾碎或压片即可。小麦代替玉米时还应根据需要添加油脂、着色剂和足量的生物素。

（二）以非常规蛋白质饲料取代或部分取代豆粕

这其中应注意以下问题：其一，抗营养因子及其他有毒有害物质的存在，采用多品种饼粕饲料的复合物或进行脱毒处理（表 8-1）；其二，根据可消化氨基酸配制日粮，采用低蛋白日粮；其三，根据杂饼粕的营养特性进行日粮的整体平衡。

表 8-1　对饲料有毒有害因子的解毒方法

抗营养因子	饲料	解毒方法
淀粉酶抑制因子	小麦、黑麦、菜豆	热处理
β-葡聚糖	大麦	添加酶制剂
胰凝乳蛋白酶抑制因子	大豆、豌豆、菜豆	热处理
生氰糖苷（氢氰酸）	鹰嘴豆、甘薯、木薯	水洗
绿原酸	葵籽、红花籽	添加胆碱和多酶制剂
环丙烯脂肪酸	棉籽	溶剂浸提
棉酚	棉籽粕	添加氢氧化钙和铁剂
血凝素	蓖麻、大豆、马铃薯、小麦胚芽	热处理
降糖氨酸	木菠萝籽	添加核黄素
Linatine	亚麻籽	水浸和热处理
脂肪氧合酶	大豆	焙烤
烟酸络合物	玉米、小麦麸	添加烟酸
草酸	菠菜、甜菜根、芝麻粕	添加钙剂
戊聚糖	小麦	添加木聚糖酶
木瓜蛋白酶抑制因子	大豆、豌豆	水浸和热处理
植酸	米糠、豆荚	添加植酸酶和维生素 D_3
皂角苷	苜蓿、豌豆、大豆	水浸
茄碱	马铃薯	去皮
单宁	高粱、酸豆、木薯	添加烟酸、热处理
硫氨素酶	鱼、菜豆、亚麻籽、棉籽	添加烟酸、热处理
胰蛋白酶抑制因子	大豆、菜豆、豌豆	热处理

（三）实行阶段饲养方式

所谓阶段饲养方式，是指将日粮中蛋白质、氨基酸，甚至钙、磷等营养水平随猪、鸡日龄的增长而渐行降低的举措。

多样化的家禽市场，需要多样化的家禽管理措施：应市场之需求，生长期可相差 4~10 周，小母鸡和小公鸡分别饲喂不同配方的饲料。相对静止的营养需要推荐值，不适应动态的家禽生产/营养需要的划分通常为：0~3、3~6、6~8 周龄或 0~2、2~6、6~8 周龄，即开食料，生长料和育肥料，或者按幼雏料、开食料、生长料和育肥料划分。20 世纪的最后 10 年，在氨基酸的供给上有 3 项重大突破：第一，采用了可消化/可利用氨基酸，如此，对饲料原料有了一个正确的氨基酸评价；第二，推出了伊利诺斯理想蛋白质概念，即以赖氨酸为参照，确定其他必需氨基酸的需要量（％），它适用于不同年龄跨度、不同性别、不同的环境，即使对未知环境亦能准确估测其所有氨基酸之需要量；第三，肉仔鸡按阶段饲喂氨基酸的概念，研究发现更频繁地按周调整日粮氨基酸水平，使肉仔鸡保持最高生产性能的同时，通过提高或降低某阶段日粮氨基酸水平，提高其经济效益。

（四）配制低蛋白日粮

蛋白质饲料成本可占饲料总成本的 1/3，通过提高饲料中蛋白质的利用率可降低饲料蛋白水平，这是控制饲料成本的重要途径。饲料蛋白质所含多种氨基酸之间的平衡情况是决定其利用效率的关键性因素。一种蛋白质中氨基酸的平衡性越差，则动物对其利用率也越低。在饲料中合理使用合成氨基酸配制氨基酸平衡饲粮，可以有效提高饲料的利用效率，减少日粮中蛋白原料的使用，不但节约了饲料成本，增加养殖效益，还可显著减少氮的排放对环境造成的污染。日粮粗蛋白水平每降低一个百分点可以减少 8% 的氮排泄量。研究表明，把粗蛋白水平降低 4 个百分点，同时补充合适的氨基酸，从断奶到屠宰，除了胴体性状有影响外，猪的生长性能无明显变化。在低蛋白日粮中或由低质量蛋白饲料组成的日粮中合理添加合成氨基酸，可显著减少饲料中蛋白质用量、降低成本，经济与环境效益俱佳。

低蛋白日粮与饲料成本：在低蛋白日粮中，价格昂贵的蛋白质饲料减少，价格便宜的能量饲料增加。假设日粮粗蛋白质水平降低 1%，相当减少豆粕用量 23kg/t（＝10kg/t÷0.43），按常规价格计，直接成本降低 50.6 元/t。以单体赖氨酸、蛋氨酸和苏氨酸为原料，补充降低 1% 粗蛋白质带来的上述 3 种必需氨基酸的不足，按常规价格计需要 28.9 元/t。日粮蛋白质水平降低 1%，饲料原料成本可降低 21.7 元/t。豆粕之空位以能量饲料补充以后，从整体上提高了日粮的能量浓度，提高日粮能量浓度的生产效应不可低估。

1. 其他必需氨基酸和赖氨酸的比例要达到理想蛋白的标准

所谓理想蛋白质，实质上是必需氨基酸之间的最佳平衡，或称最佳配比。

2. 单体氨基酸的供给是配制低蛋白质日粮的物质基础

与高蛋白日粮相比，低蛋白日粮的限制氨基酸种类和限制程度较大。日粮限制性氨基酸的满足程度制约低蛋白日粮蛋白质水平降低的程度。低蛋白质日粮的配制，在很大程度上取决于单体氨基酸的供给和价格的可接受性。第一限制性氨基酸满足需要以后，第二或第三限制性氨基酸，很可能受工业氨基酸供给或成本限制而无法满足动物对这种氨基酸的需要，此时，应以这种氨基酸的水平为基准，确定其他必需氨基酸在日粮中的水平。

3. 杂粮型日粮的必需氨基酸水平，应以氨基酸回肠真消化率（猪）或氨基酸真消化率（鸡）进行校正

现有的猪、鸡必需氨基酸需要量及理想蛋白质推荐值多以玉米-豆粕型日粮为基础，总氨基酸为指标测得。而仅有的、以可消化氨基酸为指标的需要量推荐值有待进一步研究推敲。为此，以总氨基酸为指标配制日粮时，建议对豆粕以外的杂饼的氨基酸含量，以其氨基酸真实消化率进行豆粕当量值校正。

（五）精确确定日粮非植酸磷水平

市场上可以提供的磷酸盐有：磷酸二氢钙、磷酸氢钙、磷酸氢二钙、磷酸三钙 4 种，不仅生物学效价不同，用于不同动物的效果亦不同。公认，磷酸盐中 RBV（相对生物学效价）最高的品种应是磷酸二氢钙磷，但是它的 RBV 比磷酸氢钙磷低 10%～16%；最适用产蛋鸡的磷酸盐是磷酸氢钙，而非磷酸二氢钙；与粉状者相比，粒状磷酸氢钙磷 RBV 高 5%，价格高 4%，但前者粉尘比后者小。所以产蛋鸡料应选用粒状磷酸氢钙。

（六）科学利用非营养性饲料添加剂

添加剂在配合饲料中的地位应是一个值得讨论的问题。笔者根据添加剂在配合饲料中的作用，将其划分为添加效应确切的、不确切的，无实际生产作用3种。营养性添加剂、抗病促生长添加剂、功能性酶制剂（植酸酶、非淀粉多糖酶类）等是添加效应确切的。

市场上的非营养性添加剂有相当一部分属于概念性的或效应不确切的，理论上推理有效或研究结果有效而生产上无实际意义。以为配合饲料的核心组分是大宗饲料原料（能量饲料）、蛋白质饲料及矿物质饲料而不是添加剂。添加剂属于补充性质的东西，对大宗饲料原料来说是一种取长补短的作用，抑或起一些增效、保障作用，应避免滥用，添加剂的选用应注重理性思考。

1. 酶制剂的选择与高效利用

在畜禽日粮中添加酶制剂可消除饲料粮中的抗营养因子、提高饲料的利用率、节约饲料资源、降低成本。同时，应用酶制剂可大大减少畜禽排泄物中氮、磷等有机物的排出量，从而大幅度减少它们对土壤和水体环境的污染。目前饲用酶近 20 种，在实践中应用较广的主要有木聚糖酶、β-葡聚糖酶、α-半乳糖苷酶、β-甘露聚糖酶、淀粉酶、蛋白酶以及植酸酶等。蛋白酶、淀粉酶，主要用于补充动物内源性消化酶的不足；β-葡聚糖酶，主要用于以大麦、燕麦为主的饲料原料；纤维素酶、果胶酶，主要作用是破坏植物细胞壁，释放细胞中的营养物质，同时消除饲料中的抗营养因子，降低胃肠道内容物的黏度，促进动物的消化吸收。植酸酶可将饲料中动物无法分解的植酸盐降解并释放出可供动物利用的无机磷，减少传统饲料配方中磷酸氢钙等无机磷的补充量。另外，使用植酸酶还可提高饲料中粗蛋白质、钙、磷等营养成分的消化率，明显改善饲料的营养价值，增加养殖效益。添加植酸酶后饲料磷的取代量为 0.1%~0.2%。实际应用植酸酶时以部分替代无机磷较为合理和科学。要替代 0.1%的无机磷，各种动物饲料中应添加的植酸酶剂量为：肉仔鸡 500~700FTU/kg、蛋鸡 300~500FTU/kg、猪 500~750 FTU/kg。

（1）使用酶制剂的必要性　仔猪、雏鸡体内消化酶分泌不足；饲料成分被动物消化吸收的局限性。饲料中的多糖又可分为营养性多糖和结构多糖。营养性多糖主要是淀粉和糖原，结构多糖在植物性饲料也指非淀粉多糖，主要是植物细胞壁组成成分，包括纤维素、半纤维素、果胶。半纤维素又包括 β-葡聚糖、阿拉伯木聚糖、甘露寡糖等。禾谷籽实是畜禽饲料中碳水化合物的主要来源，其主要成分是淀粉，NSP 含量也较高。豆类饲料原料中的 NSP 主要是果胶和纤维素。NSP 在目前可以说是影响饲料有机物质消化利用的主要因素，其中可溶性非淀粉多糖在动物消化道增加食糜黏稠度，妨碍能量、氨基酸等养分的利用，对单胃动物产生抗营养作用。非反刍动物体内不能分泌纤维素酶，β-葡聚糖酶、木聚糖酶、果胶酶等，纤维素酶可水解纤维素，β-葡聚糖酶可水解 β-葡聚糖，木聚糖酶可水解阿拉伯木聚糖。

（2）酶制剂的功能　改善饲料利用率，提高畜禽生产性能，减轻环境污染。在日粮中添加非淀粉多糖酶，一方面可打破细胞壁中纤维素、半纤维素和果胶等对养分的束缚，让消化酶迅速充分地接触饲料养分，使营养物质更好地被利用；另一方面，加快饲料养分消化吸收，减少后肠道食糜中可供微生物利用的有效养分含量，因而肠道微生物增殖受到控制，有利于畜禽健康。非淀粉多糖酶，可降低食糜和排泄物的黏度，改善蛋壳清洁度、避免垫料含水率过高和有害菌的大量增殖，改善禽舍环境。添加植酸酶可降低排泄物中磷含量 20%~

50%，可提高氮的利用率。

（3）酶制剂的适当选择和高效使用　针对畜禽内源酶分泌不足，选择使用消化酶；针对目标底物选用酶制剂种类；根据目标底物含量确定酶制剂的适宜用量（植酸酶的最高添加量 FTU/kg 蛋鸡、猪、肉鸡分别为 350、800、1100）；确定酶制剂的营养改进值或营养当量对日粮配方进行优化（植酸酶的当量值 FTU/1Gnpp，产蛋鸡、猪、肉鸡分别为 300、600、900）；全面考虑日粮的营养平衡、商品属性和经济成本；适当的饲料加工工艺保障酶制剂的应用效果（70~90℃）。

用于小麦–豆粕型饲粮的酶应主要是木聚糖酶、果胶酶和纤维素酶，大麦–豆粕型饲粮的则主要是 β-葡聚萄糖酶、果胶酶、木聚糖酶和纤维素酶。基础日粮植酸磷水平应在 0.2% 左右。

2. 植酸酶在配合饲料中的科学利用

作为评定饲料磷营养价值、表达动物对磷需要的指标–总磷在许多情况下没有意义，看似足够的磷却能引发磷不足症，为此人们改用"非植酸磷"，总磷由植酸磷和非植酸磷构成，植酸磷是单胃动物不可利用的磷，非植酸磷是动物可能利用的磷，亦有将非植酸磷称作可利用磷或有效磷的，其实译作"可能利用的磷"或"可能有效的磷"更为合适，NRC（1994）把具同等含义的改成"Non-phytate P"，这不无道理。

3. 植酸酶的简单应用技术——以定量（g/t）的特定植酸酶替代日粮中一定数量（kg/t）的磷酸盐

制作饲料配方时，使用磷酸盐是解决动物磷营养不足的传统方法，多数猪禽饲料配方中，磷酸盐的用量都在"10kg/t"左右，根据所用磷酸盐的含磷量即可计算出提供 0.1% 非植酸磷（亦即"1g 非植酸磷/kg 完全配合饲料"或"1kg 非植酸磷/t 完全配合饲料"）的磷酸盐数量（kg/t）。一定数量的磷酸盐磷（0.1%）是可以通过添加特定商品植酸酶加以取代的，其取代步骤为：确定植酸酶的磷当量值→选择商品植酸酶→确定释放 0.1% 非植酸磷需要添加的商品植酸酶数量（g/t）→计算商品植酸酶取代磷酸盐或骨粉的数量（kg/t）→补充石粉调整钙水平至原水平→增加能量饲料，补充"空位"比例，使完全配合饲料之比为 100%。商品磷酸盐被植酸酶替代量（kg/t）= 100/商品磷酸盐磷含量（%）；此外，还应根据被取代磷酸盐的数量及其含钙量，增加相应的石粉，以弥补植酸酶替代磷酸盐后钙不足的数量。为完全配合饲料中不同规格磷酸盐被取代的数量，对于浓缩料及含磷预混料中磷酸盐的被取代量应进行适当折算。

第三节　配合饲料质量检测和品质管理

民以食为天，食以安为先，食品安全是关系到每个人身体健康和生活质量的重大问题，是社会稳定的基础和需要。关注食品安全，构建和谐社会是一个永恒的主题。饲料安全是动物性食品安全的基础，社会关注度和媒体聚焦度不断加大。质量安全形势日趋复杂，非法使用违禁添加物、制售假冒伪劣饲料等问题时有发生，生产、流通和使用等环节质量安全隐患依然存在，食品安全备受重视，因此必须对饲料及饲料添加剂进行有效的检测和监管。

一、饲料质量检测是制定政策的基础和行政监督的依据

检测饲料产品质量及安全指标，是国家制定政策和标准的科学基础，是行政监督、执法

的重要依据。饲料的法律、法规和质量标准的制订都是根据生产和社会实践中对产品的监测情况、提供的数据来确定的。反之，国家颁布的法律法规和质量标准又是为饲料的生产、使用、监督等各个环节服务的。

二、饲料质量安全检测与品质控制的主要技术和方法

由于饲料种类繁多且非常复杂，饲料中可能存在的化学、物理和生物的危害物种类纷杂不清，且含量极低，因此对饲料质量安全检测技术水平要求极高。尽管对饲料质量安全检测的分类方法不同，以对饲料中有害物质检测的逐级检测法进行分类包括筛选法、确证法和定量法。

筛选法是用于大量样品的高通量分析，目的是为了检测某种或某类危害物质是否存在。该类方法的特点是简单、快速，不需要有特殊的场地和大型分析仪器及专门的技术人才，用于筛选分析的方法主要是基于生物学分析方法。

确证法是对筛选法为阳性反应的样品做进一步检测，给出确信无疑的结论或结果，通常以质谱分析为主。

定量法是对待测物质进行定量的检测，也是贸易、仲裁等主要依据，尤其是对限量的药物、添加剂或其他危害物的定量测定。我国大部分饲料检测方法标准是定量分析，应用的技术是紫外–可见分光光度计法、原子吸收法、原子荧光法、液相色谱、气相色谱方法等。饲料分析检验常用方法有感官分析法、物理性质分析法、显微镜检查法、化学分析法、仪器分析法和生物学检测方法等。

（一）感官分析法

感官分析法是利用人的视觉、嗅觉和触觉，通过饲料原料、饲料和饲料添加剂的外观（如颜色、形状、气味、性状特征、一致程度以及是否结块、霉变等），对其真伪和是否掺假、变质等质量状况作出初步判断。该方法简单，经济可行，是人们接受待检样品后，首先必须进行的第一步检验，如饲料的外观检查。

（二）物理性质分析法

物理性质分析法是通过分析待检饲料或饲料添加剂的某一或某些物理特性，如容重、粒度、硬度、熔点、旋光度等，从而对饲料和饲料添加剂的质量作出判断，如玉米的容重、饲料的粒度等分析。

（三）显微镜检查法

显微镜检查法是通过体视显微镜（放大 7~40 倍）检测饲料原料的外表特征或用生物（复式）显微镜（放大 40~500 倍）检测饲料原料的细胞形态，从而对单一或混合的饲料原料作出鉴别或评价。定量检验则是对成品饲料组分或原料中掺杂物或污染物比例作出检测。经过几十年的发展、完善和标准样积累，加之与点滴试验和一些简单化学鉴别试验的结合，显微镜检已发展成为饲料分析中必不可少的检验手段和饲料生产质量控制的首要工具。显微镜检可在原料进厂卸货前，很容易观察到由于受潮、发热、霉变、害虫所对原料造成的损伤、污物，或杂质的多少，有无恶意掺假、售假等现象，从而能迅速作出接收或拒收决定，在饲料生产中对质量作出迅速评价和在生产完成后对饲料成品作出判别，如根据饲料标签检

查、核实各种组分，通过直接观察和点滴试验证实微量成分的有无等，如鱼粉、豆粕等的镜检分析。

（四）光谱分析技术

饲料分析中的光谱技术主要是对饲料中金属元素及其形态的检测，包括原子吸收光谱、原子荧光光谱和电感耦合等离子体发射光谱技术，及近红外光谱技术。原子吸收光谱分析在饲料中广泛应用，主要是检测饲料中金属元素总量，如饲料中的铜、锌、铁、锰、钴、镍、钠、钾、钙、铝、硒等。

近红外光谱分析法是20世纪70年代发展起来的分析方法，快速、环保，能同时进行多组分或多性质指标分析。它特别适合无破损检测和现场检测，因此，在饲料生产企业、检测机构等许多领域得到广泛应用。近年来近红外光谱技术在饲料原料检测中推广应用，可用于快速检测饲料中有机组分如水分、粗蛋白、脂肪等。在青贮饲料的品质测定中，应用近红外光谱测定饲料的pH值、粗蛋白、粗灰分、干物质等指标，得到很好的结果，但对于可溶性碳水化合物含量的精度有待提高（李宇萌等，2010）。

我国也制定了饲料中水分、粗蛋白、粗纤维、粗脂肪、赖氨酸和蛋氨酸的近红外快速测定方法（GB/T18868—2002）。因该项技术系间接检测，需要大量的样品参考值来建立校正和参考模型。同时受饲料资源的近红外光谱数据库的限制，限制了该技术在饲料检测上的应用。尤其是对于配合饲料和浓缩饲料，由于其成分复杂，很难用近红外准确检测其中的某种成分。

（五）色谱分析技术

色谱分析的基本原理是让混合物通过互不混溶的两相，由于各组分的结构、性质不同，因此可以在两相中分离。饲料检测中应用的色谱仪器主要有气相色谱仪和液相色谱仪。

我国国家标准中规定的饲料中农药残留如有机磷（GB/T18969—2003）、除虫菊酯类（GB/T19372—2003）、氨基甲酸酯类（GB/T19373—2003）等检测均采用气相色谱分析方法。

液相色谱在饲料检测中的应用广泛，例如饲料中维生素的反相高效液相色谱分析方法已经列为国家标准分析方法。液相色谱还广泛应用于饲料中药物的检测，随着国家对饲料安全问题的重视，饲料标准化委员会组织制定了大批饲料中违禁药物的检测方法，大部分采用液相色谱或液相色谱-质谱联用技术。用液相色谱对饲料调制剂的检测分析逐渐推广。饲料调色剂或者着色剂有天然提取的色素和人工合成色素，主要采用液相色谱分析。

（六）质谱分析技术

确证分析是针对一些未知分析目标物，通过质谱库比对确定。确证法可以应用多种技术，如高效液相色谱方法、气相色谱方法、色谱-质谱联用技术等，尤其是质谱联用技术的应用，使得在检测微量危害物和残留物方面发挥了重要作用。我国在对"瘦肉精"专项查处工作中，采用的检测技术方法是液相色谱-质谱联用技术，对饲料安全的监督具有保障作用。各种分析技术联用是现代分析发展的特点，联用技术既可分离，又可对目标物定性和定量，因此在确证分析中得到广泛应用。饲料分析中常见的联用技术有气相色谱-质谱联用技术（GC-MS）、液相色谱-质谱联用技术（LC-MS）、液相色谱-电感耦合等离子体光谱-质谱联用技术（LC-ICP-MS）等。

（七）化学分析法

化学分析法是以物质的化学反应为基础的分析方法，是依赖于特定的化学反应及其计量关系分析物质的方法。化学分析法历史悠久，是分析化学的基础，又称为经典分析法，主要包括重量分析法和滴定分析法（容量分析法），以及试样的处理和一些分离、富集、掩蔽等化学手段，它包括中和法、氧化还原法、电位滴定法、络合滴定法等。其中滴定分析法具有操作简便快速、经济、准确等特点。如赖氨酸的滴定、维生素 B_2 含量的测定。

化学分析法是饲料分析检测常用方法。化学法又分为定性和定量分析。定性分析法的目的是鉴定饲料原料、饲料和饲料添加剂的元素、离子或化合物的组成、结构或真伪。从最简单的点滴鉴别直至饲料中微量成分的光谱、色谱或质谱鉴别均为定性试验。定量分析的目的是测定饲料添加剂中组分的相对含量。根据组分含量的多少，定量分析可分为常量（含量大于1%）、微量（含量0.01%~1%）、超微量（痕量，含量小于0.01%）分析。根据分析所用的方法或手段不同，定量分析又可分为一般化学分析或仪器分析。前者如常规的重量分析、容量（滴定）分析，后者如电化学分析、光谱分析、色谱分析、质谱分析或核磁共振分析等。

（八）生物学检测法

近年来，生物学检测方法已成为饲料安全检测不可或缺的组成部分，它能解决许多化学方法难以解决的问题，常用的生物学检测方法主要有免疫学方法和聚合酶链式反应法等。免疫学方法几乎成了快速筛选法的主体，而且作为分析手段已经渗透到安全分析的其他环节。聚合酶链式反应法发展也很快，不仅在基因修饰生物体检测方面已初露身手，而且在致病微生物的分类、疯牛病和传播性海绵状脑病治病因子的检测方面也受到高度重视。

三、饲料品质管理

（一）原料的品质保证

饲料原料品种多，包括玉米、豆粕、鱼粉等大宗原料和磷酸氢钙、碳酸钙、微量元素、维生素及药物等小原料。要保证众多原料的质量既需要技术又要有一套严格的管理程序。操作程序上，可从以下几方面进行控制。

1. 选择好进货渠道

选择良好信誉的厂家（经销商）进货。目前，由于宏观控制和法制的欠缺，不少原料生产厂家质量不符合标准，甚至假冒产品进入市场，进货时应小心。

2. 原料进厂的检验

进厂原料的检验是对进货品质的进一步保证。原料进厂应对包装、产品外观、生产日期、保质期、有效成分等进行检验，以保证原料的基本质量。化验是对内在质量的检验，由于各厂家的设备和技术力量不同，要求也不一样。必要时，进行送样检查。每批原料应进行感官特性（颜色、气味、质地、昆虫侵蚀和水分）的检查，并填写接收报告。

3. 原料的贮藏

进厂的原料要有良好的贮藏条件，才能保证其质量。原料仓库应有防潮设施，并要防日晒、防虫等措施。

（二）生产过程中的质量控制

饲料生产包括粉碎、配料、混合、制粒、冷却和包装等工段。各生产工段对饲料成品的质量都有影响，特别是配料、混合、制粒和冷却工段。

1. 领料

从仓库领料生产应开具领料单，领料单是领料的凭证，也是查对的依据。生产过程中出现问题，可根据领料单查对。

2. 投料

饲料生产中的大宗原料通过配料称投料，饲料厂的添加剂多系人工投料，人工投料难免出现错误。为了尽量减少错误，要求每一次投料都要记录和校对。发现错误应及时报告生产部和技术部，以便正确的处理。

3. 粉碎

粉碎粒度在决定饲料消化率、混合和制粒性能方面起着重要作用。因此，必须根据畜禽鱼不同生长阶段消化生理特点确定粉碎细度，并据此定期评定粒度。这是饲料生产质量控制中非常重要的工作。

4. 混合

预混合：一个恰当混合的饲料应保持整批饲料中每种组分含量的一致性。混合工序的成功依赖于许多因素，如：混合机的机型、混合时间、颗粒粒度的差异、黏合剂、前一批混合的遗留污染、微量成分的预混合、加料顺序、混合排序等。混合机以卧式或转鼓式的为好。

全价饲料的混合：由工艺流程决定，混合均匀度的测定一般每月 1 次。而生产预混料、浓缩料时，由于生产的产品变化较多，各产品组分又有很大的不同。因而，应尽量分开使用混合机，如果设备条件有限，不得不使用同一台混合机时，应在更换产品时清理混合机，以免交叉污染。

5. 避免加工和输送过程中的污染

饲料中的某些成分（如药物）可能存留于饲料生产系统中，会污染下一批饲料。混合机、缓冲仓、输送机、除尘系统等，由于物料的残留或静电吸附而形成了污染源。所以清理设备和对受静电影响的设备接地，极为必要。防止搬运和发送中的分级，分级可能产生于原料和混合好的饲料。由于饲料的粒度、形状和比重不同而产生分级。分级常会在以下几个地方出现：混合机的缓冲仓、斗提升机、气力输送、打包仓、除尘系统等。

6. 制粒与冷却

结合实际机械性能和畜禽鱼饲料制定不同的制粒参数，包括喂料速度、蒸气气压、进气量、气压、调质时间、调质温度以及环模孔径、环模压缩比和切割长度，以求得合理的产量和制粒质量。冷却多采用逆流式，根据气候和饲料粒径调节风量和冷却时间，饲料颗粒内外冷却，冷却后料温不高于室温 3~5℃。

（三）化验和检验

经加工过的饲料质量，需要经过化验和检验来判断。经检验合格的产品方可出厂。化验方法按国家标准进行，判定合格标准按企业标准执行。通过化验和检验，可以发现生产中存在的问题，及时纠正。

参考文献

［1］　宁正祥. 食品成分分析手册 ［M］. 北京：轻工业出版社，1998：592-649.

［2］　王加启，于建国. 饲料分析与检验 ［M］. 北京：中国计量出版社，2004：74-95.

［3］　于青. VA-90气态原子化-原子吸收法测定硒//微量元素研究进展 ［M］. 北京：化学工业出版社，1995：377-378.

第九章 配方验证试验

第一节 配方验证试验的方法及选择

配方验证试验就是配方师将配制成的配方在小范围动物身上验证是否满足动物的需要或试验要求。根据动物营养需要，通过几种原料配制的饲料配方是否能够发挥动物的最大生产性能，需要进行动物试验。它是配方成功的重要环节之一。根据设计配方的特点，配方师需要设计制定试验方法，主要包括生长试验、消化代谢试验。不同的试验设计设定的因素不同，所以需要根据配方的设计挑选合适的试验方法。

一、配方验证试验方法及如何选择

（一）生长试验

生长试验也称饲养试验，是通过饲给动物已知营养物质含量的饲粮，测定增重、产蛋、产奶、耗料、每千克增重耗料、组织及血液生化指标等，有时也包括观察缺乏症状出现的程度，确定动物对养分的需要量或进行比较饲料或饲粮的优劣。生长试验是动物营养研究中应用最广泛、使用最多的综合试验方法，但因影响试验结果的因素多，试验条件难于控制，试验准确实施较困难。

生长试验最常用的主要有7种方法，具体如下。

1. 对照试验

在控制非测定因素相同或相似的情况下，把供试动物分组饲养，设对照组与试验组，比较测定因素对动物性能或生理生化指标的影响。此法在同一时期内可比较同一因素不同水平对动物的作用，一次能够比较水平的个数取决于提供的供试动物数量能够分成多少个试验组，对照试验处理安排如表9-1所示。

表 9-1 对照试验处理安排

组别	预试期	正式期
对照组	基础饲粮	基础饲粮
试一组	基础饲粮	试验饲粮 1
试二组	基础饲粮	试验饲粮 2

184

这里的基础饲粮也可称为对照饲粮。动物随机分配到试验组或对照组。通过增加供试动物的数量降低动物的个体差异。根据能够满足试验要求的供试动物数量、试验处理因素与水平的多少等，分组试验法又可分组试验、不配对分组试验、随机区组试验和复因子试验等。

2. 配对试验

当试验处理因素或水平不多，供试动物中可以找到各方面条件相同的个体双双搭配或成对时即可采用配对的分组试验法。配对个体之间的血缘、性别要相同，年龄或体重相近。理想的配对动物是年龄相近、体重相似的同胞或半同胞或姐妹。总之，同一对动物之间的差异要尽量小，不同对动物之间允许有些差异。

3. 分组试验

在一般条件下，不易找到符合配对试验要求供试动物。这时就不能勉强配对，而应当改用分组试验。此法不要求组成条件严格的动物配对，只要求试验组和对照组动物的条件相同，试验开始时组间的体重等指标差异不显著。具体分组的个数可以根据试验的目的要求进行，其中，一组作为对照组，其余各组作试验组，也可以互为对照。试验结果应根据试验组多少选用不同的统计分析方法。

4. 随机区组试验

由于试验条件的限制，有的很难找到足够量的所有条件均极为一致的试验动物。这种情况下可以采取随机区组试验，首先根据试验动物的主要差异因素（例如，品种、体重）分为几个区组，区间内再按照随机原则构成条件极为相似的重复组，这样试验动物本身的差异主要存在区间内，有效减少了随机误差。试验结果的统计分析利用二因子单独观察值的方差分析进行"F"检验和q值法多重比较。

5. 分期试验法

在某些情况下，例如要比较不同饲料对奶牛泌乳量的影响时，符合试验条件的动物数可能特别少，进行分组试验有困难，则可采用分期试验的方法（表9-2）。用同一组动物在不同的时期内采用不同的处理，最后根据不同时期的结果来比较处理之间的差异。

表9-2　分期试验设计处理安排

动物	第一期		第二期	
	预试期	正式期	过渡期	正式期
1号奶牛	基础日粮	试验饲粮1	基础日粮	试验饲粮2
2号奶牛	基础日粮	试验饲粮1	基础日粮	试验饲粮2
3号奶牛	基础日粮	试验饲粮1	基础日粮	试验饲粮2

此法虽可消除分组试验法中因供试动物个体不同所带来的个体差异，但由于试验期较长，极易受到动物生理阶段和天气等因素的影响，试验期较长，受这些因素的影响较大，试验结果用成对的"t"检测法分析。

6. 交叉试验

把分组试验与分期试验结合在一起，既能消除供试动物个体之间的差异，能消除试验期间误差，使得到的结果更为准确，其基本试验见表9-3。

表 9-3 交叉试验设计处理安排

组别	第一期		第二期	
	预试期	正式期	过渡期	正式期
试验组 I	基础饲粮	供试饲粮 A	基础饲粮	供试饲粮 B
试验组 II	基础饲粮	供试饲粮 B	基础饲粮	供试饲粮 A

试验结束后，将第一期试验 I 组与第二期试验 II 组的资料合并作为饲粮 A 的结果；将第一期试验 II 组与第二期试验 II 组资料合并作为供试饲粮 B 的结果。统计分析时用一次分类的变量分析进行"F"检测。

7. 拉丁方试验

拉丁方试验是发展的交叉试验，可不受试验期长期的影响，在不增加供试动物数量的情况下获得比较正确的结论，在供试动物数量受到限制、动物生理阶段对生产性能等试验结果影响比较显著明显的情况下，应用拉丁方试验设计比较顺利，此法常用在泌乳奶牛饲养试验，以比较不同配方或其他处理因素对泌乳奶牛的影响。也可应用在测定猪的饲料消化率上。具体试验时用每头供试动物分期测定几种饲料（处理）的效果，再运用统计处理法消除个体和时期内的差异。其设计特点是分直行和横行两个方向，直行与横行相等，处理在横行或直行中出现的次数只能是一次。所以处理数、直行数和横行都相等。有时对此要求不能满足，或在处理因素之间存在互作时则不宜采用拉丁方试验。拉丁方试验 3×3、4×4 和 5×5 等。拉丁方也可以重复，组成复合拉丁方。

（二）消化代谢试验

动物采食的饲料首先经过消化道的消化吸收，不同饲料原料中同一种营养物质的消化率不同，动物对饲料中的营养物质及能量的消化程度反映了饲料的质量。动物食入的某种饲料养分减去粪中的该养分，即称为可消化养分。消化率是指饲料某养分的可消化部分占饲料中该养分总量的百分率。饲料营养物质及能量消化率的测定是通过消化试验来实现。家禽的粪尿一起经泄殖腔排出，粪尿不分离，一般不通过消化试验测定消化能或是消化率，而通过代谢能测定代谢能或利用率。

各种动物消化道结构有较大的差别，所以消化试验也有不同。消化试验可分为体内法（in vivo）、半体内法（in sitn）和体外法（in vitro）。不同的消化试验方法有各自的优点和缺点，在测定消化率的试验时可根据具体条件，选择适宜的方法。

（三）代谢试验

代谢试验的目的是通过测定饲料的代谢能或营养物质利用率。因家禽粪尿一起经泄殖腔排出，粪尿可以同时收集，适合代谢试验，猪、牛等动物进行代谢试验时，需要在消化试验基础上增加收集尿液的设备，并测定尿液排泄总量或营养物质含量，其他步骤在消化试验相同。家禽的代谢试验根据饲喂方式的差别分为诱饲法和强饲法。

1. 诱饲法

诱饲法最先由澳大利亚 Farrel 等（1976）提出，在预试期通过禁食-诱饲训练，试验家禽建立起来在短时间内规定采食量的条件反射，其消化过程基本处于相同阶段，便于排泄物采集，减少试验误差。此外，诱饲法还具有应激小，符合动物福利组织要求，工作量少等优点，但该方法不适合测定适口性差的单一原料，因为很难达到规定采食量。

2. 强饲法

强饲法最先由加拿大 Sibbald 等（1976）提出，在世界范围内得到广泛应用，在禁食一定时间后强饲规定量的饲料，一方面可以避免家禽啄食过程中饲料的浪费，提高准确性；另一方面可以消除适口性对饲料采食量的限制，但是强饲过程可能对试验动物产生应激，与生产条件具有一定差异。

二、试验资料收集及数据整理

试验结果，对所得的数据进行分析处理如下。

研究营养物质食入量与排泄、沉积或产品间测定数量平衡关系的试验称为平衡试验。平衡试验一般用于估计动物对营养物质的需要和饲料营养物质的利用率。但矿物质元素受内源干扰大，B 族维生素受肠道微生物合成的干扰，平衡试验一般难以达到目的。平衡试验主要包括氮平衡试验、能量平衡试验和碳、氮平衡试验。此方法测定指标的具体部分以及计算在第五章饲料原料相关基础中提及到。

（一）生长试验

生长试验要了解生长性能以及血液生化指标。

1. 生长指标

生长指标测定生长性能和屠宰性能以及血液生化指标。生长性能包括动物试验前后体重，饲料转化率。屠宰性能包括宰前活重、胴体重、屠宰率、眼肌面积、GR（胴体脂肪含量）值。

2. 指标计算

平均日增重、饲料转化率、屠宰率、瘦肉率、半净膛率、全净膛率、胸肌率、腿肌率、腹肌率。

（二）消化代谢试验的资料收集及整理

1. 测定指标

采食量、排粪量和尿量。

2. 养分表观消化率

测定料样和粪样的能量、干物质、灰分、粗蛋白、中性洗涤纤维、酸性洗涤纤维以及尿中的能量和氮含量。计算相应营养物质的消化率。

（三）代谢指标

1. 能量代谢指标

计算饲粮消化能、代谢能、GE 表观消化率、GE 代谢率和 DE 代谢率。

2. 氮代谢指标

测定摄入氮、粪氮、尿氮，计算总排出氮、吸收氮、沉积氮、氮表观消化率、氮利用率以及氮的生物学价值。

第二节　配方验证试验实例

一、羊饲料配方实例

张立涛（2013）的试验为例，探讨肉用绵羊饲粮中非纤维性碳水化合物（NFC）/中性洗涤纤维（NDF）最佳比例。

（一）试验动物

试验动物为黑头杜泊羊×小尾寒羊杂交1代肉羊绵羊。

（二）试验饲粮

见表9-4。

表 9-4　饲粮组成成分及营养水平（干物质基础%）

项目 Items	NDF				
	1.36	1.07	0.82	0.6	0.46
原料（%）					
玉米	46.15	37.16	28.09	19.16	10.16
豆粕	8.07	8.82	9.53	10.32	11.07
小麦麸	8.56	7.8	7.05	6.3	5.54
羊草	26.83	35.27	43.61	52.14	60.58
苜蓿	7.11	7.77	8.62	9.08	9.73
磷酸氢钙	1.01	1.07	1.12	1.18	1.23
石粉	0.77	0.61	0.48	0.32	0.19
食盐	0.5	0.5	0.5	0.5	0.5
预混料[1]	1	1	1	1	1
合计	100	100	100	100	100
营养水平[2]					
代谢能（MJ/kg）	9.66	9.07	8.48	7.9	7.31
干物质（%）	88.63	87.81	89.39	84.01	90.05
有机物（%）	93.03	92.23	91.86	90.31	89.92
粗蛋白质（%）	11.96	11.73	11.87	11.96	11.83
粗脂肪（%）	2.44	2.43	3.34	2.01	2
灰分（%）	6.97	7.77	8.14	9.69	10.08
NFC（%）	45.37	40.42	34.44	28.48	23.8
NDF（%）	33.26	37.65	42.21	47.85	52.28

（续表）

项目 Items	NDF				
	1.36	1.07	0.82	0.6	0.46
ADF（%）	15.32	18.03	22.84	26.92	30.6
ADF/NDF	0.46	0.48	0.54	0.56	0.59
钙（%）	0.75	0.75	0.75	0.75	0.75
磷（%）	0.5	0.5	0.5	0.5	0.5

[1] 预混料为每千克饲粮提供：VA 15 000IU，VD 5 000IU，VE 50mg，Fe 90mg，Cu 12.5mg，Mn 30mg，Zn 100mg，Se 0.3mg，I 11.0mg，Co 0.5mg。

[2] 营养水平除代谢能、钙、磷为计算值外均为实测值

（三）研究方法

采用单因素完全随机区组试验设计，将出生月龄相近、体重相近的 50 只母羊（36.01±3.55）kg 和 25 只公羊（39.13±4.10）kg 随机分为 5 个处理，每个处理 10 只母羊和 5 只公羊，每 5 只为 1 个重复，公母分圈饲养。5 个处理的试验羊分别饲喂粗蛋白质水平一致、NFC/NDF 比例分别为 1.36、1.07、0.82、0.60 和 0.46 的试验饲粮，并于试验结束时（体重达到 50kg 左右时）对所有公羊进行为期 4d 的粪袋全收粪试验。

（四）饲养管理

逐步换料期为 3d，试验期 56d。试验羊在购买时打好耳标，预试前免疫注射三连四防疫苗，并灌服伊维菌素溶液（2.5mL/只）驱虫。试验羊每 5 只为 1 圈饲养，每圈占地 12m²，每天于 08：30 和 17：30 分 2 次定量饲喂试验饲粮，自由饮水。每天根据前一天料槽内剩余料重调整饲喂量，确保料槽每天有 10% 左右的剩料。

（五）采集样品和测定指标

1. 生长性能指标

试验开始和结束时分别于早晨空腹称重作为初重和末重，计算净增重（NG）和平均日增重（ADG）；每日饲喂前清理料槽并称重剩料，计算平均日采食量（ADFI）和干物质采食量，并根据平均日采食量和平均日增重计算料重比（F/G）。

2. 营养成分表观消化率

粪袋全收粪试验期间每日 9：00 和 17：00 分 2 次收集粪袋中的鲜粪并称重，每日收集的全天新鲜粪样按每 100g 粪样加 5mL 10% 硫酸固氮。连续收集 4d 后，将所有粪样混匀按四分法取样，65℃条件下烘干 48h，室温下回潮 24h，装于样品袋中备用。粪袋全收粪试验期间，每日饲喂前从饲粮中随机取样，将 4d 的料样混匀后备测。测定饲粮和粪样中的干物质（DM）、CP、灰分（Ash）、粗脂肪（EE）、NDF 和 ADF 含量。

（六）数据处理

试验数据利用 Excel 2007 整理，利用 SAS 9.1 进行线性（linear）和二次曲线

（quadratic）回归分析，利用 ANOVA 统计软件进行方差分析，差异显著性用 Duncan 氏法进行多重比较，分别以 $P<0.05$ 和 $P<0.01$ 作为差异显著和极显著的判断标准。

（七）试验结果

1. 不同 NFC/NDF 比例饲粮对增重的影响（表 9-5）

表 9-5　不同 NFC/NDF 比例饲粮对增重的影响

NFC/NDF	公羊				母羊			
	始重	末重	NG	ADG	始重	末重	NG	ADG
1.36	38.15	56.15	18	321.43	35.75	48.57	12.81	228.83[*]
1.07	40.87	58.53	17.67	315.48	36.38	49.1	12.73	227.23[*]
0.82	40.17	59.4	19.23	343.45	36.43	49.52	13.08	233.63[*]
0.6	38.33	54.68	16.35	291.96	36.08	48.46	12.37	220.83[*]
0.46	38.9	54.56	15.66	279.64	35.55	47.54	11.99	214.12[*]
SEM	2.63	2.71	2.02	36.07	1.56	1.66	1.08	19.34
P-value	0.9148	0.5177	0.2003	0.2003	0.9864	0.8815	0.9073	0.9073

同一项目中，母羊数据肩标[*]表示与同组公羊相比有显著差异（$P<0.05$）

2. 不同 NFC/NDF 比例全混合饲粮对肉用绵羊干物质采食量和料重比的影响（表 9-6）

表 9-6　不同 NFC/NDF 比例全混合饲粮对肉用绵羊干物质采食量和料重比的影响

项目	NFC/NDF					SEM	P 值
	1.36	1.07	0.82	0.6	0.46		
始重 IBW（kg）	36.63	37.6	37.67	36.78	36.7	1.22	0.9493
末重 FBW（kg）	51.33	51.67	52.81	50.37	49.9	1.45	0.7435
ADG（$g \cdot d^{-1}$）	262.5	251.3	270.3	242.72	236	20.63	0.5992
DMI（$g \cdot d^{-1}$）	1 561.20^c	1 656.78b^c	1 709.57^{ab}	1 754.65^{ab}	1 799.74^a	54.14	0.019
F/G	6.13	6.58	6.5	7.45	7.73	0.35	0.4197

3. 不同 NFC/NDF 比例全混合饲粮对肉用绵羊营养物消化率的影响（表 9-7）

表 9-7　不同 NFC/NDF 比例全混合饲粮对肉用绵羊营养物消化率的影响

项目	NFC/NDF					SEM	P 值	二次曲线分析	
	1.36	1.07	0.82	0.6	0.46			R^2	P 值
DM（%）	67.17^a	64.24^b	67.37^a	57.84^c	55.21^d	0.79	<0.0001	0.7715	<0.0001
OM（%）	69.16^a	66.07^b	69.65^a	60.15^c	56.40^d	0.85	<0.0001	0.7797	<0.0001
CP（%）	73.02^a	72.91^a	73.75^a	68.64^b	68.45^b	1.06	<0.0001	0.6473	<0.0001
EE（%）	80.06^a	74.86^b	83.52^a	62.80c	53.19^d	3.18	<0.0001	0.7271	<0.0001
NDF（%）	32.76^c	33.32^c	48.25^a	42.49^b	40.37^b	2.16	<0.0001	0.4061	0.0055
ADF（%）	23.15^c	24.00^c	44.80^a	39.85^b	38.04^b	1.97	<0.0001	0.589	0.0001

（八）试验结果

不同 NFC/NDF 比例饲粮显著影响 35～50kg 杜寒 F1 代肉用绵羊的干物质采食量和营养成分表观消化率，生长性能和消化性能在 NFC/NDF 比例为 0.82 组均具有最佳的效果，即饲粮适宜的 NDF 水平为 42.21%。

二、家禽为例

以孔路欣（2015）试验为例，研究不同钙模式蛋鸡生产性能、胫骨质量以及血清相关生化指标的影响，以确定蛋鸡生产过程中饲粮钙的增加模式以及钙的添加量。

（一）设计饲粮配方

见表 9-8，表 9-9。

表 9-8　蛋鸡不同阶段各处理钙水平（风干基础）%

项目	处理组			
	I	II	III	IV
18 周龄	2.00	2.00	2.00	2.00
5%产蛋率	2.2	2.5	3.0	3.75
50%产蛋率	2.40	3.00	3.75	3.75
90%产蛋率	3.75	3.75	3.75	3.75

表 9-9　基础日粮组成及营养水平（风干基础）%

项目	钙水平					
	2	2.2	2.4	2.5	3	3.75
原料						
玉米	60.97	62.04	61.93	62.19	63.02	61.86
豆粕	24.05	23.81	24.09	24.35	25.2	25.84
麸皮	8	6.57	5.83	4.98	1.89	0.5
石粉	4.95	5.47	6	6.27	7.59	9.5
磷酸氢钙	0.73	0.81	0.85	0.91	1	1
食盐	0.3	0.3	0.3	0.3	0.3	
预混料[1]	1	1	1	1	1	1
合计	100	100	100	100	100	100
营养水平						
代谢能[2]	11.93	11.84	11.82	11.83	11.74	11.77

（续表）

项目	钙水平					
	2	2.2	2.4	2.5	3	3.75
粗蛋白	17.58	17.38	17.38	17.37	17.31	17.25
钙	2	2.2	2.4	2.5	3	3.75
磷	0.459	0.453	0.449	0.449	0.439	0.427

[1] 预混料为每千克饲粮提供 The premix provided the following per kg of diets：VA 10000 IU，VD 2000 IU，VB$_1$ 0.5mg，VB$_2$ 4.0mg，VE 10mg，氯化胆碱 choline chloride 400mg，VB$_{12}$ 0.01mg，泛酸 pantothenic acid 8mg，烟酸 niacin 30mg，叶酸 folic acid 0.5mg，VK$_3$ 2mg，VB$_6$ 2mg，Cu 6.0mg，Fe 40mg，Mg 70mg，Zn 50mg，I 0.30mg，Se 0.10mg。

[2] 代谢能为计算值，其余为测定值。ME was a calculated value，while the others were measured values.

（二）试验动物及饲养管理

选用 480 只 18 周龄海兰灰蛋鸡，随机分为Ⅰ组、Ⅱ组、Ⅲ组和Ⅳ组，每组 4 个重复，每个重复 30 只，进行为期 3 个月的饲养试验。各组在基础饲粮（玉米–豆粕型）中添加不同水平的钙，各组钙添加水平见表 9-8。除钙水平外，饲粮其余营养成分均按 NRC（1994）家禽营养标准配制，饲粮能量、粗蛋白质、粗脂肪、粗纤维以及有效磷含量一致。各组饲粮组成及营养水平见表 9-6。

试验鸡采用上、中、下 3 层全阶梯笼养方式，自由采食、饮水。每天观察鸡的精神状态、食欲和粪便情况并按照常规免疫程序进行免疫。鸡舍采用人工光照、自然通风，以保证鸡舍环境良好。

（三）样品采集与测定

1. 生产性能

每日 16：00，以重复为单位每天记录产蛋数、蛋重，每周统计采食量和鸡只死亡数，计算产蛋率、平均日产蛋量、平均日采食量、料蛋比和畸形蛋率。

2. 体尺指标

于蛋鸡产蛋率达 90% 当天，从每个重复随机选取 3 只鸡，用游标卡尺和软尺分别测定体斜长、胸骨长、耻骨间距、髋骨宽、胫骨长和胫围。

3. 骨质量

试验结束当日，各重复随机选取 3 只试验鸡屠宰，分割左右腿，并将肉完全剔除干净。右腿用于胫骨强度的测定，采用 CMT5504 数显万能试验机测定胫骨折断力（即胫骨强度），参数设置：跨度 40mm，位移速度 10mm/min，匀速加载至标本断裂，记录胫骨断裂时的强度，胫骨强度以 N 为单位表示。左腿用于胫骨重、胫骨指数、胫骨钙磷含量的测定，采用乙醚浸泡脱脂 24h 后，105℃ 烘至恒重，称取胫骨重，并结合体重计算胫骨指数。将胫骨压碎，放入坩埚于马弗炉中 600℃ 灰化 18h 测定粗灰分含量，之后加入盐酸使之溶解，测定钙磷含量。

$$胫骨指数（\%）=［胫骨重（g）/体重（g）］×100$$

4. 血清生化指标

于蛋鸡产蛋率达 50% 和 90% 当天，从每个重复随机选取 3 只鸡，翅静脉采血 10mL，3 000r/min 离心 10min，收集血清分装于 1.5mL 离心管中，-20℃ 下保存。分别采用甲基百里香酚蓝比色法测定血钙，磷钼酸法测定血磷，酶联免疫吸附法（ELISA）测定甲状旁腺激素（parathyroid hormone，PTH）、降钙素（calcitonin，CT）和骨钙素（osteocalcin，BGP）含量。

5. 数据处理

试验数据使用 SPSS 17.0 统计软件对数据进行单因素方差分析（one-way ANOVA），所有数据以平均值±标准差（X±SD）表示，以 $P<0.05$ 作为差异显著性，当差异显著时采用 Duncan 氏法进行多重比较。

（四）结果

1. 不同增钙模式对蛋鸡体尺指数的影响（表 9-10）

表 9-10　不同增钙模式对蛋鸡体尺指数的影响

项目	处理			
	I	II	III	IV
体斜长	19.8±0.51	19.83±0.61	20.14±0.95	19.88±0.95
胸骨长	10.26±0.32	10.35±0.30	10.82±1.07	10.45±0.31
耻骨间距	3.20±0.50[b]	3.85±0.27[a]	3.90±0.22[a]	3.84±0.29[a]
髋骨宽	6.80±0.51[b]	6.88±0.50[b]	7.94±0.32[a]	7.59±0.48[a]
胫骨长	9.00±0.27	8.90±0.25	9.03±0.23	8.95±0.42
胫围	3.85±0.13	3.88±0.16	3.88±0.17	3.85±0.05

2. 不同增钙模式对蛋鸡胫骨质量的影响（表 9-11）

表 9-11　不同增钙模式对蛋鸡胫骨质量的影响

项目	组别			
	I	II	III	IV
胫骨强度	144.03±14.35[b]	152.10±18.52[b]	174.35±15.57[a]	161.91±21.99[a]
胫骨重	4.29±0.39[b]	4.55±0.24[b]	5.16±0.74[a]	4.76±0.52[ab]
胫骨指数	3.01±0.30	3.07±0.15	3.25±0.37	3.12±0.32
胫骨钙	36.95±1.17[c]	38.48±1.51[b]	39.65±1.14[a]	38.88±1.41[ab]
胫骨磷	16.38±1.72	16.47±1.34	16.64±1.42	16.45±1.19

3. 不同增钙模式对蛋鸡生产性能的影响（表9-12）

表9-12 不同增钙模式对蛋鸡生产性能的影响

项目	组别			
	I	II	III	IV
产蛋率	59.14±1.38^c	61.81±1.15^{ab}	62.89±1.26^a	60.76±1.95^b
平均日增重	48.79±1.79	49.14±1.91	49.46±2.18	49.34±1.87
平均日采食量	124.3±0.81^a	123.71±0.12^b	123.59±0.23^b	123.29±0.22^b
料蛋比	2.55±0.95	2.52±0.1	2.48±0.11	2.48±0.93
畸形蛋率	0.19±0.03^a	0.12±0.01^b	0.09±0.06^b	0.12±0.01^b

4. 不同增钙模式对蛋鸡血清生化指标的影响（表9-13）

表9-13 不同增钙模式对蛋鸡血清生化指标的影响

项目	产蛋率	组别			
		I	II	III	IV
钙	50	5.51±0.39^a	5.36±0.46^a	49.46±0.69^b	4.55±0.56^b
	90	4.37±0.41^b	4.39±0.3^b	4.62±0.36^{ab}	4.74±0.33^a
磷	50	2.51±0.59^a	2.06±0.74^{ab}	1.86±0.47^b	1.66±0.337^b
	90	2.02±0.48	1.79±0.58	1.72±0.41	1.62±0.68
甲状旁腺激素	50	503.3±12.67^a	406.23±15.32^{ab}	379.26±16.34^b	388.39±14.84^b
	90	636.21±17.65^a	561.37±15.89^{ab}	348.26±18.01^b	345.26±17.62^b
降钙素	50	350.32±11.23^a	357.36±12.89^b	467.61±14.76^a	414.32±17.32^a
	90	517.27±17.06^b	647.36±18.03^b	729.74±16.42^a	798.34±17.32^a
骨钙素	50	4.32±0.57	4.62±0.67	4.33±0.85	4.56±0.73
	90	6.78±0.93^a	5.97±0.64^{ab}	5.23±0.79^b	5.24±0.84^b

（五）结果

在本试验条件下，饲粮不同增钙模式对蛋鸡的生产性能和内分泌机能产生明显的影响。当蛋鸡产蛋率达5%、50%和90%，饲粮钙水平分别为3%、3.75%和3.75%有助于提高蛋鸡产蛋率，改善体况和稳定骨骼质量，同时不造成钙源浪费。

第十章 饲料配方设计的新理论与实践

第一节 动物营养的准确性供给设计

一、影响饲料营养供给准确性的因素

（一）饲养标准的局限性

标准应适应动物的营养生理特点，对每一种动物或每一类动物分别按生长发育阶段和生产性能制定营养定额。现已在猪、禽、奶牛、肉牛、绵羊、山羊、马、兔、鱼、实验动物、狗、猫和非人类灵长类动物等上制定了饲养标准，一些与人类生活密切相关的珍稀动物、观赏动物等也在不同程度上有了一定的饲养标准或营养需要量。

"标准"是确切衡量动物对营养物质客观要求的尺度。"标准"的产生和应用都有条件，它以特定动物为对象，在特定环境下研制的满足动物特定生理阶段或生理状态的营养物质需要的数量定额。但在动物生产实际中，影响饲养和营养需要的因素很多，诸如同品种动物之间的个体差异，各种饲料的不同适口性及其物理特性，不同的环境条件，甚至市场经济形势的变化等等，都会不同程度地影响动物的营养需要量和饲养。这种"标准"产生和应用条件的特定性和实际动物生产条件的多样性及变化性，决定了"标准"的局限性，即任何饲养标准都只在一定条件下，一定范围内适用。由于标准具有局限性，所以在制定标准时会尽可能多的收集数据，确保标准尽可能地广泛适用。使用标准时切不可不问时间、地点、条件生搬硬套"标准"。在利用"标准"中的营养定额拟定饲粮，设计饲料配方，制定饲养计划等工作时，要根据国别、地区、环境情况和对畜禽生产性能及产品质量的不同要求，对"标准"中的营养定额酌情进行适当调整，才能避免其局限性，增强实用性。

总之，我们既要肯定由"标准"的科学、先进性所决定的"标准"的普遍性，即其在适用条件和范围内的普遍指导意义，又要看到条件差异形成的特殊性，在普遍性的指导下，从实际出发，灵活应用"标准"。只有这样，才能获得预期效果。

（二）营养需要量的可变性

"标准"不可能一成不变。"标准"规定的营养定额一般只对具有广泛或比较广泛的共同基础的动物饲养有应用价值，对共同基础小的动物饲养原则只有指导意义。要使"标准"规定的营养定额可行，必须根据具体情况适当调整营养定额。就"标准"本身而言，它不但随科学研究的发展而变化，也随实际生产的发展而变化。变化的目的是为了使"标准"规定的营养定额尽可能满足动物对营养物质的客观要求。就应用"标准"而言，仅起着指

导饲养者向动物合理提供营养物质的作用。不能一成不变地按"标准"规定供给动物的营养，必须根据具体情况调整营养定额，认真考虑保险系数。选用按营养需要原则制定的"标准"，一般都要增加营养定额；选用按"营养供给量"原则制定的"标准"，营养定额增加的幅度一般比较小，甚至不增加；选用按"营养推荐量"原则制定的"标准"，营养定额可适当增加。只有充分考虑"标准"的可变化性特点，才能保证对动物经济有效地供给，才能更有效地指导生产实践。

（三）饲料原料中成分含量的不确定性

饲料配方营养水平是动物发挥最大生长潜能的前提条件，而饲料原料的养分含量又决定饲料配方水平。目前我们国家的很多饲料公司在制定配方时，大都按照国家制定的饲料原料标准含量来制定。但是我国幅员辽阔，地形复杂，土壤类型繁多，气候差异较大，即使是同一种饲料，因产地、品种、加工方法和质量等级不同，其营养成分含量也有差异。即便是来源相同，由于加工的条件不一致，在不同批次之间也有差异。例如，来自不同地区的苜蓿，其营养价值存在很大差异。刈割时间对原料的嫩度和养分含量也有一定影响，刈割过早原料水分含量多，影响其营养价值，过晚适口性太差，养分含量低。杜雪艳等用康奈尔净碳水化合物–蛋白质体系研究了三江源区青海省河南蒙古族藏族自治县的不同时期的牧草，其营养价值由高到低依次为返青期>青草期>枯草期。因此尽可能准确地确定饲料原料中成分的含量，才能生产出品质优良的好饲料。

二、解决营养供给准确性的思路与方法

动物的全部生长和生产是一种动态变化，影响动物每一个特定生长和生产阶段优化饲料配方的质量，即与配方生产性能加密结合的配方模型主要参数的变化是一种动态变化。因此，只有通过动态优化，才能使动物饲料配方优化设计技术走出静态、非优化营养决策的误区，真正做到动态的优化营养供给决策。

第二节　现代饲料配方的设计理念

现代饲料配方是一个复杂的多技术复合体，是现代动物营养学、饲料学及生物、生化等相关学科研究成果的综合体现。已由单纯追求最高生产性能的饲料配方，发展到最佳效益和环保型配方。

一、营养平衡理念

营养平衡是指饲料中营养素种类、数量比例能满足不同动物不同生理阶段的需要，保证动物机体健康和生产性能的提高。现代饲料配方的重点主要体现在饲料营养成分、营养水平、营养素优先度三个方面。禽类饲料配方要注意适当的能量蛋白比，猪的饲料配方要注意理想蛋白质的匹配。任何饲料配方都要实现钙、磷比例协调以及矿物质元素和多种维生素的全面，适量添加。

（一）饲料营养成分

饲料原料所含营养成分高低、营养价值好坏决定配方饲料的优劣。在考虑是否选用某种

饲料原料时，饲料企业的决策者不仅要考虑饲料原料的营养价值，还需要综合考虑它的适口性、抗营养因子、可获得性、可加工性、市场包容性、原料价格以及适用的动物等因素。其中，营养价值因素需要重点考虑的是原料的能量、蛋白、粗纤维、灰分等指标，这 4 项指标基本决定了该原料的营养价值概况。现代饲料配方要求饲料原料每批须检测，结合原料抽样实测指标（干物质、粗蛋白、钙、磷、赖氨酸、消化能等）来调整有关营养成分。对于反刍动物来说，必须提供以下营养成分数据：干物质、总可消化养分、产奶净能、粗蛋白、可降解蛋白、非降解蛋白、ADF、NDF、有效中性洗涤纤维、粗灰分、动物性脂肪、植物性脂肪、惰性脂肪、钙、磷、钾、钠、镁、氯。对于单胃动物提供如下的营养成分数据：干物质、代谢能、消化能、粗蛋白、赖氨酸、蛋氨酸、苏氨酸、可消化氨基酸、钙、磷、有效磷、钾、钠、镁、氯、铜、锌、粗纤维和必需脂肪酸。可获得性是指该原料是否可以稳定供应，即使不能长期稳定供应，只要能满足一个产品少量批次生产的需要也可以考虑应用；可加工性是指该原料是否适合于饲料厂的加工工艺，有些饲料原料尽管营养价值丰富且适口性好，例如粉丝尾水、果酒和糖蜜等适合于养殖场直接使用，如果进入饲料配方当中，必须考虑其加工工艺中带来的问题；市场包容性是指采用了该原料后用户是否会接受，如果用户不能容忍饲料中加入该原料后的饲料，也是不能使用；适用动物因素就更加复杂，对于同一种原料在不同动物上应用，其营养素的可利用性是不一样的，有些原料又是必须使用的，如：乳清粉应用于哺乳仔猪饲料中。

（二）营养水平

营养水平的确定是常规配方设计的关键点。常规配方设计的营养水平，主要将饲养标准根据实际条件进行必要的调整。随着养殖业专业化和现代化的进程，实际养殖条件与饲养标准要求的条件愈来愈近，现代饲料配方设计对标准的依赖性更大，确定何种营养水平关键是应用对象适应哪种标准。

1. 根据产品定位确定营养水平

发达与中等发达的国家都建立有自己的饲养标准。在发达国家许多著名育种公司的饲养手册上，又有各自的一套标准。所以就标准而言，已使配方设计者无所适从，但又必须作出选择。美国 NRC、英国 ARC、法国 AEC、日本、苏联、澳大利亚欧共体国家（如丹麦）以及我国的标准都有值得参考的方面，特别是 NRC 更为营养界所认同，但没有任何企业会直接照搬 NRC 标准进行配方。配方设计过程中还经常遇到不同标准中生长、生理阶段的不同划分，这又增加了选择的难度。当前畜牧业饲养的动物品种多种多样，如在企业的目标市场上，有长白猪、北京黑猪、约克夏或杜长大杂交猪。蛋鸡有北京白鸡、海兰褐鸡。对于固定的饲养场，可针对品种设计配方。然而对覆盖面较广的饲料企业，很难做到针对每家养殖场的每一个品系（品种）进行饲料生产。配方营养指标的确定可以依据以下几种方法：对有明确的市场、明确的动物种类、生理阶段，又有相应品种的推荐量标准，尽量以其标准为参考。如 AA 肉鸡有其自己的标准，迪卡猪也有建议的营养供给量。育种公司提供的建议水平通常很高，所以一般不再加安全系数。一些国外品种建议的高水平只是为保证发挥其品种的遗传潜力，从而达到促销的目的，并未以最大经济利益为目标；在达不到营养标准的情况下，养殖场找不到借口责怪其品种。最好是针对目标市场上每个品种、每个品系进行相应的设计。对于广泛而零散的市场，用户较多，品种不一可进行大致的分类，找出主体部分（如外三元杂交猪、北京白鸡、广东地区的黄羽肉鸡、褐壳蛋鸡饲料等），制定相应的营养

197

标准。

适当考虑环境因素的影响，例如：蛋鸡寒冷与温暖季节采食量每只相差 8~15g/d，冬季（11 月底至翌年 4 月初）可将日粮中粗蛋白、氨基酸、钙、磷、食盐、微量元素等下降 6%~8%，对于考虑诸多因素的营养需要估测模型，只有参考意义。能量蛋白比在确定蛋白质时有重要作用。饲料受原料条件或成本的影响很大，执行标准的能量与饲养标准中常有差异，一般依蛋能比及氨基酸能量比进行折算。如肉鸡后期能蛋比要求 165，设定能值为 13.39MJ/kg 时，蛋白质为 19.4%；而当能值为 12.56MJ/kg 时，蛋白质为 16.5%，而当能值为 12.70MJ/kg 时，饲料蛋白质则应为 18.38% 为宜即可。同样，氨基酸的数值也按类似方法折算。现行的饲养标准基本已经包含了能量蛋白比、能量氨基酸比以及理想氨基酸模式等思想内容，多数配方优化系统提供按比例自动调整功能。

普遍遵循的一条原则是：对于以饲喂效果为导向的高端产品，应该以质定价，对于以市场为导向的低端产品，要以价定质。

对养殖场自配料而言，遵循的是获得最佳的饲养效益。

2. 科学确定参算指标

配方优化应同时考虑到动物所需的所有营养成分甚至有害成分。实际上由于尚未弄清每一指标的具体数值，即使在计算机配方程序中也往往无法接受太多的约束条件。例如，当一次计算 15 个指标时，很难找到最优解。所以，通常把主原料和添加剂分开设计，添加剂由手工或计算机辅助计算。在主原料配方优化时，选择的营养指标一般为：能量（ME、DE）、能量蛋白比（禽类常用，尤其肉鸡、蛋鸡）、蛋白质（CP、DCP、过瘤胃蛋白等）、钙、总磷、非植酸磷或有效磷及其比例、赖氨酸、蛋氨酸、胱氨酸、精氨酸、苏氨酸、色氨酸、盐分、粗脂肪、粗纤维（或酸性洗涤纤维）；其他，依设计的对象而异，如亚油酸含量、电解质平衡指标。在综合考虑各个因素后，修正选择的标准，然后给予新的命名，并存储在标准库中，作为企业的一个执行标准，以逐渐形成自己的实用标准库。

3. 营养素的优先顺序

饲料原料提供的营养指标的增加，饲养标准的完善，要求饲料配方设计中几十种营养成分不可能同时达到"标准"的。由于多种因素的影响，不同动物对各种营养物质的优先度不同。如奶牛饲料配方设计中，营养物质优先的次序为：纤维素>能量>蛋白质>非降解蛋白质>常量矿物质元素>微量矿物质元素和维生素>其他；家禽：能量>蛋白质>常量矿物质元素>微量矿物质元素和维生素>纤维素>其他；非反刍动物：蛋白质>能量>常量矿物质元素>微量矿物质元素和维生素>纤维素>其他。因此，在设计配方时必须注意次序。

二、离子平衡

日粮阴阳离子平衡（dietarty cation-anion balance，DCAB）首先由 Dishigto（1975）在奶牛上提出，指日粮矿物质元素离子酸碱性的大小，现这一概念在动物营养界早已熟知。具体讲，它是指日粮中每千克干物质中所含有的主要阳离子（Na^+、K^+、Ca^{2+}、Mg^{2+}）毫摩尔数与主要阴离子（Cl^-、S^{2-}、PO_4^{3-}）毫摩尔数之差。其含义有两层，即日粮中应有一定数量的各种阴阳离子，过量或缺乏会带来不良影响；日粮中各种阴阳离子的比例应适当，比如 Na^+、K^+ 与 Cl^-、SO_4^{2-} 间，Na^+ 与 K^+ 间，K^+ 与 Cl^- 之间均存在相互作用。

Monign 建议用公式（$Na^+ + K^+ - Cl^-$）meq/kg DM 来表示，因为一价离子与二价或三价离子的功能及吸收不同。在机体内，K^+ 主要存在于细胞内液，而 Na^+、Cl^- 大量含在细胞外液，这三种矿物质元素对酸碱平衡或渗透压调节起着重要作用。Tucker等建议在日粮阴阳离子平衡中应包括S^{2-}，S^{2-}对酸碱平衡有同Cl^-类似的作用，均具有降低pH值的趋势，故采用[（Na^++K^+）-（Cl^-+S^{2-}）] meq/kg DM表示；而日粮中的Ca、P、Mg、S的主要作用则不是参与酸碱平衡调节，故DCAB常简化成（$Na^++K^++Ca^{2+}+Mg^{2+}$）meq/kg DM，又称日粮电解质平衡，这种表达式最为简洁和常用。

（一）配方中DCAB的计算

目前，使用何种计算公式或包括那些阴阳离子计算电解质平衡并无固定模式。[（Na+K）-（Cl+S）]曾用在对奶牛乳热病、牛采食量及Ca利用率的研究上。在奶牛上研究Ca平衡的影响曾用过[（Na+K+Mg+Ca）-（P+S+Cl）]。在禽类方面除使用[（Na+K）-Cl]外，还使用[（Na+K）/Cl]及Cl/（Na+K）。在羊方面的研究从目前资料看为两种：[（Na+K-Cl]和[（Na+K）-（Cl+S）]。根据DCAB公式计算可得出以下两种类型的日粮：当DCAB为正，称该日粮为阳离子型或碱性（正电荷型，如Na、K型）；当DCAB为负，称日粮为阴离子型或酸性（负电荷型，如S、P、Cl型）。动物的生产性能受日粮酸碱平衡变化的影响。一般推荐为保持高生产性能宜供给阳离子型日粮；而为保持动物健康，如分娩前的干乳牛为预防乳热病宜供给阴离子型日粮。

一般人们习惯于用（Na+K）=（Cl+S）这一公式评价DCAB。此外还有以下几种表示方法：DCAB（Meq）=（Na+K）-（Cl+S），DCAB（Meq）=（Na+K+0.38Ca+0.3Mg）-（Cl+0.6S），DCAB（Meq）=（Na+K+0.15Ca+0.15Mg）-（Cl+0.20S+0.30P）。后三个公式主要依据饲粮主要阴阳离子生物学利用率确定的酸化或碱化能力，并总结了相应的系数，因而对DCAB的预测更加准确一些。实际生产中DCAB的计算公式为DCAB mEq/100gDM=[（%Na÷0.0023）+（%K÷0.0039）]-[（%Cl÷0.00355）+（%S÷0.0016）]，可以通过饲粮中每种元素以干物质为基础的百分含量计算得出DCAB值。公式中的某些变量在一定的条件下是固定的，这样一来DCAB值的计算就相对容易一些。

对于畜禽常规饲料原料中的能量饲料、蛋白质饲料，DCAB在每千克干物质中的数量范围是从-27到+19。从实际应用的角度看，多种常规原料的平均DCAB，约为0。维生素及微量元素在配方中的比例较少，对配方中离子贡献度较低，故忽略不计。所以，影响配方中DCAB的离子主要指来自常量矿物元素原料提供的离子（表10-1）。

表10-1 饲粮中主要离子的原子量、化合价和转换系数

元素	原子量	化合价	转换系数[b]
		阳离子元素	
钙	40.1	+2	+499
镁	24.1	+2	+823
钠	23.0	+1	+435
钾	39.1	+1	+256
		阴离子元素	
氯	35.5	-1	-282

（续表）

元素	原子量	化合价	转换系数[b]
硫	32.1	−2	−623
磷[a]	31.0	−1.8	−581

a：生物体液 pH 为 7.4 时，磷酸中 80% 为 HO_4^{2-}，20% 为 $H_2PO_4^-$，因此化合价为 $0.80×（−2）+0.2×（−1）=−1.8$

b：饲粮中任何元素实际百分比乘以各自的转换系数，利用这些转换系数就可以计算电解值平衡所需的毫克当量数（mEq），如钙的转化系数的计算 $10\ 000×(+2)/40.1=+499$.

下面我们将举例说明。

计算公式：DCAB＝阳离子毫摩尔值合计−阴离子毫摩尔值合计

例：计算肉鸡饲粮中含钠、钾和氯分别为 0.18%、0.05% 和 0.20% 的电解质平衡值？

解：将饲粮中各种元素的百分含量的分子乘以转换系数相加即可，即：

$DCAB=0.18×（+435）+0.05×（+256）+0.20×（−282）=188（mEq/kg）$

Na 的毫克当量数 $=0.18×10\ 000×1/23=78.3$

K 的毫克当量数 $=0.05×10\ 000×1/39.1=166.2$

Cl 的毫克当量数 $=0.20×10\ 000×(−1)/35.5=−56.3$

$DCAB=78.3+166.2−56.3=188（mEq/kg）$

（二）配方中的 DCAB 的应用效果

1. 饲粮阴阳离平衡对动物采食量和消化率的影响

DCAB 可以影响代谢过程，调节体内酸碱平衡和缓冲体系。对反当物来说，其机理在于稳定和提高了瘤胃 pH 值，加快瘤胃内液相流通速率，增强纤维分解菌活性，从而提高反刍动物对低质粗饲料的采食量和消化率。很多学者就瘤胃 pH 值对纤维发酵和消化的影响做了大量研究，认为瘤胃 pH 值维持在 6.6~6.8 时可以保证适宜的纤维消化环境；pH 值低于 6.4 时纤维消化下降。Erdman 报道瘤胃 pH 值降到 6.3 以下时，pH 值每降低 0.1 个单位，ADF 消化率会下降 3.6%，并且会降低饲料采食量。Slyter 和 Grant 等认为，当瘤胃 pH 值从 6.8 降到 5.8 时，NDF 消化时间延长，消化率下降。因此，对反刍动物来说调节日粮 DCAB 的主要目的是稳定瘤胃 pH 值。Patetcne 等的研究表明日粮中 DCAB 变化并不改变猪对营养物质的消化率。Tueker 等报道，随着 DCAB 从 20 降到 0meq/100g DM 时，奶牛干物质采食量降低 11%；当 DCAB 为 −10meq/100g DM 时，采食量最低。Jaekson 等报道，6 周龄奶牛在 DCAB 为 37meq/100g DM 时采食量最大。West 等报道，在热应激条件下，日粮 DCAB 从 12 增加到 46meq/100g DM 时奶牛的 DMI 随之增加。

2. 日粮阴阳离子平衡对动物生产性能的影响

Tueker 等报道，日粮 DCAB 为 20~37meq/100g DM 时，奶牛的产奶量增加，且证明饲喂 20meq/100g DM 日粮时产奶量要比喂 10meq/100g DM 高 8.6%，比喂 10meq/100g DM 高 9%。West 等报道，无论是在冷或热应激条件下，随 DCAB 增加奶牛产奶量、乳脂率、乳蛋白、4% 标准奶均有增加趋势。Jaekson 等报道，在 DCAB 为 37meq/100g DM 时犊牛增重最大，而在 DCAB 为 0meq/100g DM 时增重最小。Ross 等报道，DCAB 为 15~30meq/100g DM 时，阉牛增重效果明显。Patienee 等报道，当日粮 DCAB 为 0~34.1meq/100g DM 时，仔猪

（8~12 周龄）ADG 增加，而在-8.5meq/100g DM 时 ADG 减少。Monign 报道，鸡 ADG 效果在 DCAB 为 25meq/100g DM 时最佳。陈海燕报道，当 DCAB 从 11.9 增到 209meq/100g DM 时，AA 肉仔鸡 ADG 提高了 46.5%。Fauehon 等报道，当 DCAB 为 50~70meq/100g DM 时，能促进羔羊生长。DenHantog 报道，肉牛的肉料比在 DCAB 为 15.7~34.4meq/100g DM 时比 64 或 43.8meq/100g DM 时高。Haydon 等报道，在热应激条件下，DCAB 在 25~40meq/100g DM 范围内时，猪肉料比随 DCAB 增加而呈线性增加。Sehneieder 等报道，日粮添加 $KHCO_3$，奶牛采食量及产奶量要比添加 $NaHCO_3$ 低。Erdman 等则报道，日粮添 $NaHCO_3$ 要比添 MgO 日产奶量高。Johnson 研究表明：dEB 在 250~300mmol/kg，Na：K 在 0.5~1.8 时对鸡生长最有利。Austic 提出，肉仔鸡前期、中期、后期最适宜的 dEB 分别为：204、176、137mmol/kg，日粮钠氯比在 0.9~1.5 范围内较合适。国内外近年研究结果，配方中适宜的 DCAB（mmol/kg）值，泌乳牛为 190~200，生长猪 175。

3. 日粮阴阳离子平衡对动物健康的影响

Block 报道，阴离子型日粮可减少干乳期乳牛乳热病发病率，而阳离子型日粮可诱发并增加干乳期乳牛乳热病发病率，其原因是饲喂阴离子型日粮有利于 Ca 吸收。一般来说，阴离子型日粮要在干乳期末 3~4 周时饲喂，这样有利于提高下一个产乳期的产乳量。Kim-Hyeonshup 等报道，DCAB 分别为 25、5、-10、-25meq/100g DM 时，饲喂阴离子型日粮的奶牛乳热病发病率为零，且在随后的产乳期中产奶量增加 8%；而饲喂阳离子型日粮的奶牛发病率为 5%。Oetezl 研究认为，日粮干物质中含 Ca 为 1.16% 时乳热病发生率最高，增加或减少 Ca 含量，发病率降低。S 对乳热病发病率亦有影响，当日粮中含 S 量为 0.45%~0.5% 时发病率最低。

4. 日粮阴阳离子平衡对蛋白质和氨基酸代谢的影响

Ross 等报道，日粮阴阳离子平衡对氨基酸代谢有影响。Patience 等对 8~12 周龄生长猪的研究表明，若基础日粮中赖氨酸（0.45%）和色氨酸（0.1%）不足时，增加 Na 或 K 的添加量，可使 DCAB 增加，对猪增重的促进作用更显著。Haydon 等报道，猪对日粮氮的总利用率随日粮 DCAB 水平的提高而升高，提高日粮的 DCAB 可减少尿 N 的排泄量。当日粮蛋白水平过低时，通过添加 K^+ 或 Na^+ 盐来提高猪的生长速度，被称为赖氨酸节约效应。Patienoe 和 Ausitc 等报道了添加 $NaHCO_3$、$KHCO_3$ 对赖氨酸有节约效应。通过添加 Na^+ 亦可提高奶牛产奶量。Thomas 等认为添加 1% $NaHCO_3$ 可提高奶牛生产性能。陈海燕报道，添加 0.7% $NaHCO_3$ 使 DCAB 增加到 20.9meq/100g DM 时，肉仔鸡 ADG 提高了 46.5%。蛋白质在体内氧化是机体产酸的一个重要来源，其中的含 S、含 P 蛋白质分别生成硫酸和磷酸。若日粮 CP 过高，或其中含 S 氨基酸过多则需较高的日粮 DCAB 水平来中和体内产酸，才有利于动物生产性能的提高。

5. 日粮 DCAB 对动物矿物质代谢和酸碱平衡的影响

Ross 和 Jaekson 等报道，随着 DCAB 的增加，奶牛血液 pH 值、尿 pH 值随之增加。DCAB 对血液酸碱平衡有直接影响，当 DCAB 减少时，血液参数（pH 值，HCO_3^- 浓度，pCO_2）有 1 个或多个发生变化；H^+ 增加，HCO_3^- 减少，pH 值降低。Patienee 等报道，猪血液 pH 和血 HCO_3^- 随 DCAB 变化而变化。Fredeed 等在对怀孕及产奶山羊的研究中发现，当 DCAB 增加时血液 H^+ 浓度降低，HCO_3^- 增加。Monign 报道，禽类 HCO_3^- 浓度、随 DCAB 增加而加大。Tucker 等指出，DCAB 从-10 增到 20meq/100g DM 时，血浆 Cl^- 浓度随着降低，且在 15 和 30meq/100g DM 时变化最明显。Takaig 和 Block 发现，羔羊血浆中总 Ca^{2+} 浓度不受

DCAB 影响，但却发现血浆 Ca 离子浓度随 DCAB 增加而减少。Jaekson 等报道，DCAB 为 0 时血浆 Ca 浓度要比 DCA 为 21、37、52meq/100g DM 时高。Ross 报道，延长饲喂时间到 84 天时，奶牛血浆中 Na 浓度随 DCAB 增加而减少。

综上所述，我们了解到日粮阴阳离子平衡对动物采食量、健康、生产性能、矿物质代谢及酸碱平衡有不同程度影响。调节 DCAB 可以调节机体多种功能，使之有利于动物的健康和生产。低水平的 DCAB 可以减少发病率，而高水平的 DCAB 可提高动物的采食量和生产性能，增强机体的缓冲能力。故在调节日粮 DCAB 的同时，不仅要注意矿物质元素的种类，还要注意其数量，以防止缺乏症状或中毒症状的出现。一般认为饲粮中适宜的 DCAB 水平分别为：鸡最适生长 DCAB 值为 25meq/100g DM；奶牛以最大采食量、产奶量为目标时 DCAB 值为 20~37.5meq/100g DM；猪在 17.5meq/100g DM 生长最佳；生长阉牛在 45~50meq/100g DM 时生长最佳；羔羊在 45meq/100g DM 时采食量最高。

（三）配方中 DCAB 的调节

在 DCAB 配制时可通过 $NaHCO_3$、$KHCO_3$、$CaCl_2$、$CaSO_4$ 及 $MgSO_4$ 认作为阳离子型添加剂；用 NH_4Cl、$(NH_4)_2SO_4$ 作为阴离子型添加剂，但选用何种添加剂一定要慎重。现代饲料配方设计中如何达到 DCAB 的推荐值？根据以往的经验，对于猪、鸡饲料一般通过添加 $CaCl_2$、$KHCO_3$ 或 $NaHCO_3$ 来调节。对于反刍动物，通过添加硫酸钙、硫酸镁、硫酸铵、氯化钙、氯化铵等阴离子添加剂进行调节。

三、微生态平衡

微生态平衡即微生物的生态平衡，指动物体内微生物区系在一定条件下稳定的状态。微生态平衡具有保证动物对饲料的吸收和维持机体营养平衡及增强免疫力等方面的作用。在饲料配方设计时主要考虑影响动物体微生态平衡的几方面饲料因素。

（一）饲料的缓冲力

饲料的缓冲力又称饲料的缓冲值，是指将一种饲料的 pH 值降低到一定水平所需酸量。实践中为了调节饲料的缓冲值，常通过应用有机酸添加剂来实现。酸度是调节胃肠道内微生物生态平衡的重要因素。胃内保持酸性则适合于有益菌群（如乳酸杆菌）的繁殖，抑制有害菌群（如大肠杆菌）的繁殖。胃内酸度小则导致大量有害菌群栖息在胃肠道中。所以在饲料配方设计时应注意酸化剂的添加，如柠檬酸、延胡索酸、乳酸等有机酸或复合酸化剂。

（二）减少和避免抗生素的使用

在过去的几十年中，抗生素作为饲料添加剂在畜禽疾病防治、提高动物生产性能方面起到了重要作用。但是，进一步的科学研究表明，抗生素及其添加剂长期使用，会导致许多不良后果。如细菌产生耐药性和畜产品中的药物残留通过食物链进入人体，会给人类的疾病防治带来困难等。因此，世界许多先进国家对抗生素的使用提出限制，丹麦不允许在畜牧业生产中使用抗生素添加剂，欧盟允许使用四种抗生素，我国新的饲料添加剂管理条例也对抗生素添加剂的使用做出了规定和限制，抗生素饲料添加剂逐步退出市场。

我国已加入 WTO，以世贸组织成员的身份进入国际市场。国际上对畜产品的药物残留控制越来越严格，我国每年都有出口到日、美、欧的畜产品和农产品被以种种技术壁垒的名义予以限制退回或销毁处理，其中药物残留超标是影响我国畜禽产品质量的主要问题，也是我国畜产品进入国际市场的主要障碍。因此，研究和开发替代抗生素添加剂的新型饲料添加剂产品，已成为世界性研究课题。一些具有防病促生长作用的新型环保型饲料添加剂产品不断被研究和开发出来，如中草药添加剂、益生素、酶制剂、低聚糖等。虽然目前这些产品的作用效果还有许多不如抗生素的地方，但随着这一领域研究的深入，这些安全、环保型添加剂产品将成为 21 世纪饲料工业中最有发展前景的高科技产品。

（三）微生物添加剂

微生物添加剂（如益生菌）可以补充胃肠中有益微生物的繁殖，促进有益菌群的大量繁殖，从而改善动物体内生态环境和促进动物健康生长。国际上应用通用名词就是直接饲用微生物（Direct-fed microbials，DFMs）、益生素（Probiotics）和更为宽泛的微生态制剂（Microbial ecological agents）等概念。随着我国养殖行业的快速发展，在抗生素使用弊端日益凸显的背景下，微生物饲料添加剂的开发与应用必将更加受到重视。微生物饲料添加剂是依赖益生菌及其代谢产物发挥作用的绿色、安全的添加剂，在替代抗生素方面具有良好的发展前景。由于微生物饲料添加剂具有调节动物微生态平衡、增强免疫力、提高饲料转化率和生产性能、提高畜产品品质、改善养殖环境等诸多作用，因而在畜禽、水产等养殖中发挥着日益重要的作用。

1. 微生物饲料添加剂的作用

（1）调整肠道菌群失调　调节肠道菌群失调是基于动物微生态平衡理论，该理论认为正常的微生物与动物体在不同发育阶段形成动态的生理性组合，是长期进化过程中形成的微生物与动物体的生理性统一体。

（2）提高免疫功能　拥有完整肠道菌群的普通动物比无菌动物具有更加良好的免疫防御功能。

（3）提高消化吸收功能　微生物饲料添加剂对提高营养物质消化吸收功能的作用主要体现在产生消化酶、维持和增强小肠绒毛的结构与功能、产生营养物质等方面。

2. 常用的微生物种类

（1）乳酸菌　是最早用作微生物饲料添加剂的益生菌，种类繁多，包括乳杆菌属、链球菌属、明串珠菌属、片球菌属。作为微生物饲料添加剂，乳酸菌在动物体内发挥的作用主要有：维持肠道微生态平衡；阻止和抑制致病菌；降解消化道内的有害物质；产生超氧化物歧化酶，增强动物的非特异性免疫；产生淀粉酶、脂肪酶、蛋白酶等消化酶；产生细菌素，抑制致病菌的生长。

（2）芽孢杆菌　是应用很广泛的一类微生物饲料添加剂，如枯草芽孢杆菌和地衣芽孢杆菌，属于需氧菌，与乳酸菌相比，更加适宜在饲料加工过程中添加应用，在饲料中比较稳定。芽孢杆菌在一定条件下产生芽孢，作为微生物饲料添加剂，具有以下优点：① 抗性强，耐高温、酸碱、高压，对颗粒饲料加工具有良好的耐受力；② 贮藏过程中以孢子形式存在，不消耗饲料的营养成分；③ 在肠道上部迅速复活，复活率接近 100%；④ 可产生多种氨基酸及淀粉酶、蛋白酶、脂肪酶等多种消化酶；⑤ 消耗肠道内的氧，维持厌氧环境，抑制致病菌生长。

（3）酵母菌　作为微生物饲料添加剂使用的酵母主要有产朊假丝酵母、酿酒酵母等。酵母在动物肠道的作用包括：① 改善肠道微生态环境；② 提高动物体免疫功能，增强抗病力；③ 可直接和肠道病原体结合，中和肠道中毒素；④ 促进动物生长。

（4）光合细菌　作为微生物饲料添加剂主要应用于水产方面。在水产养殖方面发挥的作用主要有：① 净化水质条件，提高水产动物生产性能；② 菌体蛋白中含有多种必需氨基酸，为水产动物提供丰富的营养物质；③ 产生生物活性物质，增强动物的免疫力。

（5）其他饲用微生物　在反刍动物中，曲霉属的黑曲霉、米曲霉等具有增加瘤胃中细菌总数、提高纤维素酶产量作用。在水产养殖中添加弧菌、假单胞菌等微生物，还有藻类等低等生物都能够抑制病原菌的生长，提高水产动物的成活率。

参考文献

[1]　艾景军，翟云峰，朱丽．饲料配方优化及成本控制技术［J］．饲料与畜牧：新饲料，2010（2）：39-43.

[2]　蔡辉益，霍启光．饲用微生物添加剂研究与应用进展［J］．饲料工业，1993（4）：7-12.

[3]　杜雪燕，王迅，柴沙驼，等．应用康奈尔净碳水化合物-蛋白质体系（CNCPS）评定不同物候期天然牧草营养价值［J］．江苏农业科学，2016（1）：260-263.

[4]　高林，白子金，冯波，等．微生物饲料添加剂研究与应用进展［J］．微生物学杂志，2014，34（2）：1-6.

[5]　胡明．在大量饲喂玉米秸秆日粮条件下，日粮阴阳离子平衡对绵羊纤维物质瘤胃降解、氮代谢及生产性能的影响［D］．呼和浩特：内蒙古农业大学，2001.

[6]　胡迎利，李梦云，郭金玲，等．不同来源和批次饲料原料营养成分的差异比较［J］．郑州牧业工程高等专科学校学报，2010，30（1）：5-7.

[7]　李晓晖．饲用微生物的种类和主要作用［J］．饲料工业，2002，23（2）：30-32.

[8]　梁邢文，王成章，齐胜利．饲料原料与品质检测［M］．北京：中国林业出版社，1999.

[9]　刘来停，李强，王淑梅．现代饲料配方设计理念［J］．河南畜牧兽医：综合版，2002，23（9）：23-24.

[10]　马美蓉．如何正确设计饲料配方［J］．上海畜牧兽医通讯，2004（4）：18-19.

[11]　唐煜，杲寿善．抗生素添加剂的合理使用［J］．兽药与饲料添加剂，2006，11（4）：22-24.

[12]　万伶俐，于振斌，张尔刚，等．抗生素添加剂替代产品的研究进展［J］．吉林农业科学，2003，28（3）：39-42.

[13]　韦公远．饲料中如何添加抗生素［J］．猪业观察，2004（5）：33.

[14]　杨凤．动物营养学［M］．北京：中国农业出版社，2004.

[15]　臧长江．热应激条件下日粮阴阳离子平衡对奶牛生产性能及血液生理生化指标的影响［D］．新疆农业大学，2008.

附　录

一、畜禽的营养需要量

（一）猪营养需要量（摘自 NY/T 65—2004 猪饲养标准）

表1　瘦肉型生长肥育猪每千克饲粮养分含量（自由采食，88%干物质）[a]

体重，kg	3~8	8~20	20~35	35~60	60~90
平均体重，kg	5.5	14.0	27.5	47.5	75.0
日增重，kg/d	0.24	0.44	0.61	0.69	0.80
采食量，kg/d	0.30	0.74	1.43	1.90	2.50
饲料/增重，g/g	1.25	1.59	2.34	2.75	3.13
消化能，MJ/kg	14.02	13.60	13.39	13.39	13.39
代谢能，MJ/kg[b]	13.46	13.06	12.86	12.86	12.86
粗蛋白质，%	21.0	19.0	17.8	16.4	14.5
能量蛋白比，kJ/%	668	716	752	817	923
赖氨酸能量比，g/MJ	1.01	0.85	0.68	0.61	0.53
氨基酸，%					
赖氨酸	1.42	1.16	0.90	0.82	0.70
蛋氨酸	0.40	0.30	0.24	0.22	0.19
蛋氨酸+胱氨酸	0.81	0.66	0.51	0.48	0.40
苏氨酸	0.94	0.75	0.58	0.56	0.48
色氨酸	0.27	0.21	0.16	0.15	0.13
异亮氨酸	0.79	0.64	0.48	0.46	0.39
亮氨酸	1.42	1.13	0.85	0.78	0.63
精氨酸	0.56	0.46	0.35	0.30	0.21

（续表）

体重，kg	3~8	8~20	20~35	35~60	60~90
缬氨酸	0.98	0.80	0.61	0.57	0.47
组氨酸	0.45	0.36	0.28	0.26	0.21
苯丙氨酸	0.85	0.69	0.52	0.48	0.40
苯丙氨酸+酪氨酸	1.33	1.07	0.82	0.77	0.64
矿物质元素，%或每千克饲粮含量					
钙，%	0.88	0.74	0.62	0.55	0.49
总磷，%	0.74	0.58	0.53	0.48	0.43
非植酸磷，%	0.54	0.36	0.25	0.20	0.17
钠，%	0.25	0.15	0.12	0.10	0.10
氯，%	0.25	0.15	0.10	0.09	0.08
镁，%	0.04	0.04	0.04	0.04	0.04
钾，%	0.30	0.26	0.24	0.21	0.18
铜，mg	6.00	6.00	4.50	4.00	3.50
碘，mg	0.14	0.14	0.14	0.14	0.14
铁，mg	105	105	70	60	50
锰，mg	4.00	4.00	3.00	2.00	2.00
硒，mg	0.30	0.30	0.30	0.25	0.25
锌，mg	110	110	70	60	50
维生素和脂肪酸，%或每千克饲粮含量					
维生素 A，IU[f]	2200	1800	1500	1400	1300
维生素 D_3，IU[g]	220	200	170	160	150
维生素 E，IU[h]	16	11	11	11	11
维生素 K，mg	0.50	0.50	0.50	0.50	0.50
硫胺素，mg	1.50	1.00	1.00	1.00	1.00
核黄素，mg	4.00	3.50	2.50	2.00	2.00
泛酸，mg	12.00	10.00	8.00	7.50	7.00
烟酸，mg	20.00	15.00	10.00	8.50	7.50
吡哆醇，mg	2.00	1.50	1.00	1.00	1.00
生物素，mg	0.08	0.05	0.05	0.05	0.05

（续表）

体重，kg	3~8	8~20	20~35	35~60	60~90
叶酸，mg	0.30	0.30	0.30	0.30	0.30
维生素 B_{12}，μg	20.00	17.50	11.00	8.00	6.00
胆碱，g	0.60	0.50	0.35	0.30	0.30
亚油酸，%	0.10	0.10	0.10	0.10	0.10

a. 瘦肉率高于 56% 的公母混养猪群（阉公猪和青年母猪各一半）；

b. 假定代谢能为消化能的 96%；

c. 3~20kg 猪的赖氨酸百分比是根据试验和经验数据的估测值，其他氨基酸需要量是根据其与赖氨酸的比例（理想蛋白质）的估测值；20~90kg 猪的赖氨酸需要量是结合生长模型、试验数据和经验数据的估测值，其他氨基酸需要量是根据其与赖氨酸的比例（理想蛋白质）的估测值；

d. 矿物质需要量包括饲料原料中提供的矿物质量；对于发育公猪和后备母猪，钙、总磷和有效磷的需要量应提高 0.05~0.1 个百分点；

e. 维生素需要量包括饲料原料中提供的维生素量；

f. 1IU 维生素 A = 0.344μg 维生素 A 醋酸酯；

g. 1IU 维生素 D_3 = 0.025μg 胆钙化醇；

h. 1IU 维生素 E = 0.067mg $D-\alpha-$生育酚或 1mg $DL-\alpha-$生育酚醋酸酯。

表2　瘦肉型生长育肥猪每日每头养分需要量（自由采食，88%干物质）[a]

体重，kg	3~8	8~20	20~35	35~60	60~90
平均体重，kg	5.5	14.0	27.5	47.5	75.0
日增重，kg/d	0.24	0.44	0.61	0.69	0.80
采食量，kg/d	0.30	0.74	1.43	1.90	2.50
饲料/增重，g/g	1.25	1.59	2.34	2.75	3.13
消化能，MJ/d	4.21	10.06	19.15	25.44	33.48
代谢能，MJ/d[b]	4.04	9.66	18.39	24.43	32.15
粗蛋白质，g/d	63	141	255	312	363
氨基酸，g/d					
赖氨酸	4.3	8.6	12.9	15.6	17.5
蛋氨酸	1.2	2.2	3.4	4.2	4.8
蛋氨酸+胱氨酸	2.4	4.9	7.3	9.1	10.0
苏氨酸	2.8	5.6	8.3	10.6	12.0
色氨酸	0.8	1.6	2.3	2.9	3.3
异亮氨酸	2.4	4.7	6.7	8.7	9.8
亮氨酸	4.3	8.4	12.2	14.8	15.8
精氨酸	1.7	3.4	5.0	5.7	5.5
缬氨酸	2.9	5.9	8.7	10.8	11.8

（续表）

体重，kg	3~8	8~20	20~35	35~60	60~90
组氨酸	1.4	2.7	4.0	4.9	5.5
苯丙氨酸	2.6	5.1	7.4	9.1	10.0
苯丙氨酸+酪氨酸	4.0	7.9	11.7	14.6	16.0
矿物质元素，g 或 mg/d					
钙，g	2.64	5.48	8.87	10.45	12.25
总磷，g	2.22	4.29	7.58	9.12	10.75
非植酸磷，g	1.62	2.66	3.58	3.80	4.25
钠，g	0.75	1.11	1.72	1.90	2.50
氯，g	0.75	1.11	1.43	1.71	2.00
镁，g	0.12	0.30	0.57	0.76	1.00
钾，g	0.90	1.92	3.43	3.99	4.50
铜，mg	1.80	4.44	6.44	7.60	8.75
碘，mg	0.04	0.10	0.20	0.27	0.35
铁，mg	31.50	77.70	100.10	114.00	125.00
锰，mg	1.20	2.96	4.29	3.80	5.00
硒，mg	0.09	0.22	0.43	0.48	0.63
锌，mg	33.00	81.40	100.10	114.00	125.00
维生素和脂肪酸，IU、g、mg 或 µg/d					
维生素 A，IU[f]	660	1 330	2 145	2 660	3 250
维生素 D_3，IU[g]	66	148	243	304	375
维生素 E，IU[h]	5	8.5	16	21	28
维生素 K，mg	0.15	0.37	0.72	0.95	1.25
硫胺素，mg	0.45	0.74	1.43	1.90	2.50
核黄素，mg	1.20	2.59	3.58	3.80	5.00
泛酸，mg	3.60	7.40	11.44	14.25	17.5
烟酸，mg	6.00	11.10	14.30	16.15	18.75
吡哆醇，mg	0.60	1.11	1.43	1.90	2.50
生物素，mg	0.02	0.04	0.07	0.10	0.13
叶酸，mg	0.09	0.22	0.43	0.57	0.75

（续表）

体重，kg	3~8	8~20	20~35	35~60	60~90
维生素 B_{12}，μg	6.00	12.95	15.73	15.20	15.00
胆碱，g	0.18	0.37	0.50	0.57	0.75
亚油酸，g	0.30	0.74	1.43	1.90	2.50

a. 瘦肉率高于 56% 的公母混养猪群（阉公猪和青年母猪各一半）；

b. 假定代谢能为消化能的 96%；

c. 3~20kg 猪的赖氨酸每日的需要量是用表 1 中的百分率乘以采食量的估测值，其他氨基酸需要量是根据其与赖氨酸的比例（理想蛋白质）的估测值；20~90kg 猪的赖氨酸需要量是根据生长模型的估测值，其他氨基酸需要量是根据其与赖氨酸的比例（理想蛋白质）的估测值；

d. 矿物质需要量包括饲料原料中提供的矿物质量；对于发育公猪和后备母猪，钙、总磷和有效磷的需要量应提高 0.05~0.1 个百分点；

e. 维生素需要量包括饲料原料中提供的维生素量；

f. 1IU 维生素 A=0.344μg 维生素 A 醋酸酯；

g. 1IU 维生素 D_3=0.025μg 胆钙化醇；

h. 1IU 维生素 E=0.067mg D-α-生育酚或 1mg DL-α-生育酚醋酸酯。

表 3　妊娠母猪每千克饲粮养分含量（88%干物质）[a]

妊娠期	妊娠前期			妊娠后期		
配种体重，kg[b]	120~150	150~180	>180	120~150	150~180	>180
预期窝产仔数	10	11	11	10	11	11
采食量，kg/d	2.10	2.10	2.00	2.60	2.80	3.00
消化能，MJ/kg	12.75	12.35	12.15	12.75	12.55	12.55
代谢能，MJ/kg[c]	12.25	11.85	11.65	12.25	12.05	12.05
粗蛋白质，%[d]	13.0	12.0	12.0	14.0	13.0	12.0
能量蛋白比，kJ/%	981	1 029	1 013	911	965	1 045
赖氨酸能量比，g/MJ	0.42	0.40	0.38	0.42	0.41	0.38
氨基酸，%						
赖氨酸	0.53	0.49	0.46	0.53	0.51	0.48
蛋氨酸	0.14	0.13	0.12	0.14	0.13	0.12
蛋氨酸+胱氨酸	0.34	0.32	0.31	0.34	0.33	0.32
苏氨酸	0.40	0.39	0.37	0.40	0.40	0.38
色氨酸	0.10	0.09	0.09	0.10	0.09	0.09
异亮氨酸	0.29	0.28	0.26	0.29	0.29	0.27
亮氨酸	0.45	0.41	0.37	0.45	0.42	0.38
精氨酸	0.06	0.02	0.00	0.06	0.02	0.00
缬氨酸	0.35	0.32	0.30	0.35	0.33	0.31

（续表）

妊娠期	妊娠前期				妊娠后期	
组氨酸	0.17	0.16	0.15	0.17	0.17	0.16
苯丙氨酸	0.29	0.27	0.25	0.29	0.28	0.26
苯丙氨酸+酪氨酸	0.49	0.45	0.43	0.49	0.47	0.44
矿物质元素,%或每千克饲粮含量						
钙,%			0.68			
总磷,%			0.54			
非植酸磷,%			0.32			
钠,%			0.14			
氯,%			0.11			
镁,%			0.04			
钾,%			0.18			
铜,mg			5.0			
碘,mg			0.13			
铁,mg			75.0			
锰,mg			18.0			
硒,mg			0.14			
锌,mg			45.0			
维生素和脂肪酸,%或每千克饲粮含量[f]						
维生素 A,IU[g]			3 620			
维生素 D$_3$,IU[h]			180			
维生素 E,IU[i]			40			
维生素 K,mg			0.50			
硫胺素,mg			0.90			
核黄素,mg			3.40			
泛酸,mg			11			
烟酸,mg			9.05			
吡哆醇,mg			0.90			
生物素,mg			0.19			
叶酸,mg			1.20			

（续表）

妊娠期	妊娠前期	妊娠后期
维生素 B_{12}，μg	14	
胆碱，g	1.15	
亚油酸，%	0.10	

a 消化能、氨基酸是根据国内实验报告、企业经验数据和 NRC（1998）妊娠模型得到；

b 妊娠前期指妊娠前 12 周，妊娠后期指妊娠后 4 周；"120~150kg"阶段适用于初产母猪和因泌乳期消耗过度的经产母猪，"150~180kg"阶段适用于自身尚有生长潜力的经产母猪，"180kg 以上"指达到标准成年体重的经产母猪，其对养分的需要量不随体重增长而变化；

c 假定代谢能为消化能的 96%；

d 以玉米-豆粕型日粮为基础确定的；

e 矿物质需要量包括饲料原料中提供的矿物质；

f 维生素需要量包括饲料原料中提供的维生素量；

g 1IU 维生素 A = 0.344μg 维生素 A 醋酸酯；

h 1IU 维生素 D_3 = 0.025μg 胆钙化醇；

i 1IU 维生素 E = 0.067mg D-α-生育酚或 1mg DL-α-生育酚醋酸酯。

表 4　泌乳母猪每千克饲粮养分含量（88%干物质）a

分娩体重	140~180		180~204	
泌乳期体重变化，kg	0.0	−10.0	−7.5	−15
哺乳窝仔数，头	9	9	10	10
采食量，kg/d	5.25	4.65	5.65	5.20
消化能，MJ/kg	13.80	13.80	13.80	13.80
代谢能，MJ/kg c	13.25	13.25	13.25	13.25
粗蛋白质，% c	17.5	18.0	18.0	18.5
能量蛋白比，kJ/%	789	767	767	746
赖氨酸能量比，g/MJ	0.64	0.67	0.66	0.68
氨基酸，%				
赖氨酸	0.88	0.93	0.91	0.94
蛋氨酸	0.22	0.24	0.23	0.24
蛋氨酸+胱氨酸	0.42	0.45	0.44	0.45
苏氨酸	0.56	0.59	0.58	0.60
色氨酸	0.16	0.17	0.17	0.18
异亮氨酸	0.49	0.52	0.51	0.53
亮氨酸	0.95	1.01	0.98	1.02
精氨酸	0.48	0.48	0.47	0.47
缬氨酸	0.74	0.79	0.77	0.81

211

（续表）

分娩体重	140~180		180~204	
组氨酸	0.34	0.36	0.35	0.37
苯丙氨酸	0.47	0.50	0.48	0.50
苯丙氨酸+酪氨酸	0.97	1.03	1.00	1.04
矿物质元素,%或每千克饲粮含量				
钙,%	0.77			
总磷,%	0.62			
非植酸磷,%	0.36			
钠,%	0.21			
氯,%	0.16			
镁,%	0.04			
钾,%	0.21			
铜,mg	5.0			
碘,mg	0.14			
铁,mg	80.0			
锰,mg	20.5			
硒,mg	0.15			
锌,mg	51.0			
维生素和脂肪酸,%或每千克饲粮含量[e]				
维生素 A, IU[f]	2 050			
维生素 D_3, IU[g]	205			
维生素 E, IU[h]	45			
维生素 K, mg	0.5			
硫胺素, mg	1.00			
核黄素, mg	3.85			
泛酸, mg	12			
烟酸, mg	10.25			
吡哆醇, mg	1.00			
生物素, mg	0.21			
叶酸, mg	1.35			

（续表）

分娩体重	140~180	180~204
维生素 B_{12}，μg		15.0
胆碱，g		1.00
亚油酸，%		0.10

[a]由于国内缺乏哺乳母猪的试验数据，消化能和氨基酸是根据国内一些企业的经验数据和 NRC（1998）的泌乳模型得到的；

[B]假定代谢能为消化能的 96%；

[c]以玉米-豆粕型日粮为基础确定的；

[d]矿物质需要量包括饲料原料中提供的矿物质；

[e]维生素需要量包括饲料原料中提供的维生素量；

[f]1IU 维生素 A＝0.344μg 维生素 A 醋酸酯；

[g]1IU 维生素 D_3＝0.025μg 胆钙化醇；

[h]1IU 维生素 E＝0.067mg D-α-生育酚或 1mg DL-α-生育酚醋酸酯。

表5　配种公猪每千克饲粮养分含量和每日每头养分需要量（88%干物质）[a]

消化能，MJ/kg	12.95	12.95
代谢能，MJ/kg[b]	12.45	12.45
消化能摄入量，MJ/kg	21.70	21.70
代谢能摄入量，MJ/kg	20.85	20.85
采食量，kg/d[c]	2.2	2.2
粗蛋白质，%[d]	13.50	13.50
能量蛋白比，kJ/%	959	959
赖氨酸能量比，g/MJ	0.42	0.42

氨基酸		
	每千克饲粮中含量，%	每日需要量，g
赖氨酸	0.55	12.1
蛋氨酸	0.15	3.31
蛋氨酸+胱氨酸	0.38	8.4
苏氨酸	0.46	10.1
色氨酸	0.11	2.4
异亮氨酸	0.32	7.0
亮氨酸	0.47	10.3
精氨酸	0.00	0.0
缬氨酸	0.36	7.9
组氨酸	0.17	3.7

（续表）

	每千克饲粮中含量,%	每日需要量, g
苯丙氨酸	0.30	6.6
苯丙氨酸+酪氨酸	0.52	11.4
矿物质元素^e		
钙	0.70%	15.4g
总磷	0.55%	12.1g
有效磷	0.32%	7.04g
钠	0.14%	3.08g
氯	0.11%	2.42g
镁	0.04%	0.88g
钾	0.20%	4.40g
铜	5mg	11.0mg
碘	0.15mg	0.33mg
铁	80mg	176.00mg
锰	20mg	44.00mg
硒	0.15mg	0.33mg
锌	75mg	165mg
维生素和脂肪酸^f		
维生素 A^g	4 000IU	8 800IU
维生素 D$_3$^h	220IU	485IU
维生素 Eⁱ	45IU	100IU
维生素 K	0.50mg	1.10mg
硫胺素	1.0mg	2.20mg
核黄素	3.5mg	7.70mg
泛酸	12mg	26.4mg
烟酸	10mg	22mg
吡哆醇	1.0mg	2.20mg
生物素	0.20mg	0.44mg
叶酸	1.30mg	2.86mg
维生素 B$_{12}$	15μg	33μg

（续表）

	每千克饲粮中含量,%	每日需要量, g
胆碱	1.25g	2.75g
亚油酸	0.1%	2.2g

a 需要量的制定以每日采食 2.2kg 饲粮为基础，采食量需要公猪的体重和期望的增重进行调整；

b 假定代谢能为消化能的 96%；

c 配种前一个月采食量增加 20%~25%，冬季严寒期采食量增加 10%~20%；

d 以玉米-豆粕型日粮为基础确定的；

e 矿物质需要量包括饲料原料中提供的矿物质；

f 维生素需要量包括饲料原料中提供的维生素量；

g 1IU 维生素 A = 0.344μg 维生素 A 醋酸酯；

h 1IU 维生素 D$_3$ = 0.025μg 胆钙化醇；

i 1IU 维生素 E = 0.067mg D-α-生育酚或 1mg DL-α-生育酚醋酸酯。

表6 肉脂型生长育肥猪每千克饲粮养分含量（一型标准[a]，自由采食，88%干物质）

体重, kg	5~8	8~15	15~30	30~60	60~90
日增重, kg/d	0.22	0.38	0.50	0.60	0.70
采食量, kg/d	0.40	0.87	1.36	2.02	2.94
饲料/增重, g/g	1.80	2.30	2.73	3.35	4.20
消化能, MJ/kg	13.80	13.60	12.95	12.95	12.95
粗蛋白质[b],%	21.0	18.2	16.0	14.0	13.0
能量蛋白比, kJ/%	657	747	810	925	996
赖氨酸能量比, g/MJ	0.97	0.77	0.66	0.53	0.46
氨基酸,%					
赖氨酸	1.34	1.05	0.85	0.69	0.60
蛋氨酸+胱氨酸	0.65	0.53	0.43	0.38	0.34
苏氨酸	0.77	0.62	0.50	0.45	0.39
色氨酸	0.19	0.15	0.12	0.11	0.11
异亮氨酸	0.73	0.59	0.47	0.43	0.37
矿物质元素,%或每千克饲粮含量					
钙,%	0.86	0.74	0.64	0.55	0.46
总磷,%	0.67	0.60	0.55	0.46	0.37
非植酸磷,%	0.42	0.32	0.29	0.21	0.14
钠,%	0.20	0.15	0.09	0.09	0.09
氯,%	0.20	0.15	0.07	0.07	0.07
镁,%	0.04	0.04	0.04	0.04	0.04
钾,%	0.29	0.26	0.24	0.21	0.16

（续表）

体重，kg	5~8	8~15	15~30	30~60	60~90
铜，mg	6.00	5.5	4.6	3.7	3.0
铁，mg	100	92	74	55	37
碘，mg	0.13	0.13	0.13	0.13	0.13
锰，mg	4.00	3.00	3.00	2.00	2.00
硒，mg	0.30	0.27	0.23	0.14	0.09
锌，mg	100	90	75	55	45
维生素和脂肪酸，%或每千克饲粮含量					
维生素 A，IU	2 100	2 000	1 600	1 200	1 200
维生素 D，IU	210	200	180	140	140
维生素 E，IU	15	15	10	10	10
维生素 K，mg	0.50	0.50	0.50	0.50	0.50
硫胺素，mg	1.50	1.00	1.00	1.00	1.00
核黄素，mg	4.00	3.5	3.0	2.0	2.0
泛酸，mg	12.00	10.00	8.00	7.00	6.00
烟酸，mg	20.00	14.00	12.00	9.00	6.50
吡哆醇，mg	2.00	1.50	1.50	1.00	1.00
生物素，mg	0.08	0.05	0.05	0.05	0.05
叶酸，mg	0.30	0.30	0.30	0.30	0.30
维生素 B_{12}，μg	20.00	16.50	14.50	10.00	5.00
胆碱，g	0.50	0.40	0.30	0.30	0.30
亚油酸，%	0.10	0.10	0.10	0.10	0.10

[a]一型标准：瘦肉率52%±1.5%，达90kg体重时间175天左右的肉脂型猪；

[b]粗蛋白质的需要量原则上是以玉米-豆粕日粮满足可消化氨基酸需要而确定。为克服早期断奶给仔猪带来的应激，5~8kg阶段使用了较多的动物蛋白和乳制品。

表7　肉脂型生长育肥猪每日每头养分需要量（一型标准[a]，自由采食，88%干物质）

体重，kg	5~8	8~15	15~30	30~60	60~90
日增重，kg/d	0.22	0.38	0.50	0.60	0.70
采食量，kg/d	0.40	0.87	1.36	2.02	2.94
饲料/增重，g/g	1.80	2.30	2.73	3.35	4.20
消化能，MJ/kg	13.80	13.60	12.95	12.95	12.95
粗蛋白质[b]，g/d	84	158.3	217.6	282.8	383.2
氨基酸，g/d					
赖氨酸	5.4	9.1	11.6	13.9	17.6

（续表）

体重，kg	5~8	8~15	15~30	30~60	60~90
蛋氨酸+胱氨酸	2.6	4.6	5.8	7.7	10.0
苏氨酸	3.1	5.4	6.8	9.1	11.5
色氨酸	0.8	1.3	1.6	2.2	3.2
异亮氨酸	2.9	5.1	6.4	8.7	10.9
矿物质元素[d]，g 或 mg/d					
钙，g	3.4	6.4	8.7	11.1	13.5
总磷，g	2.7	5.2	7.5	9.3	10.9
非植酸磷，g	1.7	2.8	3.9	4.2	4.1
钠，g	0.8	1.3	1.2	1.8	2.6
氯，g	0.8	1.3	1.0	1.4	2.1
镁，g	0.2	0.3	0.5	0.8	1.2
钾，g	1.2	2.3	3.3	4.2	4.7
铜，mg	2.4	4.79	6.12	8.08	8.82
铁，mg	40.0	80.04	100.64	111.10	108.78
碘，mg	0.05	0.11	0.18	0.26	0.38
锰，mg	1.60	2.61	4.08	4.04	5.88
硒，mg	0.12	0.22	0.34	0.30	0.29
锌，mg	40.0	78.3	102.0	111.1	132.3
维生素和脂肪酸，IU、mg、g 或 µg/d					
维生素 A，IU	840.0	1 740.0	2 176.0	2 424.0	3 528.0
维生素 D，IU	84.0	174.0	244.8	282.8	411.6
维生素 E，IU	6.0	13.1	13.6	20.2	29.4
维生素 K，mg	0.2	0.4	0.7	1.0	1.5
硫胺素，mg	0.6	0.9	1.4	2.0	2.9
核黄素，mg	1.6	3.0	4.1	4.0	5.9
泛酸，mg	4.8	8.7	10.9	14.1	17.6
烟酸，mg	8.0	12.2	16.3	18.2	19.1
吡哆醇，mg	0.8	1.3	2.0	2.0	2.9
生物素，mg	0.0	0.0	0.1	0.1	0.1
叶酸，mg	0.1	0.3	0.4	0.6	0.9
维生素 B_{12}，µg	8.0	14.4	19.7	20.2	14.7
胆碱，g	0.2	0.3	0.4	0.6	0.9

（续表）

体重，kg	5~8	8~15	15~30	30~60	60~90
亚油酸，g	0.4	0.9	1.4	2.0	2.9

a 一型标准：瘦肉率 52%±1.5%，达 90kg 体重时间 175 天左右的肉脂型猪；

b 粗蛋白质的需要量原则上是以玉米–豆粕日粮满足可消化氨基酸需要而确定的。5~8kg 阶段为克服早期断奶给仔猪带来的应激，使用了较多的动物蛋白和乳制品。

表 8　肉脂型生长育肥猪每千克饲粮中养分含量（二型标准a，自由采食，88%干物质）

体重，kg	8~15	15~30	30~60	60~90
日增重，kg/d	0.34	0.45	0.55	0.65
采食量，kg/d	0.87	1.30	1.96	2.89
饲料/增重，g/g	2.55	2.90	3.55	4.45
消化能，MJ/kg	13.30	12.25	12.25	12.25
粗蛋白质，%	17.5	16.0	14.0	13.0
能量蛋白比，kJ/%	760	766	875	942
赖氨酸能量比，g/MJ	0.74	0.65	0.53	0.46
氨基酸，%				
赖氨酸	0.99	0.80	0.65	0.56
蛋氨酸+胱氨酸	0.56	0.40	0.35	0.32
苏氨酸	0.64	0.48	0.41	0.37
色氨酸	0.18	0.12	0.11	0.10
异亮氨酸	0.54	0.45	0.40	0.34
矿物质元素,%或每千克饲粮含量				
钙,%	0.72	0.62	0.53	0.44
总磷,%	0.58	0.53	0.44	0.35
非植酸磷,%	0.31	0.27	0.20	0.13
钠,%	0.14	0.09	0.09	0.09
氯,%	0.14	0.07	0.07	0.07
镁,%	0.04	0.04	0.04	0.04
钾,%	0.25	0.23	0.20	0.15
铜，mg	5.0	4.0	3.0	3.0
铁，mg	90	70	55	35
碘，mg	0.12	0.12	0.12	0.12
锰，mg	3.00	2.50	2.00	2.00

（续表）

体重，kg	8~15	15~30	30~60	60~90
硒，mg	0.26	0.22	0.13	0.009
锌，mg	90	70	53	44
维生素和脂肪酸,%或每千克饲粮含量				
维生素 A，IU	1 900	1 550	1 150	1 150
维生素 D，IU	190	170	130	130
维生素 E，IU	15	10	10	10
维生素 K，mg	0.45	0.45	0.45	0.45
硫胺素，mg	1.00	1.00	1.00	1.00
核黄素，mg	3.0	2.5	2.0	2.0
泛酸，mg	10.00	8.00	7.00	6.00
烟酸，mg	14.00	12.0	9.00	6.50
吡哆醇，mg	1.50	1.50	1.00	1.00
生物素，mg	0.05	0.04	0.04	0.04
叶酸，mg	0.30	0.30	0.30	0.30
维生素 B_{12}，μg	15.00	13.00	10.00	5.00
胆碱，g	0.40	0.30	0.30	0.30
亚油酸，%	0.10	0.10	0.10	0.10

[a]二型标准适用于瘦肉率49%±1.5%，达90kg体重时间185天左右的肉脂型猪，5~8kg阶段的各种营养需要同一型标准。

表9　肉脂型生长育肥猪每日每头养分需要量（二型标准[a]，自由采食，88%干物质）

体重，kg	8~15	15~30	30~60	60~90
日增重，kg/d	0.34	0.45	0.55	0.65
采食量，kg/d	0.87	1.30	1.96	2.89
饲料/增重，g/g	2.55	2.90	3.35	4.45
消化能，MJ/kg	13.30	12.25	12.25	12.25
粗蛋白质，g/d	152.3	208.0	274.4	375.7
氨基酸，g/d				
赖氨酸	8.6	10.4	12.7	16.2
蛋氨酸+胱氨酸	4.9	5.2	6.9	9.2
苏氨酸	5.6	6.2	8.0	10.7
色氨酸	1.6	1.6	2.2	2.9

（续表）

体重，kg	8~15	15~30	30~60	60~90
异亮氨酸	4.7	5.9	7.8	9.8
矿物质元素，g 或 mg/d				
钙，g	6.3	8.1	10.4	12.7
总磷，g	5.0	6.9	8.6	10.1
非植酸磷，g	2.7	3.5	3.9	3.8
钠，g	1.2	1.2	1.8	2.6
氯，g	1.2	0.9	1.4	2.0
镁，g	0.3	0.5	0.8	1.2
钾，g	2.2	3.0	3.9	4.3
铜，mg	4.4	5.2	5.9	8.7
铁，mg	78.3	91.0	107.8	101.2
碘，mg	0.1	0.2	0.2	0.3
锰，mg	2.6	3.3	3.9	5.8
硒，mg	0.2	0.3	0.3	0.3
锌，mg	78.3	91.0	103.9	127.2
维生素和脂肪酸，IU、mg、g 或 μg/d				
维生素 A，IU	1 653	2 015	2 254	3 324
维生素 D，IU	165	221	255	376
维生素 E，IU	13.1	13.0	19.6	28.9
维生素 K，mg	0.4	0.6	0.9	1.3
硫胺素，mg	0.9	1.3	2.0	2.9
核黄素，mg	2.6	3.3	3.9	5.8
泛酸，mg	8.7	10.4	13.7	17.3
烟酸，mg	12.16	15.6	17.6	18.79
吡哆醇，mg	1.3	2.0	2.0	2.9
生物素，mg	0.0	0.1	0.1	0.1
叶酸，mg	0.3	0.4	0.6	0.9
维生素 B_{12}，μg	13.1	16.9	19.6	14.5
胆碱，g	0.3	0.4	0.6	0.9
亚油酸，g	0.9	1.3	2.0	2.9

[a]二型标准适用于瘦肉率49%±1.5%，达90kg体重时间185天左右的肉脂型猪，5~8kg阶段的各种营养需要同一型标准。

表 10　肉脂型生长育肥猪每千克饲粮中养分含量（三型标准ᵃ，自由采食，88%干物质）

体重，kg	15~30	30~60	60~90
日增重，kg/d	0.40	0.50	0.59
采食量，kg/d	1.28	1.95	2.92
饲料/增重，g/g	3.20	3.90	4.95
消化能，MJ/kg	11.70	11.70	11.70
粗蛋白质,%	15.0	14.0	13.0
能量蛋白比，kJ/%	780	835	900
赖氨酸能量比，g/MJ	0.67	0.50	0.43
氨基酸,%			
赖氨酸	0.78	0.59	0.50
蛋氨酸+胱氨酸	0.40	0.31	0.28
苏氨酸	0.46	0.38	0.33
色氨酸	0.11	0.10	0.09
异亮氨酸	0.44	0.36	0.31
矿物质元素,%或每千克饲粮含量			
钙,%	0.59	0.50	0.42
总磷,%	0.50	0.42	0.34
非植酸磷,%	0.27	0.19	0.13
钠,%	0.08	0.08	0.08
氯,%	0.07	0.07	0.07
镁,%	0.03	0.03	0.03
钾,%	0.22	0.19	0.14
铜，mg	4.0	3.0	3.0
铁，mg	70.00	50.00	35.00
碘，mg	0.12	0.12	0.12
锰，mg	3.00	2.00	2.00
硒，mg	0.21	0.13	0.08
锌，mg	70.00	50.00	40.00
维生素和脂肪酸,%或每千克饲粮含量			
维生素 A，IU	1 470	1 090	1 090
维生素 D，IU	168	126	126
维生素 E，IU	9	9	9
维生素 K，mg	0.4	0.4	0.4

（续表）

体重，kg	15~30	30~60	60~90
硫胺素，mg	1.00	1.00	1.00
核黄素，mg	2.50	2.00	2.00
泛酸，mg	8.00	7.00	6.00
烟酸，mg	12.00	9.00	6.50
吡哆醇，mg	1.50	1.00	1.00
生物素，mg	0.04	0.04	0.04
叶酸，mg	0.25	0.25	0.25
维生素 B_{12}，μg	12.00	10.00	5.00
胆碱，g	0.34	0.25	0.25
亚油酸，%	0.10	0.10	0.10

[a]三型标准适用于瘦肉率46%±1.5%，达90kg体重时间200天左右的肉脂型猪，5~8kg阶段的各种营养需要同一型标准。

表11　肉脂型生长育肥猪每日每头养分需要量（三型标准[a]，自由采食，88%干物质）

体重，kg	15~30	30~60	60~90
日增重，kg/d	0.40	0.50	0.59
采食量，kg/d	1.28	1.95	2.92
饲料/增重，g/g	3.20	3.90	4.95
消化能，MJ/kg	11.70	11.70	11.70
粗蛋白质，g/d	192.0	273.0	379.6
氨基酸，g/d			
赖氨酸	10.0	11.5	14.6
蛋氨酸+胱氨酸	5.1	6.0	8.2
苏氨酸	5.9	7.4	9.6
色氨酸	1.4	2.0	2.6
异亮氨酸	5.6	7.0	9.1
矿物质元素，（g 或 mg/d）			
钙，g	7.6	9.8	12.3
总磷，g	6.4	8.2	9.9
非植酸磷，g	3.5	3.7	3.8
钠，g	1.0	1.6	2.3
氯，g	0.9	1.4	2.0
镁，g	0.4	0.6	0.9

（续表）

体重，kg	15~30	30~60	60~90
钾，g	2.8	3.7	4.4
铜，mg	5.1	5.9	8.8
铁，mg	89.6	97.5	102.2
碘，mg	0.2	0.2	0.4
锰，mg	3.8	3.9	5.8
硒，mg	0.3	0.3	0.3
锌，mg	89.6	97.5	116.8
维生素和脂肪酸，IU、mg、g 或 µg/d			
维生素 A，IU	1 856.0	2 145.0	3 212.0
维生素 D，IU	217.6	243.8	365.0
维生素 E，IU	12.8	19.5	29.2
维生素 K，mg	0.5	0.8	1.2
硫胺素，mg	1.3	2.0	2.9
核黄素，mg	3.2	3.9	5.8
泛酸，mg	10.2	13.7	17.5
烟酸，mg	15.36	17.55	18.98
吡哆醇，mg	1.9	2.0	2.9
生物素，mg	0.1	0.1	0.1
叶酸，mg	0.3	0.5	0.7
维生素 B_{12}，µg	15.4	19.5	14.6
胆碱，g	0.4	0.5	0.7
亚油酸，g	1.3	2.0	2.9

[a]三型标准适用于瘦肉率46%±1.5%，达90kg体重时间200天左右的肉脂型猪，5~8kg阶段的各种营养需要同一型标准。

表 12　肉脂型妊娠、泌乳母猪每千克饲粮养分含量（三型标准[a]，自由采食，88%干物质）

	妊娠母猪	哺乳母猪
采食量，kg/d	2.10	5.10
消化能，MJ/kg	11.70	13.60
粗蛋白质，%	13.0	17.5
能量蛋白比，kJ/%	900	777

（续表）

	妊娠母猪	哺乳母猪
赖氨酸能量比，g/MJ	0.37	0.58
氨基酸,%		
赖氨酸	0.43	0.79
蛋氨酸+胱氨酸	0.30	0.40
苏氨酸	0.35	0.52
色氨酸	0.08	0.14
异亮氨酸	0.25	0.45
矿物质元素,%或每千克饲粮含量		
钙,%	0.62	0.72
总磷,%	0.50	0.58
非植酸磷,%	0.30	0.34
钠,%	0.12	0.20
氯,%	0.10	0.16
镁,%	0.04	0.04
钾,%	0.16	0.20
铜，mg	4.00	5.00
铁，mg	70	80
碘，mg	0.12	0.14
锰，mg	16	20
硒，mg	0.15	0.15
锌，mg	50	50
维生素和脂肪酸,%或每千克饲粮含量		
维生素 A，IU	3 600	2 000
维生素 D，IU	180	200
维生素 E，IU	36	44
维生素 K，mg	0.40	0.50
硫胺素，mg	1.00	1.00
核黄素，mg	3.20	3.75
泛酸，mg	10.00	12.00
烟酸，mg	8.00	10.00
吡哆醇，mg	1.00	1.00
生物素，mg	0.16	0.20

（续表）

	妊娠母猪	哺乳母猪
叶酸，mg	1.10	1.30
维生素 B_{12}，μg	12.00	15.00
胆碱，g	1.00	1.00
亚油酸，%	0.10	0.10

表 13　地方猪种后备母猪每千克饲粮养分含量[a]（88%干物质）

体重，kg	10~20	20~40	40~70
预期日增重，kg/d	0.30	0.40	0.50
预期采食量，kg/d	0.63	1.08	1.65
饲料/增重，g/g	2.10	2.70	3.30
消化能，MJ/kg	12.97	12.55	12.15
粗蛋白质，%	18.0	16.0	14.4
能量蛋白比，kJ/%	721	784	868
赖氨酸能量比，g/MJ	0.77	0.70	0.48
氨基酸，%			
赖氨酸	1.00	0.88	0.67
蛋氨酸+胱氨酸	0.50	0.44	0.36
苏氨酸	0.59	0.53	0.43
色氨酸	0.15	0.13	0.11
异亮氨酸	0.56	0.49	0.41
矿物质元素，%			
钙	0.74	0.62	0.53
总磷	0.60	0.53	0.44
非植酸磷	0.37	0.28	0.20

注：a. 除钙、磷外的矿物质元素及维生素的需要，可参照肉脂型生长育肥猪的二型标准。

表 14　肉脂型种公猪每千克饲粮养分含量[a]（88%干物质）

体重，kg	10~20	20~40	40~70
日增重，kg/d	0.35	0.45	0.50
采食量，kg/d	0.72	1.17	1.67
消化能，MJ/kg	12.97	12.55	12.55
粗蛋白质，%	18.8	17.5	14.6
能量蛋白比，kJ/%	690	717	860

（续表）

体重，kg	10~20	20~40	40~70
赖氨酸能量比，g/MJ	0.81	0.73	0.50
氨基酸，%			
赖氨酸	1.05	0.92	0.73
蛋氨酸+胱氨酸	0.53	0.47	0.37
苏氨酸	0.62	0.55	0.47
色氨酸	0.16	0.13	0.12
异亮氨酸	0.59	0.52	0.45
矿物质元素，%			
钙	0.74	0.64	0.55
总磷	0.60	0.55	0.46
非植酸磷	0.37	0.29	0.21

注：a. 除钙、磷外的矿物质元素及维生素的需要，可参照肉脂型生长育肥猪的一型标准。

表15 肉脂型种公猪每日每头养分需要量[a]（88%干物质）

体重，kg	10~20	20~40	40~70
日增重，kg/d	0.35	0.45	0.50
采食量，kg/d	0.72	1.17	1.67
消化能，MJ/kg	12.97	12.55	12.55
粗蛋白质，g/d	135.4	204.8	243.8
氨基酸，g/d			
赖氨酸	7.6	10.8	12.2
蛋氨酸+胱氨酸	3.8	10.8	12.2
苏氨酸	4.5	10.8	12.2
色氨酸	1.2	10.8	12.2
异亮氨酸	4.2	10.8	12.2
矿物质元素，g/d			
钙	5.3	10.8	12.2
总磷	4.3	10.8	12.2
非植酸磷	2.7	10.8	12.2

注：a. 除钙、磷外的矿物质元素及维生素的需要，可参照肉脂型生长育肥猪的一型标准。

（二）家禽营养需要量（参考行业标准 NY/T 33—2004）

表 16 生长蛋鸡营养需求

营养指标	单位	0~8 周龄	9~18 周龄	19 周龄至开产
代谢能 ME	MJ/kg	11.91	11.70	11.50
粗蛋白质 CP	%	19.0	15.5	17.0
蛋白能量比 CP/ME	g/MJ	15.96	13.25	14.78
赖氨酸能量比 Lys/ME	g/MJ	0.84	0.58	0.61
赖氨酸 Lys	%	1.00	0.68	0.70
蛋氨酸 Met	%	0.37	0.27	0.34
蛋氨酸+胱氨酸 Met+Cys	%	0.74	0.55	0.64
苏氨酸 Thr	%	0.66	0.55	0.62
色氨酸 Trp	%	0.20	0.18	0.19
精氨酸 Arg	%	1.18	0.98	1.02
亮氨酸 Leu	%	1.27	1.01	1.07
异亮氨酸 Ile	%	0.71	0.59	0.60
苯丙氨酸 Phe	%	0.64	0.53	0.54
苯丙氨酸+络氨酸 Phe+Tyr	%	1.18	0.98	1.00
组氨酸 His	%	0.31	0.26	0.27
脯氨酸 Pro	%	0.5	0.34	0.44
缬氨酸 Val	%	0.73	0.60	0.62
甘氨酸+丝氨酸 Gly+Ser	%	0.82	0.68	0.71
钙 Ca	%	0.90	0.80	2.00
总磷 Total P	%	0.70	0.60	0.55
非植物磷 Nonphyate P	%	0.40	0.35	0.32
钠 Na	%	0.15	0.15	0.15
氯 Cl	mg/kg	0.15	0.15	0.15
铁 Fe	mg/kg	80	60	60
铜 Cu	mg/kg	8	6	8
锌 Zn	mg/kg	60	40	80
锰 Mn	mg/kg	60	40	60
碘 I	mg/kg	0.35	0.35	0.35
硒 Se	mg/kg	0.30	0.30	0.30
亚油酸 Linoleic Acid	%	1	1	1

227

（续表）

营养指标	单位	0~8 周龄	9~18 周龄	19 周龄至开产
维生素 A Vitamin A	IU/kg	4 000	4 000	4 000
维生素 D Vitamin D	IU/kg	800	800	800
维生素 E Vitamin E	IU/kg	10	8	8
维生素 K Vitamin K	mg/kg	0.5	0.5	0.5
硫氨酸 Thiamin	mg/kg	1.8	1.3	1.3
核黄素 Riboflavin	mg/kg	3.6	1.8	2.2
泛酸 Pantothenic Acid	mg/kg	10	10	10
烟酸 Niacin	mg/kg	30	11	11
吡哆醇 Pyridoxine	mg/kg	3	3	3
生物素 Biotin	mg/kg	0.15	0.10	0.10
叶酸 Folic Acid	mg/kg	0.55	0.25	0.25
维生素 B₁₂ Vitamin B₁₂	mg/kg	0.010	0.003	0.004
胆碱 Choline	mg/kg	1 300	900	500

注：根据中型体重鸡制定，轻型鸡可酌减 10%；开产日龄按 5%产蛋率计算。

表 17　产蛋鸡营养需求

营养指标	单位	开产至高峰期（>85%）	高峰后（<85%）	种鸡
代谢能 ME	MJ/kg	11.29	10.87	11.29
粗蛋白质 CP	%	16.5	15.5	18.0
蛋白能量比 CP/ME	g/MJ	14.61	14.26	15.94
赖氨酸能量比 Lys/ME	g/MJ	0.64	0.61	0.63
赖氨酸 Lys	%	0.75	0.70	0.75
蛋氨酸 Met	%	0.34	0.32	0.34
蛋氨酸+胱氨酸 Met+Cys	%	0.65	0.56	0.65
苏氨酸 Thr	%	0.55	0.50	0.55
色氨酸 Trp	%	0.16	0.15	0.16
精氨酸 Arg	%	0.76	0.69	0.76
亮氨酸 Leu	%	1.02	0.98	1.02
异亮氨酸 Ile	%	0.72	0.66	0.72
苯丙氨酸 Phe	%	0.58	0.52	0.58
苯丙氨酸+络氨酸 Phe+Tyr	%	1.08	1.06	1.08
组氨酸 His	%	0.25	0.23	0.25

（续表）

营养指标	单位	开产至高峰期（>85%）	高峰后（<85%）	种鸡
缬氨酸 Val	%	0.59	0.54	0.59
甘氨酸+丝氨酸 Gly+Ser	%	0.57	0.48	0.57
可利用赖氨酸 Available Lys	%	0.66	0.60	–
可利用蛋氨酸 Available Met	%	0.32	0.30	–
钙 Ca	%	3.5	3.5	3.5
总磷 Total P	%	0.60	0.60	0.60
非植物磷 Nonphyate P	%	0.32	0.32	0.32
钠 Na	%	0.15	0.15	0.15
氯 Cl	mg/kg	0.15	0.15	0.15
铁 Fe	mg/kg	60	60	60
铜 Cu	mg/kg	8	8	6
锌 Zn	mg/kg	60	60	60
锰 Mn	mg/kg	80	80	60
碘 I	mg/kg	0.35	0.35	0.35
硒 Se	mg/kg	0.30	0.30	0.30
亚油酸 Linoleic Acid	%	1	1	1
维生素 A Vitamin A	IU/kg	8 000	8 000	10 000
维生素 D Vitamin D	IU/kg	1 600	1 600	2 000
维生素 E Vitamin E	IU/kg	5	5	10
维生素 K Vitamin K	mg/kg	0.5	0.5	1.0
硫氨酸 Thiamin	mg/kg	0.8	0.8	0.8
核黄素 Riboflavin	mg/kg	2.5	2.5	3.8
泛酸 Pantothenic Acid	mg/kg	2.2	2.2	10
烟酸 Niacin	mg/kg	20	20	30
吡哆醇 Pyridoxine	mg/kg	3.0	3.0	4.5
生物素 Biotin	mg/kg	0.10	0.10	0.15
叶酸 Folic Acid	mg/kg	0.25	0.25	0.35
维生素 B_{12} Vitamin B_{12}	mg/kg	0.004	0.004	0.004
胆碱 Choline	mg/kg	500	500	500

表 18 生长蛋鸡体重与耗料量

周龄	周末体重, g/只	耗料量, g/只	累积耗料量, g/只
1	70	84	84
2	130	119	203
3	200	154	357
4	275	189	546
5	360	224	770
6	445	259	1 029
7	530	294	1 323
8	615	329	1 652
9	700	357	2 009
10	785	385	2 394
11	875	413	2 807
12	965	441	3 248
13	1 055	469	3 717
14	1 145	497	4 214
15	1 235	525	4 739
16	1 325	546	5 285
17	1 415	567	5 852
18	1 505	588	6 440
19	1 595	609	7 049
20	1 670	630	7 679

注：0~8 周龄为自由采食，9 周龄开始结合光照进行限饲。

表 19 肉用仔鸡营养需要之一

营养指标	单位	0~3 周龄	4~6 周龄	大于 7 周龄
代谢能 ME	MJ/kg	12.54	12.96	13.17
粗蛋白 CP	%	21.5	20	18
蛋白能量比 CP/ME	g/MJ	17.14	15.43	13.67
赖氨酸能量比 Lys/ME	g/MJ	0.92	0.77	0.67
赖氨酸 Lys	%	1.15	1.00	0.87
蛋氨酸 Met	%	0.50	0.40	0.34
蛋氨酸+胱氨酸 Met+Cys	%	0.91	0.76	0.65
苏氨酸 Thr	%	0.81	0.72	0.68
色氨酸 Trp	%	0.21	0.18	0.17

（续表）

营养指标	单位	0~3 周龄	4~6 周龄	大于 7 周龄
精氨酸 Arg	%	1.2	1.12	1.01
亮氨酸 Leu	%	1.26	1.05	0.94
异亮氨酸 Ile	%	0.81	0.75	0.63
苯丙氨酸 Phe	%	0.71	0.66	0.58
苯丙氨酸+酪氨酸 Phe+Tyr	%	1.27	1.15	1.00
组氨酸 His	%	0.35	0.32	0.27
脯氨酸 Pro	%	0.58	0.54	0.47
缬氨酸 Val	%	0.85	0.74	0.64
甘氨酸+丝氨酸 Gly+Ser	%	1.24	1.10	0.96
钙 Ca	%	1.0	0.9	0.8
总磷 Total P	%	0.68	0.65	0.60
非植酸磷 Nonphytate P	%	0.45	0.40	0.35
氯 CL	%	0.20	0.15	0.15
钠 Na	%	0.20	0.15	0.15
铁 Fe	mg/kg	100	80	80
铜 Cu	mg/kg	8	8	8
锰 Mn	mg/kg	120	100	80
锌 Zn	mg/kg	100	80	60
碘 I	mg/kg	0.7	0.7	0.7
硒 Se	mg/kg	0.3	0.3	0.3
亚油酸 linoleic acid	%	1	1	1
维生素 A Vitamin A	IU/kg	8 000	6 000	2 700
维生素 D VitaminD	IU/kg	1 000	750	400
维生素 E Vitamin E	IU/kg	20	10	10
维生素 K Vitamin K	mg/kg	0.5	0.5	0.5
硫氨素 Thiamine	mg/kg	2.0	2.0	2.0
核黄酸 Riboflavin	mg/kg	8	5	5
泛酸 Pantothenic Acid	mg/kg	10	10	10
烟酸 Niacin	mg/kg	35	30	30
吡哆醇 Pyridoxine	mg/kg	3.5	3.0	3.0
生物素 Biotin	mg/kg	0.18	0.15	0.10
叶酸 Folic Acid	mg/kg	0.55	0.55	0.55
维生素 B_{12} Vitamin B_{12}	mg/kg	0.010	0.01	0.007
胆碱 Choline	mg/kg	1 300	1 000	750

表 20　肉用仔鸡营养需要之二

营养指标	单位	0~2 周龄	3~6 周龄	>7 周龄
代谢能 ME	MJ/kg	12.75	12.96	13.17
粗蛋白质 CP	%	22.0	20.0	17.0
蛋白能量比 CP/ME	g/MJ	17.25	15.43	12.91
赖氨酸能量比 Lys/ME	g/MJ	0.88	0.77	0.62
赖氨酸 Lys	%	1.20	1.00	0.82
蛋氨酸 Met	%	0.52	0.40	0.32
蛋氨酸+胱氨酸 Met+Cys	%	0.92	0.76	0.63
苏氨酸 Thr	%	0.84	0.72	0.64
色氨酸 Trp	%	0.21	0.18	0.16
精氨酸 Arg	%	1.25	1.12	0.95
亮氨酸 Leu	%	1.32	1.05	0.89
异亮氨酸 Ile	%	0.84	0.75	0.59
苯丙氨酸 Phe	%	0.74	0.66	0.55
苯丙氨酸+酪氨酸 Phe+Tyr	%	1.32	1.15	0.98
组氨酸 His	%	0.36	0.32	0.25
脯氨酸 Pro	%	0.60	0.54	0.44
缬氨酸 Val	%	0.90	0.74	0.72
甘氨酸+丝氨酸 Gly+Ser	%	1.30	1.10	0.93
钙 Ca	%	1.05	0.95	0.80
总磷 Total P	%	0.68	0.65	0.60
非植酸磷 Nonphytate P	%	0.50	0.40	0.35
钠 Na	%	0.20	0.15	0.15
氯 Cl	%	0.20	0.15	0.15
铁 Fe	mg/kg	120	80	80
铜 Cu	mg/kg	10	8	8
锰 Mn	mg/kg	120	100	80
锌 Zn	mg/kg	120	80	80
碘 I	mg/kg	0.70	0.70	0.70
硒 Se	mg/kg	0.30	0.30	0.30
亚油酸 Linoleic Acid	%	1	1	1
维生素 A Vitamin A	IU/kg	10 000	6 000	2 700
维生素 D Vitamin D	IU/kg	2 000	1 000	400

（续表）

营养指标	单位	0~2 周龄	3~6 周龄	>7 周龄
维生素 E Vitamin E	IU/kg	30	10	10
维生素 K Vitamin K	mg/k	1.0	0.5	0.5
硫胺素 Thiamin	mg/k	2	2	2
核黄素 Riboflavin	mg/k	10	5	5
泛酸 Pantothenic Acid	mg/k	10	10	10
烟酸 Niacin	mg/k	45	30	30
吡哆醇 Pyridoxine	mg/k	4.0	3.0	3.0
生物素 Biotin	mg/k	0.20	0.15	0.10
叶酸 Folic acid	mg/k	1.00	0.55	0.50
维生素 B_{12} Vitamin B_{12}	mg/k	0.010	0.010	0.007
胆碱 Choline	mg/k	1 500	1 200	750

表 21 肉用仔鸡体重与耗料量

周龄 wks	体重, g/只	耗料量, g/只	累计耗料量, g/只
1	126	113	113
2	317	273	386
3	558	473	859
4	900	643	1 502
5	1 309	867	2 369
6	1 696	954	3 323
7	2 117	1 164	4 487
8	2 457	1 079	5 566

表 22 肉用种鸡营养需要

营养指标	单位	0~6 周龄	7~18 周龄	19 周龄至开产	开产至高峰期（产蛋>65%）	高峰期后（产蛋<65%）
代谢能 ME	MJ/kg	12.12	11.91	11.70	11.70	11.70
粗蛋白质 CP	%	18.0	15.0	16.0	17.0	16.0
蛋白能量比 CP/ME	g/MJ	14.85	12.59	13.68	14.53	13.68
赖氨酸能量比 Lys/ME	g/MJ	0.76	0.55	0.64	0.68	0.64
赖氨酸 Lys	%	0.92	0.65	0.75	0.80	0.75
蛋氨酸 Met	%	0.34	0.30	0.32	0.34	0.30

（续表）

营养指标	单位	0~6 周龄	7~18 周龄	19 周龄至开产	开产至高峰期（产蛋>65%）	高峰期后（产蛋<65%）
蛋氨酸+胱氨酸 Met+Cys	%	0.72	0.56	0.62	0.64	0.60
苏氨酸 Thr	%	0.52	0.48	0.50	0.55	0.50
色氨酸 Trp	%	0.20	0.17	0.16	0.17	0.16
精氨酸 Arg	%	0.90	0.75	0.90	0.90	0.88
亮氨酸 Leu	%	1.05	0.81	0.86	0.86	0.81
异亮氨酸 Ile	%	0.66	0.58	0.58	0.58	0.58
苯丙氨酸 Phe	%	0.52	0.39	0.42	0.51	0.48
苯丙氨酸+酪氨酸 Phe+Tyr	%	1.00	0.77	0.82	0.85	0.80
组氨酸 His	%	0.26	0.21	0.22	0.24	0.21
脯氨酸 Pro	%	0.50	0.41	0.44	0.45	0.42
缬氨酸 Val	%	0.62	0.47	0.50	0.66	0.51
甘氨酸+丝氨酸 Gly+Ser	%	0.70	0.53	0.56	0.57	0.54
钙 Ca	%	1.00	0.90	2.0	3.30	3.50
总磷 Total P	%	0.68	0.65	0.65	0.68	0.65
非植酸磷 Nonphytate P	%	0.45	0.40	0.42	0.45	0.42
钠 Na	%	0.18	0.18	0.18	0.18	0.18
氯 Cl	%	0.18	0.18	0.18	0.18	0.18
铁 Fe	mg/kg	60	60	80	80	80
铜 Cu	mg/kg	6	6	8	8	8
锰 Mn	mg/kg	80	80	100	100	100
锌 Zn	mg/kg	60	60	80	80	80
碘 I	mg/kg	0.70	0.70	1.00	1.00	1.00
硒 Se	mg/kg	0.30	0.30	0.30	0.30	0.30
亚油酸 Linoleic Acid	%	1	1	1	1	1
维生素 A Vitamin A	IU/kg	8 000	6 000	9 000	12 000	12 000
维生素 D Vitamin D	IU/kg	1 600	1 200	1 800	2 400	2 400
维生素 E Vitamin E	IU/kg	20	10	10	30	30
维生素 K Vitamin K	mg/k	1.5	1.5	1.5	1.5	1.5
硫胺素 Thiamin	mg/k	1.8	1.5	1.5	2.0	2.0
核黄素 Riboflavin	mg/k	8	6	6	9	9
泛酸 Pantothenic Acid	mg/k	12	10	10	12	12

（续表）

营养指标	单位	0~6周龄	7~18周龄	19周龄至开产	开产至高峰期（产蛋>65%）	高峰期后（产蛋<65%）
烟酸 Niacin	mg/k	30	20	20	35	35
吡哆醇 Pyridoxine	mg/k	3.0	3.0	3.0	4.5	4.5
生物素 Biotin	mg/k	0.15	0.10	0.10	0.20	0.20
叶酸 Folic acid	mg/k	1.0	0.5	0.5	1.2	1.2
维生素 B_{12} Vitamin B_{12}	mg/k	0.010	0.006	0.008	0.012	0.012
胆碱 Choline	mg/k	1 300	900	500	500	500

表 23　肉用种鸡体重与耗料量

周龄	体重, g/只	耗料量, g/只	累计耗料量, g/只
1	90	100	100
2	185	168	268
3	340	231	499
4	430	266	765
5	520	287	1 052
6	610	301	1 353
7	700	322	1 675
8	795	336	2 011
9	890	357	2 368
10	985	378	2 746
11	1 080	406	3 152
12	1 180	434	3 586
13	1 280	462	4 048
14	1 380	497	4 545
15	1 480	518	5 063
16	1 595	553	5 616
17	1 710	588	6 204
18	1 840	630	6 834
19	1 970	658	7 492
20	2 100	707	8 199
21	2 250	749	8 948
22	2 400	798	9 746

（续表）

周龄	体重，g/只	耗料量，g/只	累计耗料量，g/只
23	2 550	847	10 593
24	2 710	896	11 489
25	2 870	952	12 444
29	3 477	1 190	13 631
33	3 603	1 169	14 800
43	3 608	1 141	15 941
58	3 782	1 064	17 005

表24　黄羽肉鸡仔鸡营养需要

营养指标 Nutrient	单位 Unit	♀0~4周龄 ♂0~3周龄	♀5~8周龄 ♂4~5周龄	♀>8周龄 ♂>5周龄
代谢能 ME	MJ/kg	12.12	12.54	12.96
粗蛋白质 CP	%	21.0	19.0	16.0
蛋白能量比 CP/ME	g/MJ	17.33	15.15	12.34
赖氨酸能量比 Lys/ME	g/MJ	0.87	0.78	0.66
赖氨酸 Lys	%	1.05	0.98	0.85
蛋氨酸 Met	%	0.46	0.40	0.34
蛋氨酸+胱氨酸 Met+Cys	%	0.85	0.72	0.65
苏氨酸 Thr	%	0.76	0.74	0.68
色氨酸 Trp	%	0.19	0.18	0.16
精氨酸 Arg	%	1.19	1.10	1.00
亮氨酸 Leu	%	1.15	1.09	0.93
异亮氨酸 Lle	%	0.76	0.73	0.62
苯丙氨酸 Phe	%	0.69	0.65	0.56
苯丙氨酸+酪氨酸 Phe+Tyr	%	1.28	1.22	1.00
组氨酸 His	%	0.33	0.32	0.27
脯胺酸 Pro	%	0.57	0.55	0.46
缬氨酸 Val	%	0.86	0.82	0.70
甘氨酸+丝氨酸 Gly+Ser	%	1.19	1.14	0.97
钙 Ca	%	1.00	0.90	0.80
总磷 Total P	%	0.68	0.65	0.60
非植酸磷 Nophytale P	%	0.45	0.40	0.35
钠 Na	%	0.15	0.15	0.15

（续表）

营养指标 Nutrient	单位 Unit	♀0~4周龄 ♂0~3周龄	♀5~8周龄 ♂4~5周龄	♀>8周龄 ♂>5周龄
氯 Cl	%	0.15	0.15	0.15
铁 Fe	Mg/kg	80	80	80
铜 Cu	Mg/kg	8	8	8
锰 Mn	Mg/kg	80	80	80
锌 Zn	Mg/kg	60	60	60
碘 I	Mg/kg	0.35	0.35	0.35
硒 Se	Mg/kg	0.15	0.15	0.15
亚油酸 Linodir Acid	%	1	1	1
维生素 A Vitamin A	IU/kg	5 000	5 000	5 000
维生素 D Vitamin D	IU/kg	1 000	1 000	1 000
维生素 E Vitamin E	IU/kg	10	10	10
维生素 K Vitamin K	Mg/kg	0.50	0.50	0.50
硫胺素 Thiamin	Mg/kg	1.80	1.80	1.80
核黄素 Riboflavin	Mg/kg	3.60	3.60	3
泛酸 Pantothenic	Mg/kg	10	10	10
烟酸 Niacin	Mg/kg	35	35	25
吡哆醇 Pyridoxine	Mg/kg	3.5	3.5	3.0
生物素 Bitin	Mg/kg	0.15	0.15	0.15
叶酸 Folic Acid	Mg/kg	0.55	0.55	0.55
维生素 B_{12} Vitamin B_{12}	Mg/kg	0.01	0.01	0.01
胆碱 Choline	Mg/kg	1 000	750	500

表 25　黄羽肉鸡仔鸡体重及耗料量

周龄	周末体重，g/只		耗料量，g/只		累计耗料量，g/只	
	公鸡	母鸡	公鸡	母鸡	公鸡	母鸡
1	88	89	76	70	76	70
2	199	175	201	130	277	200
3	320	253	269	142	546	342
4	492	378	371	266	917	608
5	631	493	516	295	1 433	907
6	870	622	632	358	2 065	1 261
7	1 274	751	751	359	2 816	1 620

（续表）

周龄	周末体重，g/只		耗料量，g/只		累计耗料量，g/只	
	公鸡	母鸡	公鸡	母鸡	公鸡	母鸡
8	1 560	949	719	479	3 535	2 099
9	1 814	1137	836	534	4 371	2 633
10		1 254		540		3 028
11		1 380		549		3 577
12		1 548		514		4 091

表26　黄羽肉鸡种鸡营养需要

营养指标	单位	0~6周龄	7~18周龄	19周龄至开产	产蛋期
代谢能 ME	MJ/kg	12.12	11.70	11.50	12.50
粗蛋白质 CP	%	20.0	15.0	16.0	16.0
蛋白能量比 CP/ME	g/MJ	16.50	12.82	13.91	13.91
赖氨酸能量比 Lys/ME	g/MJ	0.74	0.56	0.70	0.70
赖氨酸 Lys	%	0.90	0.75	0.80	0.80
蛋氨酸 Met	%	0.38	0.29	0.37	0.40
蛋氨酸+胱氨酸 Met+Cys	%	0.69	0.61	0.69	0.80
苏氨酸 Thr	%	0.58	0.52	0.55	0.56
色氨酸 Trp	%	0.18	0.16	0.17	0.17
精氨酸 Arg	%	0.99	0.87	0.90	0.95
亮氨酸 Leu	%	0.94	0.74	0.83	0.86
异亮氨酸 Ile	%	0.60	0.55	0.56	0.60
苯丙氨酸 Phe	%	0.51	0.48	0.50	0.51
苯丙氨酸+酪氨酸 Phe+Tyr	%	0.86	0.81	0.82	0.84
组氨酸 His	%	0.28	0.24	0.25	0.26
脯氨酸 Pro	%	0.43	0.39	0.40	0.42
缬氨酸 Val	%	0.60	0.52	0.57	0.70
甘氨酸+丝氨酸 Gly+Ser	%	0.77	0.69	0.75	0.78
钙 Ca	%	0.90	0.90	2.00	3.00
总磷 Total P	%	0.65	0.61	0.63	0.65
非植酸磷 Nonphytate P	%	0.40	0.36	0.38	0.41
钠 Na	%	0.16	0.16	0.16	0.16
氯 Cl	%	0.16	0.16	0.16	0.16

（续表）

营养指标	单位	0~6 周龄	7~18 周龄	19 周龄至开产	产蛋期
铁 Fe	mg/kg	54	54	72	72
铜 Cu	mg/kg	5.4	5.4	7.0	7.0
锰 Mn	mg/kg	72	72	90	90
锌 Zn	mg/kg	54	54	72	72
碘 I	mg/kg	0.60	0.60	0.90	0.90
硒 Se	mg/kg	0.27	0.27	0.27	0.27
亚油酸 Linoleic Acid	%	1	1	1	1
维生素 A Vitamin A	IU/kg	7 200	5 400	7 200	10 800
维生素 D Vitamin D	IU/kg	1 440	1 080	1 620	2 160
维生素 E Vitamin E	IU/kg	18	9	9	27
维生素 K Vitamin K	mg/k	1.4	1.4	1.4	1.4
硫胺素 Thiamin	mg/k	1.6	1.4	1.4	1.8
核黄素 Riboflavin	mg/k	7	5	5	8
泛酸 Pantothenic Acid	mg/k	11	9	9	11
烟酸 Niacin	mg/k	27	18	18	32
吡哆醇 Pyridoxine	mg/k	2.7	2.7	2.7	4.1
生物素 Biotin	mg/k	0.14	0.09	0.09	0.18
叶酸 Folic acid	mg/k	0.90	0.45	0.45	1.08
维生素 B_{12} Vitamin B_{12}	mg/k	0.009	0.005	0.007	0.010
胆碱 Choline	mg/k	1170	810	450	450

表 27　黄羽肉鸡种鸡生长期体重与耗料量

周龄	体重, g/只	耗料量, g/只	累计耗料量, g/只
1	110	90	90
2	180	196	286
3	250	252	538
4	330	266	804
5	410	280	1 084
6	500	294	1 378
7	600	322	1 700
8	690	343	2 043
9	780	364	2 407

（续表）

周龄	体重，g/只	耗料量，g/只	累计耗料量，g/只
10	870	385	2 792
11	950	406	3 198
12	1 030	427	3 625
13	1 110	448	4 073
14	1 190	469	4 542
15	1 270	490	5 032
16	1 350	511	5 543
17	1 430	532	6 075
18	1 510	553	6 628
19	1 600	574	7 202
20	1 700	595	7 797

表 28　黄羽肉鸡种鸡产蛋期体重与耗料量

周龄	体重，g/只	耗料量，g/只	累计耗料量，g/只
21	1 780	616	616
22	1 860	644	1 260
24	2 030	700	1 960
26	2 200	840	2 800
28	2 280	910	3 710
30	2 310	910	4 620
32	2 330	889	5 509
34	2 360	889	6 398
36	2 390	875	7 273
38	2 410	875	8 148
40	2 440	854	9 001
42	2 460	854	9 856
44	2 480	840	10 696
46	2 500	840	11 536
48	2 520	826	12 362
50	2 540	826	13 188
52	2 560	826	14 014
54	2 580	805	14 819

（续表）

周龄	体重，g/只	耗料量，g/只	累计耗料量，g/只
56	2 600	805	15 624
58	2 620	805	16 429
60	2 630	805	17 234
62	2 640	805	18 039
64	2 650	805	18 844
66	2 660	805	19 649

（三）牛营养需要量

1. 奶牛的营养需要（奶牛饲养标准 NY/T 34—2004）

表 29　成年母牛每天的维持营养需要

体重，kg	日粮干物质（kg/d）	奶牛能量（NND/d）	产奶净能（MJ/d）	可消化粗蛋白质（g/d）	小肠可消化粗蛋白质（g/d）	钙（g/d）	磷（g/d）	胡萝卜素（mg/d）	维生素A（IU/d）
350	5.02	9.17	28.79	243	202	21	16	63	25 000
400	5.55	10.13	31.80	268	224	24	18	75	30 000
450	6.06	11.07	34.73	293	244	27	20	85	34 000
500	6.56	11.97	37.57	317	264	30	22	95	38 000
550	7.04	12.88	40.38	341	284	33	25	105	42 000
600	7.52	13.73	43.10	364	303	36	27	115	46 000
650	7.98	14.59	45.77	386	322	39	30	123	49 000
700	8.44	15.43	48.41	408	340	42	32	133	53 000
750	8.89	16.24	50.96	430	358	45	34	143	57 000

注：1. 对第一个泌乳期的维持需要按表下表基础增加20%，第二个泌乳期增加10%；

2. 如第一个泌乳期的年龄和体重过小，应按生长牛的需要计算实际增重的营养需要；

3. 上表未考虑到放牧运动能量消耗；

4. 在环境温度低的情况下，维持能量消耗增加，需在下表基础上增加需要量，按正文说明计算；

5. 泌乳期间，每增重1kg体重需要增加8NND和325gDCP；每减重1kg需扣除6.56NND和250gDCP；

小肠可消化粗蛋白质＝（饲料瘤胃降解蛋白×降解蛋白转化为微生物蛋白的效率×微生物蛋白质的小肠消化率）＋（饲料非降解蛋白×小肠消化率）＝（饲料瘤胃降解蛋白×0.9×0.7）＋（饲料非降解蛋白×0.65）。

表30　每产1kg奶的营养需要

乳脂率,%	日粮干物质kg/kg 奶	奶牛能量单位NND/kg 奶	产奶净能MJ/kg 奶	可消化粗蛋白质g/kg 奶	小肠可消化粗蛋白质g/kg 奶	钙g/kg 奶	磷g/kg 奶	胡萝卜素mg/kg 奶	维生素A IU/kg 奶
2.5	0.31~0.35	0.80	2.51	49	42	3.6	2.4	1.05	420
3.0	0.34~0.38	0.87	2.72	51	44	3.9	2.6	1.13	452
3.5	0.37~0.41	0.93	2.93	53	46	4.2	2.8	1.22	486
4.0	0.40~0.45	1.00	3.14	55	47	4.5	3.0	1.26	502
4.5	0.43~0.49	1.06	3.35	57	49	4.8	3.2	1.39	556
5.0	0.46~0.52	1.13	3.52	59	51	5.1	3.4	1.46	584
5.5	0.49~0.55	1.19	3.72	61	53	5.4	3.6	1.55	619

表31　母牛妊娠最后四个月每天的营养需要

体重, kg	怀孕月份	日粮干物质(kg/d)	奶牛能量单位(NND/d)	产奶净能(MJ/d)	可消化粗蛋白质(g/d)	小肠可消化粗蛋白质(g/d)	钙(g/d)	磷(g/d)	胡萝卜素(mg/d)	维生素A (IU/d)
350	6	5.78	10.51	32.97	293	245	27	18		
	7	6.28	11.44	35.90	327	275	31	20	67	27
	8	7.23	13.17	41.34	375	317	37	22		
	9	8.70	15.84	49.54	437	370	45	25		
400	6	6.30	11.47	35.99	318	267	30	20		
	7	6.81	12.40	38.92	352	297	34	22	76	30
	8	7.76	14.13	44.36	400	339	40	24		
	9	9.22	16.80	52.72	462	392	48	27		
450	6	6.81	12.40	38.92	343	287	33	22		
	7	7.32	13.33	41.84	377	317	37	24	86	34
	8	8.27	15.07	47.28	425	359	43	26		
	9	9.73	17.73	55.65	487	412	51	29		
500	6	7.31	13.32	41.80	367	307	36	25		
	7	7.82	14.25	44.73	401	337	40	27	95	38
	8	8.78	15.99	50.17	449	379	46	29		
	9	10.24	18.65	58.54	511	432	54	32		
550	6	7.80	14.20	44.56	391	327	39	27		
	7	8.31	15.13	47.49	425	357	43	29	105	42
	8	9.26	16.87	52.93	473	399	49	31		
	9	10.72	19.53	61.30	535	452	57	34		

（续表）

体重, kg	怀孕月份	日粮干物质（kg/d）	奶牛能量单位（NND/d）	产奶净能（MJ/d）	可消化粗蛋白质（g/d）	小肠可消化粗蛋白质（g/d）	钙（g/d）	磷（g/d）	胡萝卜素（mg/d）	维生素A（IU/d）
600	6	8.27	15.07	47.28	414	346	42	29	114	46
	7	8.78	16.00	50.21	448	376	46	31		
	8	9.73	17.73	55.65	496	418	52	33		
	9	11.20	20.40	64.02	558	471	60	36		
650	6	8.74	15.92	49.96	436	365	45	31	124	50
	7	9.25	16.85	52.89	470	395	49	33		
	8	10.21	18.59	58.33	518	437	55	35		
	9	11.67	21.25	66.70	580	490	63	38		
700	6	9.22	16.76	52.60	458	383	48	34	133	53
	7	9.71	17.69	55.53	492	413	52	36		
	8	10.67	19.43	60.97	540	455	58	38		
	9	12.13	22.09	69.33	602	508	66	41		
750	6	9.65	17.57	55.15	480	401	51	36	143	57
	7	10.16	18.51	58.08	514	431	55	38		
	8	11.11	20.24	63.52	562	473	61	40		
	9	12.58	22.91	71.89	624	526	69	43		

注 1. 怀孕牛干奶期间按上表计算营养需要。2. 怀孕期间如未干奶，除按上表计算营养需要外，还应加产奶的营养需要。

2. 肉牛的营养需要（肉牛饲养标准 NY/T 815—2004）

表 32　生长肥育牛的每日营养需要量

LBW kg	ADG kg/d	DMI kg/d	NEm MJ/d	NEg MJ/d	RND	NEmf MJ/d	CP g/d	IDCPm g/d	IDCPg g/d	IDCP g/d	钙 g/d	磷 g/d
150	0	2.66	13.80	0.00	1.46	11.76	236	158	0	158	5	5
	0.3	3.29	13.80	1.24	1.87	15.10	377	158	103	261	14	8
	0.4	3.49	13.80	1.71	1.97	15.90	421	158	136	294	17	9
	0.5	3.70	13.80	2.22	2.07	16.74	465	158	169	328	19	10
	0.6	3.91	13.80	2.76	2.19	17.66	507	158	202	360	22	11
	0.7	4.12	13.80	3.34	2.30	18.58	548	158	235	393	25	12
	0.8	4.33	13.80	3.97	2.45	19.75	589	158	267	425	28	13
	0.9	4.54	13.80	4.64	2.61	21.05	627	158	298	457	31	14
	1.0	4.75	13.80	5.38	2.80	22.64	665	158	329	487	34	15
	1.1	4.95	13.80	6.18	3.02	20.35	704	158	360	518	37	16
	1.2	5.16	13.80	7.06	3.25	26.28	739	158	389	547	40	16

（续表）

LBW kg	ADG kg/d	DMI kg/d	NEm MJ/d	NEg MJ/d	RND	NEmf MJ/d	CP g/d	IDCPm g/d	IDCPg g/d	IDCP g/d	钙 g/d	磷 g/d
	0	3.90	20.24	0.00	2.20	17.78	346	232	0	232	8	8
	0.3	4.64	20.24	2.07	2.81	22.72	475	232	108	340	16	11
	0.4	4.88	20.24	2.85	2.95	23.85	517	232	143	375	18	12
	0.5	5.13	20.24	3.69	3.11	25.10	558	232	177	409	21	12
	0.6	5.37	20.24	4.59	3.27	26.44	599	232	211	443	23	13
250	0.7	5.62	20.24	5.56	3.45	27.82	637	232	244	475.9	26	14
	0.8	5.87	20.24	6.61	3.65	29.50	672	232	276	507.8	29	15
	0.9	6.11	20.24	7.74	3.89	31.38	711	232	307	538.8	31	16
	1.0	6.36	20.24	8.97	4.18	33.72	746	232	337	568.6	34	17
	1.1	6.60	20.24	10.31	4.49	36.28	781	232	365	597.2	36	18
	1.2	6.85	20.24	11.77	4.84	39.06	814	232	392	624.3	39	18
	0	5.02	26.06	0.00	2.95	23.85	445	299	0	298.6	12	12
	0.3	5.87	26.06	2.90	3.76	30.38	569	299	122	420.6	18	14
	0.4	6.15	26.06	3.99	3.95	31.92	607	299	161	459.4	20	14
	0.5	6.43	26.06	5.17	4.16	33.60	645	299	199	497.1	22	15
	0.6	6.72	26.06	6.43	4.38	35.40	683	299	235	533.6	24	16
350	0.7	7.00	26.06	7.79	4.61	37.24	719	299	270	568.7	27	17
	0.8	7.28	26.06	9.25	4.89	39.50	757	299	304	602.3	29	17
	0.9	7.57	26.06	10.83	5.21	42.05	789	299	336	634.1	31	18
	1.0	7.85	26.06	12.55	5.59	45.15	824	299	365	664	33	19
	1.1	8.13	26.06	14.43	6.01	48.53	857	299	393	691.7	36	20
	1.2	8.41	26.06	16.48	6.47	52.26	889	299	418	716.9	38	20
	0	6.06	31.46	0.00	3.63	29.33	538	361	0	360.5	15	15
	0.3	7.02	31.46	3.72	4.63	37.41	659	361	110	470.7	20	17
	0.4	7.34	31.46	5.14	4.87	39.33	697	361	145	505.1	21	17
	0.5	7.66	31.46	6.65	5.12	41.38	732	361	177	538	23	18
	0.6	7.98	31.46	8.27	5.40	43.60	770	361	209	569.3	25	19
450	0.7	8.30	31.46	10.01	5.69	45.94	806	361	238	598.9	27	19
	0.8	8.62	31.46	11.89	6.03	48.74	841	361	266	626.5	29	20
	0.9	8.94	31.46	13.93	6.43	51.92	873	361	291	651.8	31	20
	1.0	9.26	31.46	16.14	6.90	55.77	906	361	314	674.7	33	21
	1.1	9.58	31.46	18.55	7.42	59.96	938	361	334	694.8	35	22
	1.2	9.90	31.46	21.18	8.00	64.60	967	361	351	711.7	37	22

注：LBW=活体重；DMI=干物质日采食量；NEm=维持净能需要；NEg=增重净能需要；RND=肉牛能量单位；NEmf=综合净能需要；CP=粗蛋白质需要；IDCPm=维持小肠可消化蛋白质需要；IDCPg=增重的小肠可消化蛋白质需要；IDCP=小肠可消化蛋白质总需要。

（四）肉羊营养需要量（中国农业科学院饲料研究所得出的肉羊营养需要量参数）

1. 提出 20～50kg 肉用公母羊能量需要量（表33）、20～35kg 肉用公母羊蛋白质需要量（表34、矿物元素和粗纤维需要量，其中 20～35kg 肉用绵羊最适宜 NDF 水平为 33.35% 或 NFC/NDF 比例为 1.22；35～50kg 肉用绵羊最适宜 NDF 水平为 42.21%，NFC/NDF 比例为 0.82（其他营养需要量表见表33至表39）。

表33 20~50kg 肉羊生长肥育能量需要量

体重 (kg)	日增重 (g/d)	公羊		母羊	
		NE_g (MJ/d)	ME_g (MJ/d)	NE_g (MJ/d)	ME_g (MJ/d)
20	100	1.10	5.69	1.18	6.01
	200	2.19	8.09	2.37	8.70
	300	3.29	10.5	3.56	11.4
	350	3.84	11.7	4.16	12.7
25	100	1.22	6.55	1.29	6.86
	200	2.44	9.25	2.59	9.79
	300	3.66	11.9	3.89	12.7
	350	4.27	13.3	4.54	14.2
30	100	1.33	7.36	1.39	7.65
	200	2.67	10.3	2.78	10.8
	300	4.00	13.3	4.18	14.0
	350	4.67	14.7	4.87	15.5
35	100	1.28	8.06	1.43	8.81
	200	2.56	10.9	2.14	10.4
	300	3.85	13.7	2.85	12.0
	350	4.49	15.1	3.56	13.7
40	100	1.19	8.69	1.44	10.0
	200	2.39	11.3	2.17	11.7
	300	3.59	13.9	2.89	13.3
	400	4.78	16.5	3.61	14.9
45	100	1.26	9.38	1.51	10.8
	200	2.53	12.1	2.27	12.5
	300	3.79	14.9	3.02	14.2
	400	5.06	17.6	3.78	15.9
50	100	1.33	10.0	1.57	11.6
	200	2.65	12.9	2.36	13.3
	300	3.98	15.8	3.15	15.1
	400	5.31	18.7	3.94	16.9

表 34　20~35kg 肉羊生长肥育净蛋白质总需要量（g/d）

日增重	公羊				母羊			
（g·d⁻¹）	20kg	25kg	30kg	35kg	20kg	25kg	30kg	35kg
100	28.70	31.53	34.24	36.85	28.10	30.51	32.88	35.22
200	41.13	43.83	46.43	48.95	40.20	42.11	44.10	46.11
300	53.55	56.13	58.62	61.05	52.30	53.71	55.30	57.00
350	59.77	62.27	64.72	67.10	58.34	59.50	60.90	62.44

表 35　20~35kg 肉羊生长肥育可代谢蛋白质总需要量（g/d）

日增重	公羊				母羊			
（g·d⁻¹）	20kg	25kg	30kg	35kg	20kg	25kg	30kg	35kg
100	42.66	46.93	51.01	54.95	46.53	50.64	54.71	58.67
200	60.83	64.91	68.83	72.64	65.99	69.31	72.73	76.19
300	79.00	82.90	86.65	90.33	85.44	87.95	90.76	93.70
350	88.08	91.87	95.57	99.17	95.16	97.27	99.76	102.46

表 36　20~50kg 肉羊生长肥育矿物元素需要量（g/d）

体重（kg）	日增重（g·d⁻¹）	常量元素，g/d					微量元素，mg/d			
		钙	磷	钠	钾	镁	铜	锰	锌	铁
20	100	1.59	1.45	0.67	1.09	0.51	10.75	19.46	11.03	25.42
	200	2.72	2.22	0.77	1.34	0.67	20.17	33.59	17.00	49.37
	300	3.84	3.00	0.87	1.59	0.83	29.59	47.72	22.97	73.32
	400	4.97	3.78	0.97	1.84	0.98	39.01	61.84	28.94	97.27
25	100	1.67	1.59	0.80	1.30	0.60	11.67	21.99	11.99	25.58
	200	2.76	2.35	0.90	1.54	0.76	21.68	37.32	17.64	49.32
	300	3.84	3.11	0.99	1.79	0.92	31.69	52.64	23.29	73.06
	400	4.92	3.87	1.08	2.03	1.08	41.70	67.97	28.95	96.80
30	100	1.76	1.74	0.94	1.51	0.69	12.52	24.38	13.01	25.78
	200	2.81	2.48	1.03	1.75	0.85	23.03	40.76	18.42	49.35
	300	3.86	3.23	1.12	1.99	1.01	33.55	57.14	23.83	72.92
	400	4.91	3.97	1.20	2.23	1.17	44.07	73.52	29.24	96.49
35	100	1.85	1.90	1.08	1.72	0.78	13.30	26.66	14.08	26.01
	200	2.87	2.62	1.16	1.96	0.94	24.27	43.99	19.29	49.44
	300	3.90	3.35	1.24	2.20	1.10	35.23	61.31	24.50	72.87
	400	4.93	4.08	1.33	2.44	1.26	46.20	78.64	29.71	96.29

（续表）

体重 （kg）	日增重 （g·d⁻¹）	常量元素，g/d					微量元素，mg/d			
		钙	磷	钠	钾	镁	铜	锰	锌	铁
40	100	1.94	2.05	1.21	1.93	0.87	14.04	28.86	15.18	26.25
	200	2.95	2.77	1.29	2.16	1.03	25.41	47.05	20.23	49.56
	300	3.95	3.49	1.37	2.40	1.19	36.78	65.24	25.27	72.87
	400	4.96	4.20	1.45	2.64	1.35	48.15	83.43	30.32	96.17
45	100	2.04	2.21	1.35	2.14	0.96	14.74	30.99	16.30	26.52
	200	3.03	2.92	1.43	2.37	1.12	26.48	49.98	21.21	49.71
	300	4.01	3.62	1.51	2.61	1.28	38.22	68.97	26.11	72.91
	400	5.00	4.33	1.58	2.84	1.44	49.96	87.96	31.02	96.11
50	100	2.14	2.37	1.49	2.35	1.05	15.42	33.07	17.45	26.79
	200	3.11	3.06	1.57	2.58	1.21	27.50	52.80	22.23	49.89
	300	4.08	3.76	1.64	2.81	1.37	39.58	72.53	27.01	73.00
	400	5.05	4.46	1.71	3.05	1.53	51.66	92.26	31.79	96.10

2. 提出肉用母羊空怀期、妊娠期、哺乳期营养需要量。肉用母羊在空怀期、妊娠 40、100、130 天和哺乳 20、50、100 天能量需要量见表 37；肉用母羊妊娠期子宫在 40~52 天、100~112 天以及 130~142 天这三个阶段的增重情况分别为 6.18、121.3 和 197.0 g/d，对应的能量和蛋白质需要量见表 38；哺乳期母羊生长的净蛋白质需要量见表 39。

表 37 肉用母羊空怀期、妊娠期和哺乳期维持能量需要

时期	NEm（kJ/kg W^{0.75}·d）	MEm（kJ/kg W^{0.75}·d）	km（NEm/MEm）
空怀期	215.48	372.37	0.579
妊娠 40 天	205.32	331.61	0.619
妊娠 100 天	246.43	427.07	0.577
妊娠 130 天	261.85	498.16	0.526
哺乳 20 天	253.05	327.08	0.774
哺乳 50 天	247.74	320.85	0.772
哺乳 80 天	244.68	362.04	0.676

表 38 母羊妊娠期胎儿生长蛋白质和能量需要量

妊娠天数	子宫日增重 （g/d）	氮需要量 （g/d）	蛋白质需要量 （g/d）	能量需要量 （MJ/d）
第 40~52 天	6.18	25.2	157	28.5
第 100~112 天	121.3	31.5	196	31.7
第 130~142 天	197.0	31.5	196	26.5

表 39　哺乳期母羊生长的净蛋白质需要量

泌乳阶段 （天）	日增重 （g/d）	总能需要量 （MJ/d）	净氮需要量 （g/d）	净蛋白质需要量 （g/d）
20~30	100	35.5	58.4	365
	200	38.1	62.6	391
	300	40.7	66.7	417
	350	42.0	68.8	430
50~60	100	35.0	54.2	338
	200	36.9	57.1	357
	300	38.9	60.0	374
	350	39.9	61.4	384
80~90	100	24.7	34.1	213
	200	27.1	37.5	234
	300	29.5	40.9	256
	350	30.8	42.6	266

二、常规饲料原料营养价值成分表（2016 年第 27 版）

（引自《中国饲料》，2016）

序号	中国饲料号 CFN	饲料名称 Feed Name	饲料描述 Description	干物质 DM (%)	粗蛋白质 CP (%)	粗脂肪 EE (%)	粗纤维 CF (%)	无氮浸出物 NFE (%)	粗灰分 Ash (%)	中性洗涤纤维 NDF (%)	酸性洗涤纤维 ADF (%)	淀粉 Strach (%)	钙 Ca (%)	总磷 P (%)	有效磷 A-P (%)
1	4-07-0278	玉米 corn grain	成熟，高蛋白，优质	86.0	9.4	3.1	1.2	71.1	1.2	9.4	3.5	60.9	0.09	0.22	0.04
2	4-07-0288	玉米 corn grain	成熟，高赖氨酸，优质	86.0	8.5	5.3	2.6	68.3	1.3	9.4	3.5	59.0	0.16	0.25	0.05
3	4-07-0279	玉米 corn grain	成熟 GB/T 17980—2008 1级	86.0	8.7	3.5	1.6	70.7	1.4	9.3	2.7	65.4	0.02	0.27	0.05
4	4-07-0280	玉米 corn grain	成熟 GB/T 17980—2008 2级	86.0	7.8	3.4	1.6	71.8	1.3	7.9	2.6	62.6	0.02	0.27	0.05
5	4-07-0272	高粱 sorghum grain	成熟 NY/T 1级	86.0	9	3.4	1.4	70.4	1.8	17.4	8	68.0	0.13	0.36	0.09
6	4-07-0270	小麦 wheat grain	混合小麦，成熟 GB1351—2008 2级	88.0	13.4	1.7	1.9	67.6	1.9	13.3	3.9	54.0	0.17	0.41	0.21
7	4-07-0274	大麦（裸）naked barley grain	裸大麦，成熟 GB 11760—2008 2级	87.0	13	2.1	2	67.7	2.2	10	2.2	50.2	0.04	0.39	0.12
8	4-07-0277	大麦（皮）barley grain	皮大麦，成熟 GB 10367—89 1级	87.0	11	1.7	4.8	67.1	2.4	18.4	6.8	52.2	0.09	0.33	0.1
9	4-07-0281	黑麦 rye	籽粒，进口	88.0	9.5	1.5	2.2	71.5	1.8	12.3	4.6	56.5	0.05	0.3	0.14
10	4-07-0273	稻谷 paddy	成熟，晒干 NY/T 2级	86.0	7.8	1.6	8.2	63.8	4.6	27.4	28.7	63.0	0.03	0.36	0.15
11	4-07-0276	糙米 rough rice	除去外壳的大米 GB/T 5503—2009 1级	87.0	8.8	2	0.7	74.2	1.3	1.6	0.8	47.8	0.03	0.35	0.13
12	4-07-0275	碎米 broken rice	加工精米后的副产品 GB/T 5503—2009 1级	88.0	10.4	2.2	1.1	72.7	1.6	0.8	0.6	51.6	0.06	0.35	0.12
13	4-07-0479	粟（谷子）millet grain	合格，带壳，成熟	86.5	9.7	2.3	6.8	65	2.7	15.2	13.3	63.2	0.12	0.3	0.09

（续表）

序号	中国饲料号 CFN	饲料名称 Feed Name	饲料描述 Description	干物质 DM (%)	粗蛋白质 CP (%)	粗脂肪 EE (%)	粗纤维 CF (%)	无氮浸出物 NFE (%)	粗灰分 Ash (%)	中性洗涤纤维 NDF (%)	酸性洗涤纤维 ADF (%)	淀粉 Strach (%)	钙 Ca (%)	总磷 P (%)	有效磷 A-P (%)
14	4-04-0067	木薯干 cassava tuber flake	木薯干片，晒干 GB 10369—89 合格	87.0	2.5	0.7	2.5	79.4	1.9	8.4	6	71.6	0.27	0.09	0.03
15	4-04-0068	甘薯干 sweet potato tuber flake	甘薯干片，晒干 NY/T 121—1989 合格	87.0	4	0.8	2.8	76.4	3	8.1	4.1	64.5	0.19	0.02	—
16	4-08-0104	次粉 wheat middling and red dog	黑面，黄粉，下面 NY T211—92 1级	88.0	15.4	2.2	1.5	67.1	1.5	18.7	4.3	37.8	0.08	0.48	0.17
17	4-08-0105	次粉 wheat middling and red dog	黑面，黄粉，下面 NY T211—92 2级	87.0	13.6	2.1	2.8	66.7	1.8	31.9	10.5	36.7	0.08	0.48	0.17
18	4-08-0069	小麦麸 wheat bran	传统制粉工艺 GB 10368—89 1级	87.0	15.7	3.9	6.5	56	4.9	37	13	22.6	0.11	0.92	0.32
19	4-08-0070	小麦麸 wheat bran	传统制粉工艺 GB 10368—89 2级	87.0	14.3	4	6.8	57.1	4.8	41.3	11.9	19.8	0.1	0.93	0.33
20	4-08-0041	米糠 rice	新鲜，不脱脂 NY/Y 2级	87.0	12.8	16.5	5.7	44.5	7.5	22.9	13.4	27.4	0.07	1.43	0.2
21	4-10-0025	米糠饼 rice meal (exp.)	未脱脂，机榨 NY/T 1级	88.0	14.7	9	7.4	48.2	8.7	27.7	11.6	30.2	0.14	1.69	0.24
22	4-10-0018	米糠粕 rice bran meal (sol.)	浸提或预压浸提 NY/T 1级	87.0	15.1	2	7.5	53.6	8.8	23.3	10.9	25.0	0.15	1.82	0.25
23	5-09-0127	大豆 soybean	黄大豆，成熟 GB 1352—86 2级	87.0	35.5	17.3	4.3	25.7	4.2	7.9	7.3	2.6	0.27	0.48	0.12
24	5-09-0128	全脂大豆 full-fat soybean	黄大豆-微粒化 GB 1352—86 2级	88.0	35.5	17.8	4.6	25.2	4	11	6.4	6.7	0.32	0.4	0.1
25	5-10-0241	大豆饼 soybean meal (exp.)	机榨 GB 10379—989 2级	89.0	41.8	5.8	4.8	30.7	5.9	18.1	15.5	3.6	0.31	0.5	0.13

（续表）

序号	中国饲料号 CFN	饲料名称 Feed Name	饲料描述 Description	干物质 DM (%)	粗蛋白质 CP (%)	粗脂肪 EE (%)	粗纤维 CF (%)	无氮浸出物 NFE (%)	粗灰分 Ash (%)	中性洗涤纤维 NDF (%)	酸性洗涤纤维 ADF (%)	淀粉 Strach (%)	钙 Ca (%)	总磷 P (%)	有效磷 A-P (%)
26	5-10-0103	去皮大豆粕 soybean meal (sol.)	去皮、浸提或预压浸提 NY/T 1 级	89.0	47.9	1.5	3.3	29.7	4.9	8.8	5.3	1.8	0.34	0.65	0.24
27	5-10-0102	大豆粕 soybean meal (sol.)	浸提或预压浸提 NY/T 1 级	89.0	44.2	1.9	5.9	28.3	6.1	13.6	9.6	3.5	0.33	0.62	0.16
28	5-10-0118	棉籽饼 cottonseed meal (exp.)	机榨 NY/T 129—1989 2 级	88.0	36.3	7.4	12.5	26.1	5.7	32.1	22.9	3.0	0.21	0.83	0.21
29	5-10-0119	棉籽粕 cottonseed meal	浸提 GB21264—2007 1 级	90.0	47	0.5	10.2	26.3	6	22.5	15.3	1.5	0.25	1.1	0.28
30	5-10-0117	棉籽粕 cottonseed meal	浸提 GB21264—2007 2 级	90.0	43.5	0.5	10.5	28.9	6.6	28.4	19.4	1.8	0.28	1.04	0.26
31	5-10-0220	棉籽蛋白 cottonseed peotein	脱酚，低温一次尽出，分步萃取	92.0	51.1	1	6.9	27.3	5.7	20	13.7	0.9	0.29	0.89	0.22
32	5-10-0183	菜籽饼 rapeseed meal (esp.)	机榨 NY/T 1799—2009 2 级	88.0	35.7	7.4	11.4	26.3	7.2	33.3	26	3.8	0.59	0.96	0.2
33	5-10-0121	菜籽粕 rapeseed meal (sol.)	浸提 GB/T 23726—2009 2 级	88.0	38.6	1.4	11.8	28.9	7.3	20.7	16.8	6.1	0.65	1.02	0.25
34	5-10-0116	花生仁饼 peanut meal (exp.)	机榨 NY/T 2 级	88.0	44.7	7.2	5.9	25.1	5.1	14	8.7	6.6	0.25	0.53	0.16
35	5-10-0115	花生仁饼 peanut meal (sol.)	浸提 NY/T 133—1989 2 级	88.0	47.8	1.4	6.2	27.2	5.4	15.5	11.7	6.7	0.27	0.56	0.17
36	5-10-0031	小冠日葵仁粕 sunflower meal (sol.)	壳仁比 35：65 NY/ T3 级	88.0	29	2.9	20.4	31	4.7	41.4	29.6	2.0	0.24	0.87	0.22
37	5-10-0242	小冠日葵仁粕 sunflower meal (sol.)	壳仁比 16：84 NY/T 2 级	88.0	36.5	1	10.5	34.4	6.2	14.9	13.6	6.2	0.27	1.13	0.29

（续表）

序号	中国饲料号 CFN	饲料名称 Feed Name	饲料描述 Description	干物质 DM (%)	粗蛋白质 CP (%)	粗脂肪 EE (%)	粗纤维 CF (%)	无氮浸出物 NFE (%)	粗灰分 Ash (%)	中性洗涤纤维 NDF (%)	酸性洗涤纤维 ADF (%)	淀粉 Strach (%)	钙 Ca (%)	总磷 P (%)	有效磷 A-P (%)
38	5-10-0243	小营日葵仁粕 sunflower meal (sol.)	壳仁比 24:76 NY/T 2级	88.0	33.6	1	14.8	38.8	5.3	32.8	23.5	4.4	0.26	1.03	0.26
39	5-10-0119	亚麻仁饼 linseed meal (esp.)	机榨 NY/T 2级	88.0	32.2	7.8	7.8	34	6.2	29.7	27.1	11.4	0.39	0.88	0.22
40	5-10-0120	亚麻仁粕 linseed meal (sol.)	浸提或预压浸提 NY/T 2级	88.0	34.8	1.8	8.2	36.6	6.6	21.6	14.4	13.0	0.42	0.95	0.24
41	5-10-0246	芝麻饼 sesame meal (exp)	机榨 CP 40%	92.0	39.2	10.3	7.2	24.9	10.4	18	13.2	1.8	2.24	1.19	0.31
42	5-11-0001	玉米蛋白粉 corn gluten meal	去胚芽、淀粉后的面筋部分 CP 60%	90.1	63.5	5.4	1	19.2	1	8.7	4.6	17.2	0.07	0.44	0.16
43	5-11-0002	玉米蛋白粉 corn gluten meal	同上，中等蛋白质产品 CP 50%	91.2	51.3	7.8	2.1	28	2	10.1	7.5	19.3	0.06	0.42	—
44	5-11-0008	玉米蛋白粉 corn gluten meal	同上，中等蛋白质产品 CP 40%	89.9	44.3	6.0	1.6	37.1	0.9	29.1	8.2	20.6	0.12	0.50	—
45	5-11-0003	玉米蛋白饲料 corn gluten feed	玉米去胚芽、淀粉后的含皮残渣	88.0	19.3	7.5	7.8	48.0	5.4	33.6	10.5	21.5	0.15	0.70	0.18
46	5-11-0026	玉米胚芽粕 corn germ meal (exp.)	玉米湿磨后的胚芽，机榨	90.0	16.7	9.6	6.3	50.8	6.6	28.5	7.4	13.5	0.04	0.50	0.18
47	5-11-0244	玉米胚芽粕 corn germ meal (sol.)	玉米湿磨后的胚芽，浸提	90.0	20.8	2.0	6.5	54.8	5.9	38.2	10.7	14.2	0.06	0.50	2.88
48	5-11-0007	DDGS（distiller dried grain with solubles）	玉米酒糟及可溶物，脱水	89.2	27.5	10.1	6.6	39.9	5.1	27.6	12.2	26.7	0.05	0.71	2.90
49	5-11-0009	蚕豆粉浆蛋白粉 broad bean gluten meal	蚕豆去皮制粉丝后的浆液，脱水	88.0	66.3	4.7	4.1	10.3	2.6	13.7	9.7	—	—	0.59	—

（续表）

序号	中国饲料号 CFN	饲料名称 Feed Name	饲料描述 Description	干物质 DM（%）	粗蛋白质 CP（%）	粗脂肪 EE（%）	粗纤维 CF（%）	无氮浸出物 NFE（%）	粗灰分 Ash（%）	中性洗涤纤维 NDF（%）	酸性洗涤纤维 ADF（%）	淀粉 Strach（%）	钙 Ca（%）	总磷 P（%）	有效磷 A-P（%）
50	5-11-0004	麦芽根 barley malt sprouts	大麦芽副产品，干燥	89.7	28.3	1.4	12.5	41.4	6.1	40.0	15.1	7.2	0.22	0.73	—
51	5-13-0044	鱼粉（CP 67%）fish meal	进口 GB/T 19164-2003，特级	92.4	67.0	8.4	0.2	0.4	16.4	—	—	—	4.56	2.88	—
52	5-13-0046	鱼粉（CP 60.2%）fish meal	沿海产的海鱼粉，脱脂，12样平均值	90.0	60.2	4.9	0.5	11.6	12.8	—	—	—	4.04	2.90	—
53	1-13-0077	鱼粉（CP 53.5%）fish meal	沿海产的海鱼粉，脱脂，11样平均值	90.0	53.5	10.0	0.8	4.9	20.8	—	—	—	5.88	3.20	3.20
54	5-13-0036	血粉 blood meal	鲜猪血喷雾干燥	88.0	82.8	0.4	—	1.6	3.2	—	—	—	0.29	0.31	0.29
55	5-13-0037	羽毛粉 feather meal	纯净羽毛，水解	88.0	77.9	2.2	0.7	1.4	5.8	—	—	—	0.2	0.68	0.61
56	5-13-0038	皮革粉 leather meal	废牛皮，水解	88.0	74.7	0.8	1.6	—	10.9	—	—	—	4.4	0.15	0.13
57	5-13-0047	肉骨粉 meat and bone meal	屠宰下脚，带骨干燥粉碎	93.0	50.0	8.5	2.8	—	31.7	—	—	—	9.2	4.70	4.37
58	5-13-0048	肉粉 meat meal	脱脂	94.0	54.0	12.0	1.4	4.3	22.3	—	—	—	7.69	3.88	3.61
59	1-05-0074	苜蓿草粉（CP 19%）alfalfa meal	一茬盛花期烘干 NY/T 1级	87.0	19.1	2.3	22.7	35.3	7.6	36.7	25.0	6.1	1.4	0.51	0.51
60	1-05-0075	苜蓿草粉（CP 17%）alfalfa meal	一茬盛花期烘干 NY/T 2级	87.0	17.2	2.6	25.6	33.3	8.3	39.0	28.6	3.4	1.52	0.22	0.22
61	1-05-0076	苜蓿草粉（CP 14%～15%）alfalfa meal	NY/T 3级	87.0	14.3	2.1	29.8	33.8	10.1	36.8	2.9	3.5	1.34	0.19	0.19
62	5-11-0005	啤酒糟 brewes dried grain	大麦酿造副产品	88.0	24.3	5.3	13.4	40.8	4.2	39.4	24.6	11.5	0.32	0.42	0.14
63	7-15-0001	啤酒酵母 brewwes dried yeast	啤酒酵母菌粉 QB/T1940-94	91.7	52.4	0.4	0.6	33.6	4.7	6.1	1.8	1.0	0.16	1.02	0.46

（续表）

序号	中国饲料号 CFN	饲料名称 Feed Name	饲料描述 Description	干物质 DM (%)	粗蛋白质 CP (%)	粗脂肪 EE (%)	粗纤维 CF (%)	无氮浸出物 NFE (%)	粗灰分 Ash (%)	中性洗涤纤维 NDF (%)	酸性洗涤纤维 ADF (%)	淀粉 Strach (%)	钙 Ca (%)	总磷 P (%)	有效磷 A-P (%)
64	4-13-0075	乳清粉 whey, dehydrated	乳清，脱水，乳糖含量73%	97.2	11.5	0.8	0.1	76.8	8.0	—	—	—	0.62	0.69	0.52
65	5-01-0162	酪蛋白 casein	脱水，未脱干牛奶	91.7	89.0	0.2	—	0.4	2.1	—	—	—	0.2	0.68	0.67
66	5-14-0503	明胶 gelatin	食用	90.0	88.6	0.5	—	0.6	0.3	—	—	—	0.49	—	—
67	4-06-0076	牛奶乳糖 milk lactose	进口，含乳糖80%以上	96.0	3.5	0.5	—	82.0	10.0	—	—	—	0.52	0.62	0.62
68	4-06-0077	乳糖 lactose	食用	96.0	0.3	—	—	95.7	—	—	—	—	—	—	—
69	4-06-0078	葡萄糖 glucose	食用	90.0	0.3	—	—	89.7	—	—	—	—	—	—	—
70	4-06-0079	蔗糖 sucrose	食用	99.0	—	—	—	98.5	0.5	—	—	—	0.04	0.01	0.01
71	4-02-0889	玉米淀粉 corn starch	食用	99.0	0.3	0.2	—	98.5	—	—	—	98.0	—	0.03	0.01

ICS 03.100.30
A 18

NY

中华人民共和国农业行业标准

NY/T 2605—2014

饲料配方师

2014-03-24 发布

2014-06-01 实施

中华人民共和国农业部 发布

前　言

本标准由农业部人事劳动司提出并归口。

本标准起草单位：农业部人力资源开发中心。

本标准主要起草人：杨禄良、何淑平、牛建霞、李建涛、周志刚、田莉、邢培林、杨爽、张治霆。

本标准审定人员：王宏、齐广海、何兵存、张雄、陈强、赵世明。

饲料配方师

1 职业概况

1.1 职业名称

饲料配方师。

1.2 职业定义

从事饲料配方设计及效果评价等工作的人员。

1.3 职业等级

本职业共设3个等级,分别为三级饲料配方师、二级饲料配方师、一级饲料配方师。

1.4 职业环境条件

室内、外,常温。

1.5 职业能力倾向

具有正常的色、嗅、味觉感知能力,学习、推理和判断能力,并能应用一般软件进行配方计算。

1.6 基本文化程度

高中毕业以上(或同等学力)。

1.7 培训要求

1.7.1 培训期限

全日制职业学校教育,根据其培养目标和教学计划确定。晋级培训期限:三级饲料配方师不少于300标准学时;二级饲料配方师不少于250标准学时;一级饲料配方师不少于200标准学时。

1.7.2 培训教师

培训教师应具有相应级别:培训三级饲料配方师的教师应具有本科及以上学历,并从事动物营养专业技术工作(含教学、科研)5年以上;培训二级饲料配方师的教师应具有本科及以上学历,从事动物营养专业技术工作(含教学、科研)8年以上;培训一级饲料配方师的教师应具有硕士研究生及以上学历,从事动物营养专业技术工作(含教学、科研)10年以上。

1.7.3 培训场地设备

可满足教学需要的标准教室和必要的教学仪器设备、饲料常规检验化验室、计算机及配混饲料相关设备。

1.8　鉴定要求

1.8.1　适用对象

从事或准备从事本职业的人员。

1.8.2　申报条件

a) 三级饲料配方师（具备以下条件之一者）：

1) 具有高中以上学历并在本职业连续工作 5 年以上；

2) 具有动物营养及相关专业专科毕业证书；

3) 经本职业三级饲料配方师正规培训达到规定标准学时数，并取得结业证书。

b) 二级饲料配方师（具备以下条件之一者）：

1) 具有相关专业专科学历并在本职业连续工作 5 年；本科 3 年；硕士研究生 1 年；

2) 取得本职业三级饲料配方师职业资格证书后，从事本职业工作 2 年以上；

3) 持有相关职业三级以上证书并经本职业二级饲料配方师正规培训达到规定标准学时数，并取得结业证书。

c) 一级饲料配方师（具备以下条件之一者）：

1) 取得本职业二级饲料配方师职业资格证书后，从事本职业工作 2 年以上；

2) 持有相关职业二级以上证书并经本职业一级配方师正规培训达到规定标准学时数，并取得结业证书。

1.8.3　鉴定方式

分为理论知识考试和专业能力考核。理论知识考试采用闭卷笔试方式，专业能力考核采用现场实际操作考试。理论知识考试和专业能力考核均实行百分制，成绩皆达 60 分及以上者为合格。

1.8.4　考评人员与考生配比

理论知识考试，考评人员与考生配比为 1∶20，每个标准教室不少于 2 名考评人员；专业能力考核，考评人员与考生配比为 1∶5，且不少于 3 名考评员。

1.8.5　鉴定时间

各等级理论知识考试时间不少于 120min；实际操作能力考核时间不少于 90min。

1.8.6　鉴定场所设备

标准教室。室内需配备必要的设备、计算机设备、照明设备、投影设备等，室内卫生、光线、通风条件良好。

2　基本要求

2.1　职业道德

2.1.1　职业道德基本知识

2.1.2　职业守则

a) 敬业爱岗，忠于职守。

b) 认真负责，实事求是。

c) 勤奋好学，精益求精。

d) 热情服务，遵纪守法。

e）诚实守信，团结协作。

2.2 基础知识

2.2.1 动物营养学知识

2.2.2 饲料及饲料添加剂基础知识

2.2.3 动物生产学基础知识

2.2.4 饲料检测和品质管理知识

2.2.5 饲料行业基本状况知识

2.2.6 饲料加工工艺基础

2.2.7 相关标准及法律法规

a）饲料和饲料添加剂管理条例。

b）饲料标签标准，饲料卫生标准。

c）饲料药物添加剂使用规范。

d）饲料原料目录。

e）饲料添加剂安全使用规范。

f）饲料添加剂品种目录。

3 工作要求

本标准对三级饲料配方师、二级饲料配方师、一级饲料配方师的技能要求依次递进，高级别涵盖低级别的要求。

3.1 三级（高级）

职业功能	工作内容	技能要求	相关知识要求
1 原料选用	1.1 饲料原料和添加剂的识别	1.1.1 能够对饲料原料和添加剂使用的合法性进行判定 1.1.2 能够对饲料原料和添加剂的规格进行确认	1.1.1 《饲料原料目录》、《饲料添加剂品种目录》的相关规定和要求 1.1.2 常见原料的国家标准等知识 1.1.3 饲料添加剂的剂型、功效及使用方法等知识
	1.2 鉴别使用	1.2.1 能够通过目测、鼻嗅、口感、触感对原料品质进行初步判断 1.2.2 能够确定常规原料的检化验指标 1.2.3 能够根据感官鉴别和成分检测对原料进行判定	1.2.1 主要原料感官性状的相关知识，包括玉米、鱼粉、豆粕、麦麸等 1.2.2 常规饲料原料的关键检化验指标 1.2.3 原料性价比的评估方法
2 确定营养需要	2.1 选择标准	2.1.1 能够根据饲喂对象收集相关饲养标准	2.1.1 饲养标准的相关知识
	2.2 确定营养参数	2.2.1 能够根据饲喂对象确定能值体系 2.2.2 能够根据饲喂对象确定需要优化的其他营养参数	2.2.1 能值体系、氨基酸平衡原理、矿物元素营养知识

（续表）

职业功能	工作内容	技能要求	相关知识要求
3　配方计算及优化	3.1　构建配方模型	3.1.1　能够在配方软件中选择需要的原料 3.1.2　能够修改所选原料的营养成分值及单价 3.1.3　能够设定所选原料的使用限量 3.1.4　能够在配方软件中修订营养需要指标	3.1.1　配方软件操作的相关知识 3.1.2　主要原料在动物饲粮中使用量的相关知识
	3.2　优化饲料配方	3.2.1　能够使用配方软件优化出最低成本配方	3.2.1　饲料配方方法及相关知识 3.2.2　饲料适口性、感官性状、加工性能的相关知识
	3.3　核算饲料配方	3.3.1　能够根据配方及各种原料营养成分值计算饲料配方的营养成分值 3.3.2　能够根据配方和原料价格计算饲料配方的价格	
	3.4　浓缩料配方计算	3.4.1　能够根据配合饲料配方制订浓缩料配方，并确定浓缩料的使用配比 3.4.2　能够根据营养参数确定浓缩料中维生素、微量元素、药物饲料添加剂的添加量	
	3.5　预混料配方计算	3.5.1　能够根据预混料标识值计算配合饲料中的含量 3.5.2　能够根据配合饲料和浓缩料配方确定预混料的标识含量	
4　配方验证	4.1　饲养试验	4.1.1　能够根据饲养试验方案选择实验动物 4.1.2　能够根据饲养试验方案配制饲料 4.1.3　能够记录试验数据	4.1.1　饲养试验基本知识
	4.2　数据整理	4.2.1　能够收集饲养试验的数据 4.2.2　能够整理饲养试验数据	
5　饲料推广	5.1　饲料贮藏、运输	5.1.1　能够安全贮藏饲料 5.1.2　能够安全运输饲料	5.1.1　饲料贮藏、运输相关知识
	5.2　饲料销售	5.2.1　能够判别饲料标签是否规范 5.2.2　能够根据养殖户自备饲料原料情况推荐合理的饲料	5.2.1　饲料标签相关知识 5.2.2　浓缩料、预混料的使用常识
	5.3　饲料使用	5.3.1　能够给用户提供浓缩饲料、预混合饲料的使用方案 5.3.2　能够告诉用户投喂水产饲料	5.3.1　水产饲料投喂知识

3.2 二级（技师）

职业功能	工作内容	技能要求	相关知识要求
1 原料选用	1.1 有毒、有害成分的识别	1.1.1 能够根据饲喂对象和有毒、有害成分含量选择原料 1.1.2 能够识别常规原料的抗营养因子	1.1.1 饲料卫生标准、抗营养因子的种类、抗营养作用机理及清除方法等知识
	1.2 药物饲料添加剂的使用	1.2.1 能够规范使用药物饲料添加剂 1.2.2 能够在产品标签上明确标示药物饲料添加剂的含量、配伍禁忌、停药期	1.2.1 药物饲料添加剂的剂型、生产及使用方法等知识
2 配方计算及优化	2.1 预混合饲料配方计算	2.1.1 能够根据动物营养需要设计预混合饲料配方 2.1.2 能够进行有效成分含量的计算 2.1.3 能够选择预混合饲料的载体和稀释剂	2.1.1 载体和稀释剂理化特性的相关知识 2.1.2 微量元素、维生素相互拮抗的相关知识 2.1.3 微量元素和维生素的理化稳定性
	2.2 客户需求调查	2.2.1 能够设计客户需求调查表并开展调查 2.2.2 能够根据调查表进行分析，形成调查报告 2.2.3 能够组织相关部门对调查报告进行评审	2.2.1 饲料市场营销、统计学相关知识，调查表包括生产性能、营养指标、客户效果期望、价格区间、客户信息等内容
	2.3 配方调整	2.3.1 根据客户需求调查，调整营养参数 2.3.2 根据修改后的营养参数改进配方	2.3.1 动物营养原理等知识
3 配方验证	3.1 饲养试验	3.1.1 能够设计饲养试验方案 3.1.2 能够设计饲养试验中的原始记录表格	3.1.1 饲养试验基本知识，主要测定日增重、日耗料、耗料增重比、发病率等指标
	3.2 数据整理	3.2.1 能够根据饲养试验记录计算生产性能指标 3.2.2 能够把多阶段的试验数据进行合并整理	
4 饲料推广	4.1 制定产品标准	4.1.1 能够制定产品标准，包括配合饲料、浓缩料、预混料等	
	4.2 技术培训资料编写	4.2.1 能够编写技术推广资料	

3.3 一级（高级技师）

职业功能	工作内容	技能要求	相关知识要求
1 原料选用	1.1 饲料原料验收规程	1.1.1 能够制定常用饲料原料的验收规程 1.1.2 能够制定常用饲料原料的检验规程，包括：检验项目、检验频度、检验标准、委托检验	1.1.1 常见能量饲料、蛋白质饲料、矿物质饲料、维生素、氨基酸等的验收标准，包括玉米、玉米麸、小麦、麦麸、米糠、油脂、豆粕、棉粕、菜籽粕、花生粕、葵花粕、玉米胚芽粕、DDGS、鱼粉、肉骨粉、血浆蛋白、羽毛粉、酵母粉蛋白
	1.2 新用原料的评估	1.2.1 能够制定新用原料的基础数据，包括常规营养指标测定、有毒、有害元素的测定 1.2.2 能够设计动物实验确定新用原料的可用性及最适使用量	1.2.1 新用原料的评估知识
2 配方计算及优化	2.1 处理优化无解	2.1.1 能够对无解的原因进行分析 2.1.2 能够根据无解的原因减少限制条件	2.1.1 优化无解的处理技巧，包括原料种类太少、限制条件不合理等
	2.2 优化异常分析	2.2.1 能够进行异常原因的分析并提供解决方法	2.2.1 配方中大量使用低价格原料的原因分析及解决方案
	2.3 对经验配方进行优化	2.3.1 能够获取经验配方的营养参数 2.3.2 根据营养参数进一步优化	
	2.4 配方诊断	2.4.1 能够根据营养参数计算值识别不合格配方	
3 配方验证	3.1 清化试验设计及分析	3.1.1 能够设计消化试验测试饲料中能量或其他营养素的消化率 3.1.2 能够根据消化试验的结果计算有效能和营养物质的消化率	3.1.1 消化实验的相关知识，包括：全收粪法，外源指示剂法，反刍动物体内、体外的消化实验
	3.2 代谢试验设计及分析	3.2.1 能够设计全收法测定饲料的代谢能 3.2.2 能够根据代谢试验的结果计算有效能和营养物质的利用率	3.2.1 代谢实验的相关知识
	3.2 理化指标验证	3.3.1 能够确定饲料的主要测定指标 3.3.2 能够确定主要理化指标的测定原理和仪器	
4 饲料推广	4.1 饲料使用	4.1.1 能够根据动物的生产状况确定常见的营养代谢疾病	4.1.1 营养代谢疾病知识

4 比重表

4.1 理论知识比重表

	项目	三级配方师,%	二级配方师,%	一级配方师,%
	基本要求	50	45	45
相关知识	原料选用	10	20	15
	确定营养需要	10	—	—
	配方计算及优化	10	10	10
	配方验证	10	15	15
	饲料推广	10	10	15
合　计		100	100	100

4.2 操作技能比重表

	项目	三级配方师,%	二级配方师,%	一级配方师,%
技能要求	原料选用	15	20	20
	确定营养需要	10	—	—
	配方计算及优化	55	45	55
	配方验证	10	20	15
	饲料推广	10	15	10
合　计		100	100	100